# ABITUR-TRAINING
# PHYSIK



Horst Lautenschlager

# Elektromagnetische Felder, Schwingungen und Wellen Photonen

## Grundkurs

## Aufgaben mit Lösungen

STARK

ISBN 978-3-89449-197-0


D-85318 Freising · Postfach 1852 · Tel. (08161) 179
Auflage 2008

# Inhalt



*(Fortsetzung nächste Seite)*

## Elektromagnetische Wellen



## Lichtquanten

# Vorwort

Liebe Kollegiatin, lieber Kollegiat,

mit diesem Band halten Sie ein **kompaktes Repetitorium** in Händen, das den gesamten **prüfungsrelevanten Stoff** der Jahrgangsstufe 12 im Grundkurs Physik enthält. Sein vorrangiges Anliegen ist es, Sie bei der **Vorbereitung** auf **Klausuren** sowie die **schriftliche Abiturprüfung** und das **Colloquium** zu unterstützen.

Das Ziel dieses Trainingsbandes ist es, den einmal gehörten Lehrstoff in sicheres und abrufbares Wissen zu verwandeln. Dieses Ansinnen spiegelt sich auch in seinem Aufbau wider:

- Er wendet sich bewußt in **Frage-Antwort-Form** an Sie, denn nur wenn Sie anhand gezielter Fragen Ihr Wissen überprüfen können, merken Sie, wo Ihre individuellen Schwachstellen liegen.
- Alle 178 Aufgaben werden in einem eigenen Teil **ausführlich gelöst.** Im Anschluß an die Lösungen einiger Aufgaben finden Sie Hinweise, die ausschließlich zur Vertiefung einer angeschnittenen Problematik dienen oder Querverbindungen zu weiteren Themenbereichen herstellen, jedoch nicht prüfungsrelevant sind.
- Das **Stichwortverzeichnis** soll es Ihnen ermöglichen, jederzeit schnell auf den Inhalt des Buches zugreifen zu können.

Für die sorgfältige Durchsicht der Korrekturabzüge danke ich den Kollegiaten Matthias Beck, Wolfgang Behringer, Hans Berr und Martin Pfaffeneder. Über Kritik und Verbesserungsvorschläge von seiten der Leserschaft würde ich mich freuen.

Viel Erfolg wünscht Ihnen

Horst Lautenschlager

**Hinweis:**
In den Lösungen auftauchende Bezeichnungen wie z. B. „FS S. 24" verweisen darauf, dass Sie die verwendete Formel in der vom Ministerium zugelassenen Formelsammlung „Hammer/Hammer: Physikalische Formeln und Tabellen, $^5$1989" auf Seite 24 finden. Die Angaben beziehen sich auf die 5. Auflage dieser Formelsammlung. Sie finden alle verwendeten Formeln auch in den anderen Auflagen dieser Formelsammlung bei eventuell abweichender Seitenzahl.

# Statische elektrische und magnetische Felder

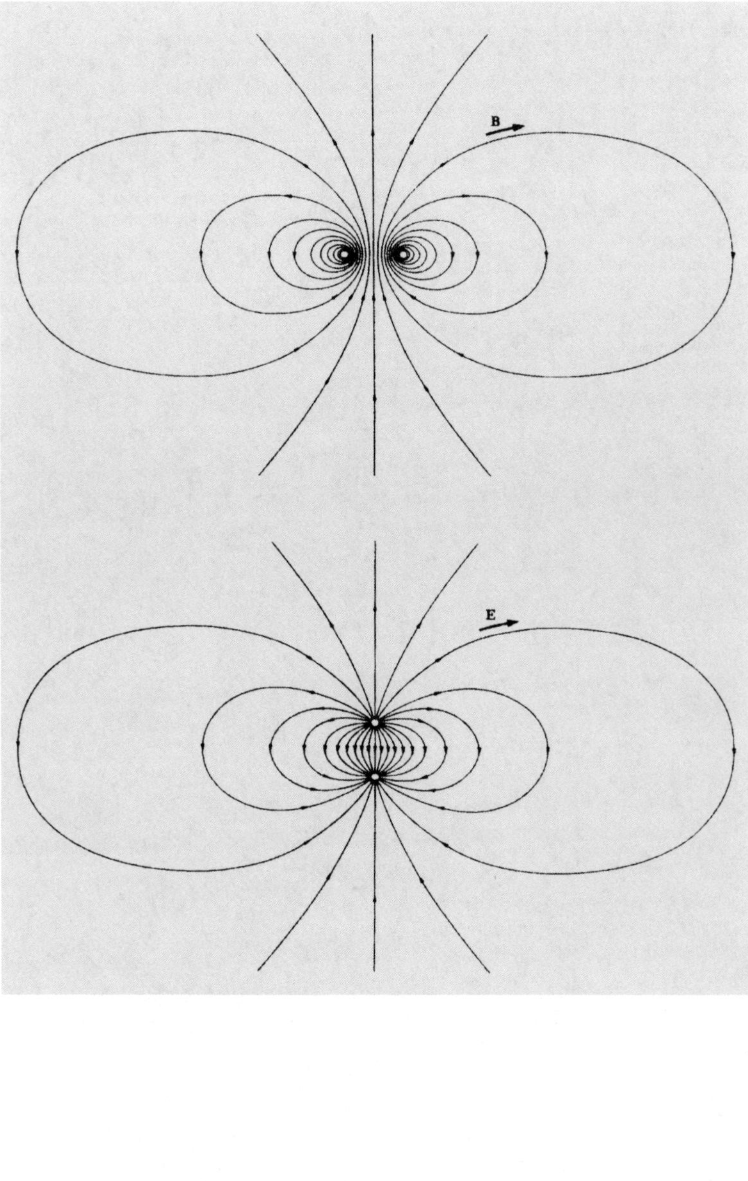

# Wesentliches über statische elektrische Felder

**1. Der Begriff des elektrischen Feldes**

**a)** Was versteht man unter dem Begriff "elektrisches Feld"?

**b)** Zur quantitativen Beschreibung eines elektrischen Feldes verwendet man den Vektor $\vec{E}$.

Wie ist $\vec{E}$ definiert? Welche Erfahrungstatsachen und Überlegungen liegen dieser Definition zugrunde?

**2. Elektrische Feldlinien**

Zur Veranschaulichung elektrischer Felder verwendet man elektrische Feldlinien.

**a)** Was sind elektrische Feldlinien?

**b)** Welche Aussagen lassen sich aus dem Feldlinienbild eines elektrischen Feldes über den Vektor $\vec{E}$ der elektrischen Feldstärke in einem Punkt P dieses Feldes machen?

**c)** Nennen und begründen Sie die wesentlichen Eigenschaften elektrischer Feldlinien!

**3. Feldlinienbilder**

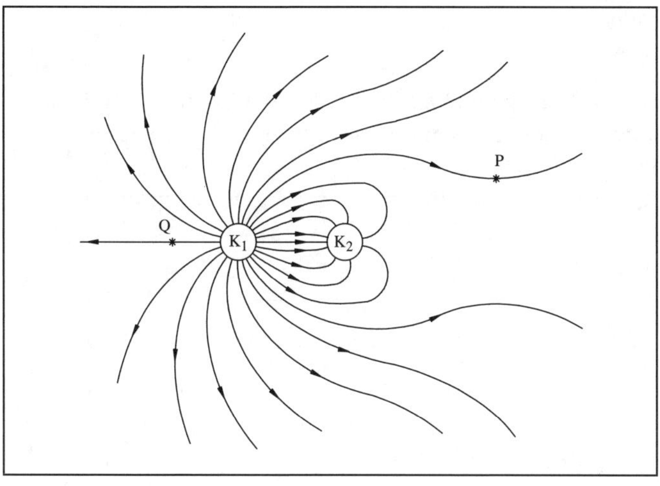

Obiges Bild zeigt einige Feldlinien eines elektrischen Feldes, das von zwei gleich großen, geladenen Metallkugeln $K_1$ und $K_2$ erzeugt wird.

**a)** Welches Vorzeichen haben die Ladungen auf den Kugeln jeweils? (Begründung!)

**b)** Welche Kugel trägt den größeren Ladungsbetrag? (Begründung!)

**c)** Viele Feldlinien enden nicht in Ladungen. Inwiefern ist dies kein Widerspruch zu den Ergebnissen von Aufgabe 2 c?

**d)** Zeichnen Sie qualitativ die Feldstärkevektoren in den Punkten P und Q ein!

**e)** Zeichnen Sie die Bahn ein, auf der sich eine negative Probeladung q vom Punkt Q aus nur unter dem Einfluß des elektrischen Feldes bewegt.

**f)** Beschreiben Sie ein Verfahren, mit dessen Hilfe man das skizzierte Feldlinienbild experimentell aufnehmen kann!

## 4. Spezielle Feldlinienbilder

Die beiden wichtigsten elektrischen Felder im Grundkurs sind das homogene Feld eines Plattenkondensators und das radialsymmetrische Feld einer Punktladung. Zeichnen Sie für beide Feldtypen qualitative Feldlinienbilder!

## 5. Elektrische Spannung

Wie ist die elektrische Spannung zwischen zwei Punkten in einem elektrischen Feld definiert? Welche aus der Erfahrung gewonnenen Tatsachen werden dieser Definition zugrunde gelegt?

## 6. Vergleich von Verschiebungsarbeiten im homogenen elektrischen Feld eines Plattenkondensators und im oberflächennahen Gravitationsfeld der Erde

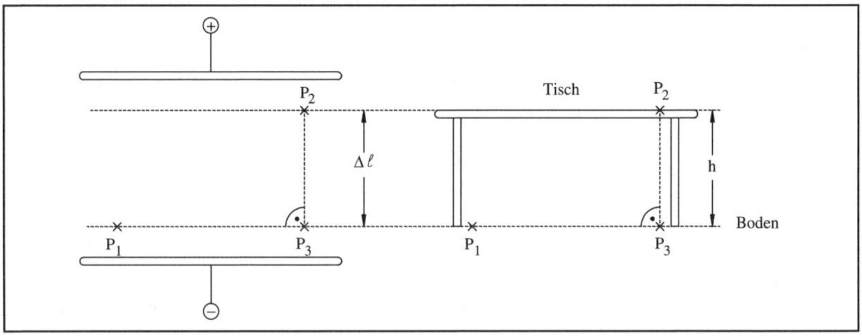

Dem Transport einer positiven Ladung q im elektrischen Feld eines Plattenkondensators der Feldstärke $\vec{E}$ wird der Transport eines Körpers der Masse m im oberflächennahen Gravitationsfeld der Erde jeweils durch eine äußere Kraft von $P_1$ nach $P_2$ gegenübergestellt (siehe Skizze).

**a)** Wie hängt die von der äußeren Kraft verrichtete Transportarbeit $W'_{12}$ jeweils vom Weg zwischen $P_1$ und $P_2$ ab? (Begründung!)

**b)** Drücken Sie $W'_{12}$ jeweils durch gegebene allgemeine Größen aus!

**c)** Ordnen Sie jeder mechanischen die entsprechende elektrische Größe zu!

**d)** Wie geht $W'_{12}$ jeweils in die Energiebilanz des Systems ein?

**e)** Drücken Sie die elektrische Spannung zwischen $P_1$ und $P_2$ durch gegebene allgemeine Größen aus! Wie lautet die entsprechende Größe im Gravitationsfeld?

## 7. Spannung und Feldstärke im homogenen elektrischen Feld

**a)** Zeigen Sie, daß für den Betrag E der elektrischen Feldstärke $\vec{E}$ zwischen den Platten eines Plattenkondensators (Plattenabstand d, Spannung zwischen den Platten U) gilt:

$$E = \frac{U}{d}$$

Gehen Sie bei Ihrer Antwort auch kurz darauf ein, warum man von "d e r Spannung zwischen d e n Platten" sprechen kann!

**b)** Worin liegt die Bedeutung dieser Beziehung?

**c)** Stellen Sie U in einem d-E-Diagramm dar!

## 8. Kondensatoren

**a)** Was versteht man unter einem Kondensator?

**b)** Wie ist die Kapazität eines Kondensators definiert?
Welche experimentell gefundene Beziehung liegt dieser Definition zugrunde?
Welche Eigenschaft eines Kondensators wird durch die Kapazität anschaulich beschrieben?

**c)** Drücken Sie die Kapazität eines Plattenkondensators durch seine geometrischen Größen aus! (Keine Herleitung! Nur Formel!) Worin liegt die Bedeutung dieser Beziehung?

## 9. Schaltung von Kondensatoren

Zwei beliebige Kondensatoren der Kapazität $C_1$, $C_2$ werden in Reihe bzw. parallel an eine Spannungsquelle angeschlossen.

**a)** Fertigen Sie jeweils eine Schaltskizze an!
**b)** Drücken Sie jeweils die Gesamtkapazität $C_{ges}$ durch $C_1$ und $C_2$ aus! (Keine Herleitung! Nur Formel!)

Nun sei $C_1 >> C_2$ (d. h. $C_1$ ist wesentlich größer als $C_2$).
**c)** Zeigen Sie mittels der Beziehung aus b, daß im Falle der
Reihenschaltung: $C_{ges} \approx C_2$
Parallelschaltung: $C_{ges} \approx C_1$
**d)** Zeigen Sie nun ohne Verwendung der Formeln aus b nur mittels physikalischer Argumente die Richtigkeit dieser Abschätzungen und veranschaulichen Sie so den jeweiligen Formelinhalt!

**10. Einfache Rechenaufgaben zum Plattenkondensator**
Ein Plattenkondensator (quadratische Platten der Kantenlänge a = 15 cm, Plattenabstand d = 5 mm) wird an eine Gleichspannungsquelle der Spannung U = 375 V angeschlossen.
Berechnen Sie
**a)** seine Kapazität!
**b)** den Betrag der Ladung auf einer Platte!
**c)** den Betrag der Feldstärke zwischen den Platten!
**d)** Welche Arbeit wird beim Transport der positiven Ladung q = 49 nC von der positiven zur negativen Platte von außen verrichtet?
**e)** Wie groß ist der Betrag der elektrischen Kraft auf q im Plattenzwischenraum? Wie hängt er von der Lage von q ab?

**11. Formeltraining**
Bezogen auf einen Plattenkondensator (Plattenfläche A, Plattenabstand d, Kapazität C, Feldstärke im Plattenzwischenraum $\vec{E}$, Ladungsbetrag auf einer Platte Q, Spannung zwischen den Platten U) soll die jeweils gesuchte Größe möglichst einfach durch die gegebenen Größen ausgedrückt werden!
**a)** Gegeben: A, Q Gesucht: E
**b)** Gegeben: C, E, A Gesucht: U
**c)** Gegeben: U, d, A Gesucht: Q

**12. Der Plattenabstand eines Plattenkondensators wird verändert**
Ein Plattenkondensator (Kapazität C = 75 pF, Plattenabstand d = 2,5 mm) ist mit einer Gleichspannungsquelle der Spannung U = 300 V verbunden.

Dann wird bei

**a)** angeschlossener Spannungsquelle

**b)** abgetrennter Spannungsquelle

der Plattenabstand verdreifacht.

Wie ändern sich dabei jeweils der Betrag der Ladung Q auf einer Platte, die Spannung U zwischen den Platten, die Feldstärke $\vec{E}$ im Plattenzwischenraum und die Kapazität C?

**13. Schwierigere Rechenaufgabe zur Schaltung von Kondensatoren**

Ein Plattenkondensator (Plattenabstand d = 10 mm, Plattenfläche $A = 3{,}00\ dm^2$) wird mit einer Gleichspannungsquelle der Spannung U = 80 V aufgeladen. Nach Beendigung des Ladevorgangs wird er von der Spannungsquelle abgetrennt und mit einem statischen Voltmeter (d. i. ein Spannungsmeßgerät, das in dieser Aufgabe wie ein Kondensator der Kapazität $C_{meß}$ behandelt werden darf) verbunden. Es zeigt die Spannung 60 V an.

**a)** Berechnen Sie $C_{meß}$!

**b)** Welche Spannung zeigt das statische Voltmeter an, wenn der Plattenabstand des Plattenkondensators auf 30 mm vergrößert wird?

**14. Coulomb-Gesetz**

**a)** Wie lautet das Coulomb-Gesetz? An welches aus der Mechanik bekannte Gesetz erinnert es Sie?

**b)** Mit welcher elektrischen Kraft zieht ein Proton ein Elektron an, das $r = 5{,}3 \cdot 10^{-11}$ m entfernt ist?

**c)** Wie groß ist die entsprechende nur durch die Elektronen- und Protonenmasse bedingte Anziehungskraft?

**d)** Vergleichen Sie die Ergebnisse aus den Teilaufgaben b und c! Welche Konsequenz ergibt sich hieraus für weitere Rechnungen?

**15. Anwendung des Coulomb-Gesetzes auf einfaches Ladungssystem**

In R befindet sich eine positive Ladung vom Betrag $Q_R = 4$ nC, in S eine negative vom Betrag $Q_S = 2$ nC.

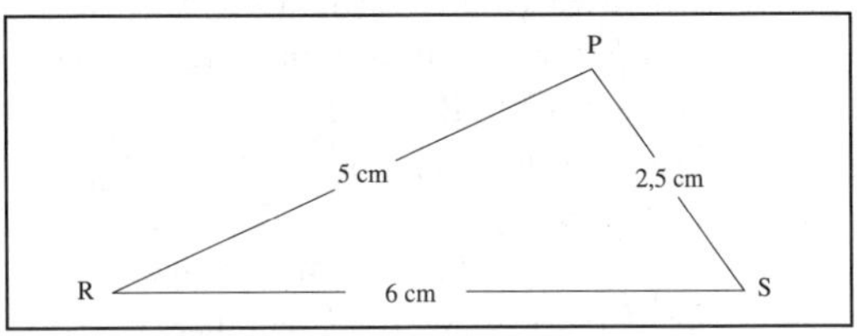

**a)** Welche Kraft (Betrag) übt jede dieser Ladungen auf eine in P befindliche positive Ladung vom Betrag $Q_P = 6$ nC aus?

**b)** Bestimmen Sie graphisch den Vektor $\vec{F}_{ges}$ der Gesamtkraft von $Q_R$ und $Q_S$ auf $Q_P$ (Maßstab: $4 \cdot 10^{-5}$ N $\triangleq$ 1 cm) und entnehmen Sie der Skizze den Betrag $F_{ges}$!

**16. Radialsymmetrisches Feld**

**a)** Leiten Sie für das radialsymmetrische Feld einer positiven Punktladung Q mittels des Coulombgesetzes eine Beziehung für den Betrag E(r) der elektrischen Feldstärke im Abstand r von Q her!

**b)** Q befinde sich im Ursprung eines Koordinatensystems. Man weiß, daß

$$E(1\,\text{cm}) = 4 \cdot 10^5\ \frac{\text{V}}{\text{m}}.$$

Zeichnen Sie die zu den Koordinatenachsen parallelen Vektoren $\vec{E}(2\,\text{cm})$, $\vec{E}(3{,}5\,\text{cm})$! (Maßstab: $10^5\ \frac{\text{V}}{\text{m}} \triangleq 1$ cm)

**17. Arbeit im radialsymmetrischen Feld**

Eine positive Punktladung Q befindet sich im Ursprung eines Koordinatensystems.

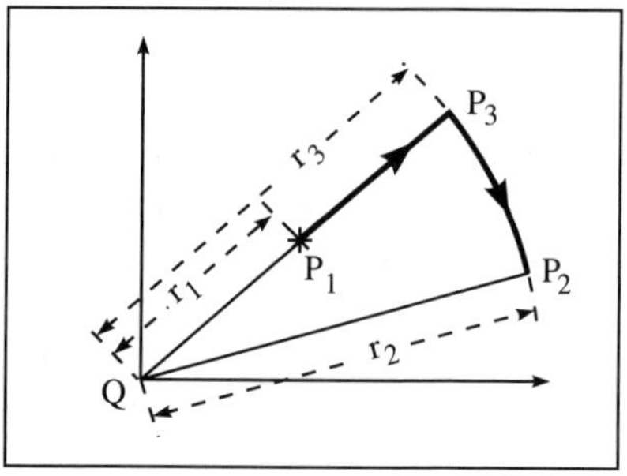


**a)** Eine positive Probeladung q wird durch die Feldkraft $\vec{F}$ auf dem eingezeichneten Weg von $P_1$ über $P_3$ nach $P_2$ transportiert. Welche Transportarbeit wird dabei verrichtet?

**b)** Drücken Sie mit Hilfe des Ergebnisses von Teilaufgabe a die Spannung $U_{12}$ zwischen $P_1$ und $P_2$ durch gegebene allgemeine Größen aus!

**c)** Der Abstand der positiven Ladung $q = 4 \cdot 10^{-10}$ C von einer positiven Punktladung $Q = 4 \cdot 10^{-8}$ C wird jeweils um 1 cm von 12 cm auf 11 cm bzw. von 6 cm auf 5 cm verringert. Welche Arbeit ist hierfür jeweils nötig? Erläutern Sie die Ergebnisse!

# Die Elementarladung

**18. Die Elementarladung und Faradays Gesetze der Elektrolyse**

**a)** Wie lauten die Faradayschen Gesetze der Elektrolyse?

**b)** Was versteht man unter "Ladungsquantelung" und "Elementarladung"?

**c)** Durch welche Überlegungen gelangt man von den Faradayschen Gesetzen zur Hypothese der Ladungsquantelung? Berechnen Sie dabei auch den Betrag der Elementarladung!

**d)** Warum sind diese Überlegungen kein Beweis für die Existenz der Elementarladung?

**19. Zum Aufbau des Millikanschen Öltröpfchen-Versuchs**

1916 gelang R. A. Millikan mit dem Öltröpfchen-Versuch der Nachweis der Ladungsquantelung.

**a)** Beschreiben Sie unter Verwendung von erläuternden Skizzen das Prinzip seines Versuchsaufbaus. Gehen Sie dabei auch darauf ein, wie die Beobachtung der Öltröpfchen ermöglicht wird und wie Ladung auf die Öltröpfchen aufgebracht werden kann!

**b)** Die obere Platte eines Millikankondensators ist positiv geladen. Welches Vorzeichen hat die Ladung auf einem Öltröpfchen, das man durchs Okular nach unten fallen sieht?

**c)** Woran erkennt man Öltröpfchen, die für Meßzwecke gut geeignet sind?

**20. Theorie des Schwebefalls**

**a)** Stellen Sie für ein zwischen den Platten eines Millikankondensators schwebendes Öltröpfchen die Kräftebilanz auf! Zeigen Sie damit, daß das Tröpfchen die Ladung

$$Q = \frac{4 \cdot \pi \cdot r^3 \cdot \rho \cdot g \cdot d}{3 \cdot U}$$

trägt!

(r = Tröpfchenradius, d = Plattenabstand, U = Spannung zwischen den Platten, ρ = Dichte des Öls)

**b)** Beschreiben Sie, wie sich der nicht direkt meßbare Tröpfchenradius r bestimmen läßt! Leiten Sie eine entsprechende Beziehung zwischen r und Größen her, die der Messung zugänglich sind!

**c)** Obwohl Q mittels der Ergebnisse von a und b durch Größen ausgedrückt werden kann, die man durch Messung bestimmen kann, eignet sich die

Schwebemethode nicht für den experimentellen Nachweis der Ladungsquantelung. Warum nicht?

**d)** Beschreiben Sie kurz und ohne Rechnung, wie Millikan die in c genannte Schwierigkeit meisterte!

**21. Rechenaufgabe zum Millikan-Versuch**

In einem feldfreien Millikan-Kondensator fällt ein Öltröpfchen mit der konstanten Geschwindigkeit $\vec{v}, v = 4{,}2\,\frac{\text{mm}}{\text{min}}$.

**a)** Berechnen Sie die Masse des Tröpfchens!

**b)** Bei welcher Spannung würde das Tröpfchen schweben, wenn es 3 Elementarladungen trägt:

$\rho_{\text{Öl}} = 881\,\frac{\text{kg}}{\text{m}^3}$, $\eta_{\text{Luft}} = 1{,}855 \cdot 10^{-5}\,\frac{\text{N} \cdot \text{s}}{\text{m}^2}$, Plattenabstand d = 2,5 mm.

## Bewegung geladener Teilchen in elektrischen Feldern

**22. "Freier Fall"**

Ein Elektron wird in einem Plattenkondensator (Plattenabstand d = 6 cm, Spannung U = 1,5 kV) aus der Ruhe heraus beschleunigt.

**a)** Erläutern Sie, inwiefern seine Bewegung mit dem freien Fall eines Körpers im oberflächennahen Gravitationsfeld der Erde verglichen werden kann!

**b)** Welche Beschleunigung erfährt es?

**c)** Wie lange braucht es, um eine Strecke von 4 cm zurückzulegen?

**d)** Wieviel Zeit verstreicht, bis es die Geschwindigkeit $v = 2{,}0 \cdot 10^7\,\frac{\text{m}}{\text{s}}$ erreicht hat? Kann es diese Geschwindigkeit bei dem gegebenen Plattenabstand tatsächlich erreichen?

**e)** Mit welcher Geschwindigkeit trifft es auf die positive Platte, wenn es 2,8 cm vor der positiven Platte startet?

**23. Anwendung des Energiesatzes beim "freien Fall"**

**a)** Ein Elektron (Masse m, Ladungsbetrag e) durchläuft in einem homogenen elektrischen Feld aus der Ruhe heraus die Spannung U. Zeigen Sie, daß es dadurch auf die Geschwindigkeit $\vec{v}$,

$$v = \sqrt{2 \cdot \frac{e}{m} \cdot U},$$

beschleunigt wird!

**b)** Berechnen Sie zum Vergleich die Geschwindigkeit, mit der ein Körper der Masse m nach dem freien Fall aus der Höhe h auf dem Erdboden aufschlägt!

**c)** Welche Spannung benötigt man, um ein Elektron aus der Ruhe heraus auf die Geschwindigkeit $\vec{v}$, $v = 3 \cdot 10^7 \, \frac{m}{s}$, zu beschleunigen?

**d)** In welchem Verhältnis stehen die Beschleunigungsspannungen für ein Proton und ein Elektron, wenn beide Teilchen aus der Ruhe heraus auf die gleiche Geschwindigkeit beschleunigt werden?

**24. Elektronenvolt**

**a)** Erläutern Sie, wie die Energieeinheit 'Elektronenvolt' definiert ist!

**b)** Ein Proton, ein Elektron und ein Alphateilchen sollen aus der Ruhe heraus auf die kinetische Energie 4 keV beschleunigt werden. Welche Spannung ist hierfür jeweils nötig?

**c)** Wie rechnet man eV in Joule und Joule in eV um?
Rechnen Sie 3,7 eV in Joule und 3,7 Joule in eV um!

**d)** Welche Vorteile bringt die Verwendung der Energieeinheit eV?

**25. Überlegungsaufgabe zum "freien Fall"**

Wie kommt es, daß zwar alle Körper im Gravitationsfeld der Erde aber nicht alle Ladungsträger in einem bestimmten homogenen elektrischen Feld gleich schnell fallen? Geben Sie neben einer rechnerischen Begründung auch eine Erläuterung mit physikalischen Argumenten!

**26. "Senkrechter Wurf nach oben und unten" mit allgemeinen Größen**

Ein Elektron (Masse m, Ladungsbetrag e) tritt zum Zeitpunkt t = 0 s mit der Geschwindigkeit $\vec{v}_0$ parallel zu den Feldlinien einmal in Feldrichtung (Fall I), zum anderen gegen die Feldrichtung (Fall II) in ein homogenes elektrisches Feld der Stärke $\vec{E}$ ein.

**a)** Warum läßt sich seine Bewegung mit dem aus der Mechanik bekannten senkrechten Wurf nach oben bzw. unten vergleichen? Ordnen Sie jedem Fall die entsprechende Wurfart zu!

**b)** Welchen Geschwindigkeitsbetrag v(t) besitzt es t Sekunden nach seinem Feldeintritt, welchen Weg x(t) hat es bis dahin zurückgelegt? (Lösung für beide Fälle mit den gegebenen allgemeinen Größen!)

**c)** Im elektrischen Feld durchläuft es die Strecke s, zwischen deren Anfangs- und Endpunkt die Spannung U besteht. Welchen Geschwindigkeitsbetrag besitzt es am Endpunkt der Strecke, wenn es am Anfang den Geschwindigkeitsbetrag $v_0$ hatte. (Lösung für beide Fälle mit den gegebenen allgemeinen Größen!)

**27. Rechenaufgabe zu einer Kombination von senkrechtem Wurf nach oben und unten**

Ein Elektron tritt bei A mit dem Geschwindigkeitsbetrag $v_1 = 8{,}0 \cdot 10^6 \frac{m}{s}$ senkrecht in das Feld zwischen die Platten $P_1$ und $P_2$ ein.

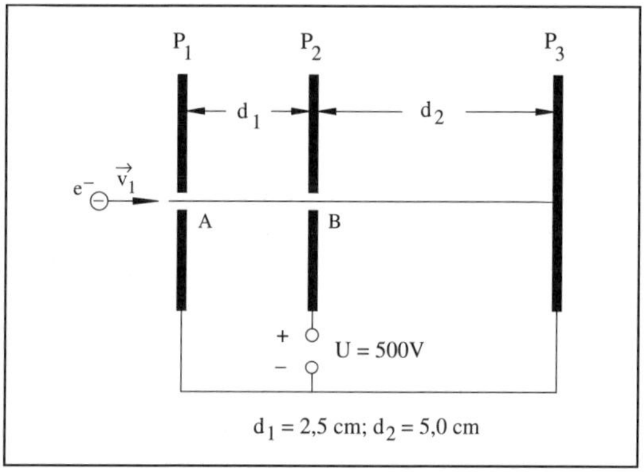


**a)** Welchen Geschwindigkeitsbetrag $v_2$ hat es, wenn es die Bohrung B durchfliegt?

**b)** Wie lange hat es von A nach B gebraucht?

**c)** Mit welchem Geschwindigkeitsbetrag $v_3$ trifft es dann auf $P_3$?

**d)** Mit welchem Geschwindigkeitsbetrag $v_3'$ trifft es auf $P_3$, wenn die Spannung genau dann umgepolt wird, wenn es gerade durch B fliegt?

**28. Bewegung eines Elektrons im elektrischen Längsfeld**

Ein Elektron fliegt im homogenen elektrischen Feld eines Plattenkondensators (Plattenabstand $d = 10$ cm, Spannung zwischen den Platten $U = 2000$ V) parallel zu den Feldlinien auf die negative Platte zu. 6 cm von ihr entfernt hat es den Geschwindigkeitsbetrag $v_0 = 8{,}4 \cdot 10^6 \frac{m}{s}$.

**a)** In welcher Entfernung von der negativen Platte hat das Elektron den Geschwindigkeitsbetrag $0 \frac{m}{s}$?

**b)** Mit welchem Geschwindigkeitsbetrag trifft das Elektron auf die positive Platte?

**c)** Wie könnte die Bewegung eines Körpers in der Mechanik aussehen, die der Bewegung des Elektrons im Plattenzwischenraum entspricht?

**29. Bewegung geladener Teilchen im homogenen elektrischen Querfeld**

Ein Teilchen der Masse m und der positiven Ladung q tritt zum Zeitpunkt $t = 0$ s entsprechend folgender Skizze mit dem Geschwindigkeitsbetrag $v_0$ senkrecht zu den Feldlinien in das homogene elektrische Feld eines Plattenkondensators (Plattenabstand d, Spannung zwischen den Platten U) ein.

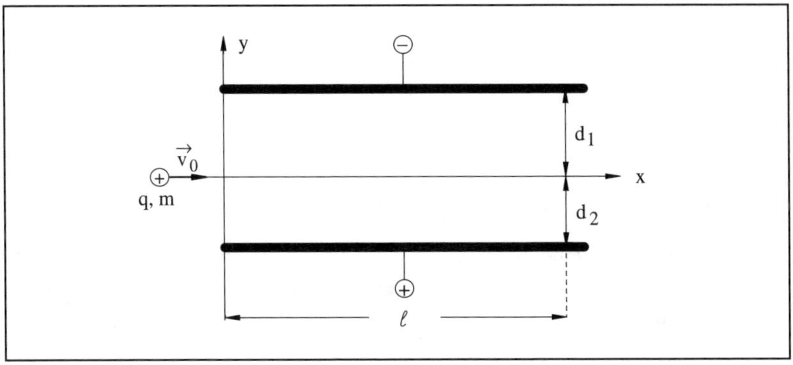


Alle folgenden Aufgaben sollen mittels der gegebenen allgemeinen Größen gelöst werden!

**a)** Warum läßt sich die Bewegung des Teilchens im Plattenzwischenraum mit dem aus der Mechanik bekannten waagrechten Wurf vergleichen?

**b)** Stellen Sie die Bahngleichung der Bewegung für $0 \leq x \leq \ell$ auf!

**c)** Wie weit ist das Teilchen nach Durchlaufen des Kondensators von der x-Achse entfernt?

**d)** Berechnen Sie den Betrag der Geschwindigkeit, die das Teilchen beim Verlassen des Kondensators besitzt!

**e)** Unter welchem Winkel gegen die x-Achse verläßt das Teilchen den Plattenkondensator?

**30. Ist eine Teilchenidentifizierung im Querfeld möglich?**

Ein positiv geladenes Teilchen (Masse m, Ladungsbetrag q) wird in einem homogenen elektrischen Längsfeld aus der Ruhe heraus beschleunigt. Es tritt dann mit dem erreichten Geschwindigkeitsbetrag $v_0$ senkrecht zu den Feldlinien in das homogene elektrische Feld eines Plattenkondensators (Plattenabstand d, Spannung zwischen den Platten $U_Q$, Plattenlänge $\ell_1$) entsprechend folgender Skizze ein. Auf einem im Abstand $\ell_2$ hinter dem Kondensator senkrecht angebrachten Schirm trifft es schließlich im Punkt P auf.

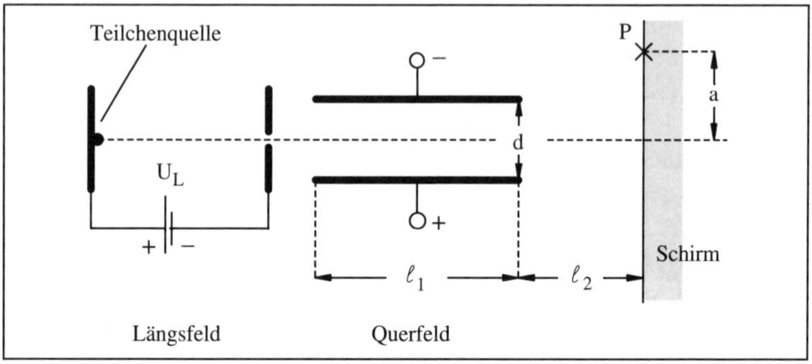


**a)** Zeigen Sie, daß $a = \frac{\ell_1 \cdot U_Q}{2 \cdot d \cdot U_L} \cdot \left( \frac{\ell_1}{2} + \ell_2 \right)$.

**b)** Geben Sie eine physikalische Begründung dafür, daß in dieser Beziehung die Teilchengrößen q und m nicht auftauchen! Welche Bedeutung hat dies?

**31. Rechenaufgabe zum waagrechten Wurf**

Protonen werden im homogenen elektrischen Längsfeld von der Spannung $U_L = 6000$ V beschleunigt und treten anschließend entsprechend folgender Skizze senkrecht zu den Feldlinien in das homogene elektrische Feld eines Plattenkondensators (Plattenabstand d = 9,0 cm, Plattenlänge 8,0 cm, Spannung zwischen den Platten $U_Q$).

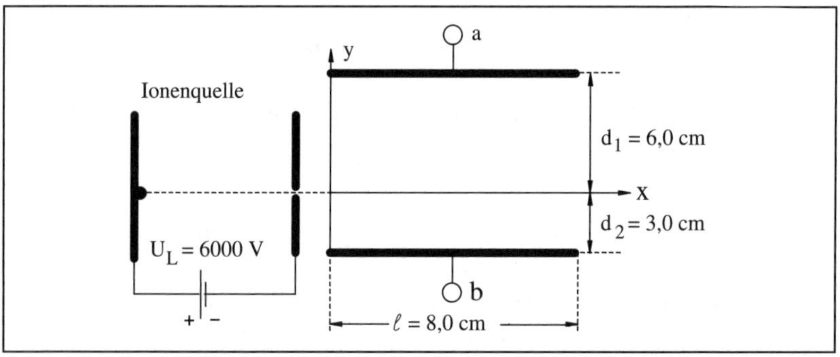


**a)** In welchem Bereich kann die Kondensatorspannung $U_Q$ variiert werden, damit die Protonen weder auf die obere noch die untere Platte auftreffen? Unterscheiden Sie dabei folgende Fälle für die Polung der Kondensatorplatten: a: + und b: – bzw. a: – und b: +.

**b)** Zeigen Sie, daß auch andere positive Ionen, die im Längsfeld beschleunigt wurden, unabhängig von ihrer Ladung und ihrer Masse, im Querfeld die gleiche Bahn wie die Protonen durchlaufen!

**c)** Unter welchem Winkel gegen die Horizontale verlassen die Protonen den Kondensator, wenn $U_Q = 8000$ V?

**d)** Besitzen die Ionen hinter dem Kondensator die gleiche Austrittsgeschwindigkeit wie die Protonen? (Begründung!)

## Wesentliches über statische magnetische Felder

**32. Der Begriff des "magnetischen Feldes"**

**a)** Erläutern Sie, was man unter dem Begriff "magnetisches Feld" versteht!

**b)** Was sind magnetische Feldlinien?

**c)** Welcher prinzipielle Unterschied besteht zwischen elektrischen und magnetischen Feldlinien?

**33. Wichtige magnetische Felder von Permanentmagneten**

Skizzieren Sie qualitativ die Feldlinienbilder

**a)** eines Stabmagneten,

**b)** eines Hufeisenmagneten!

**c)** Beschreiben Sie ein Verfahren, mit dessen Hilfe man die skizzierten Feldlinienbilder aufnehmen kann!

**34. Wichtige magnetische Felder von stromdurchflossenen Leitern**

Skizzieren Sie qualitativ die Feldlinienbilder

**a)** eines geraden Leiters,

**b)** einer Zylinderspule,

die von einem zeitlich konstanten Strom durchflossen werden! Beschreiben Sie jeweils das Feldlinienbild und geben Sie den Wortlaut der Regel an, mit der man die Feldlinienrichtung findet!

**35. Kräfte auf stromdurchflossene Leiter im Magnetfeld**

Geben Sie den Wortlaut der Regel wieder, mit deren Hilfe man die Richtung der magnetischen Kraft auf einen geraden stromdurchflossenen Leiter in einem homogenen Magnetfeld bestimmen kann!

Finden Sie mit Hilfe dieser Regel dann jeweils die Richtungen der magnetischen Kräfte auf die skizzierten Leiter und beschreiben Sie kurz das Verhalten der Leiter im Magnetfeld!

**a)**

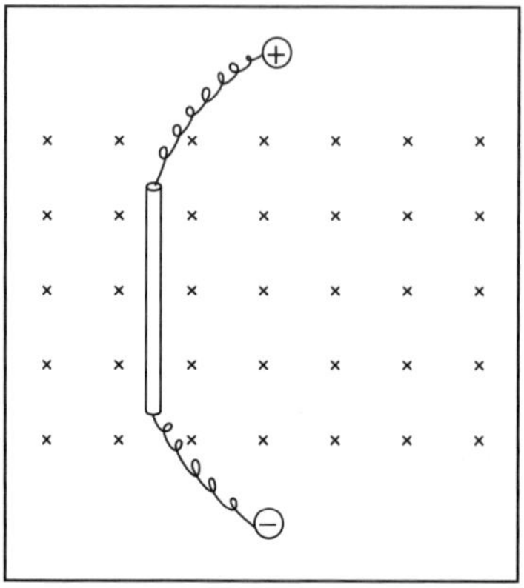

**b)**

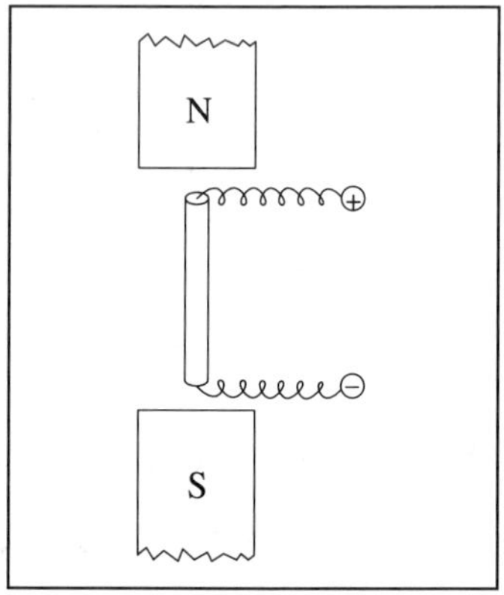


**c)**

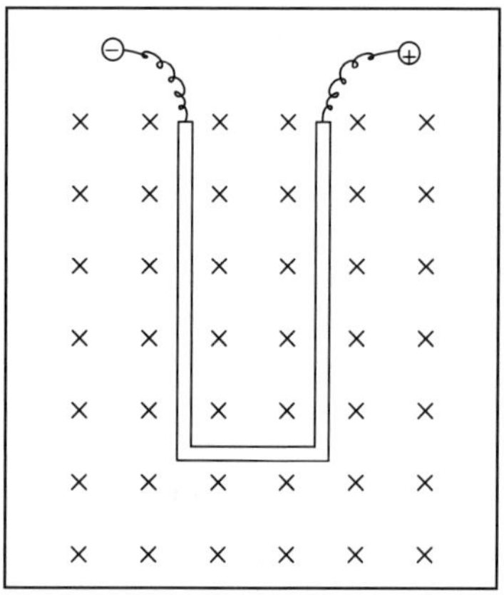

**d)**

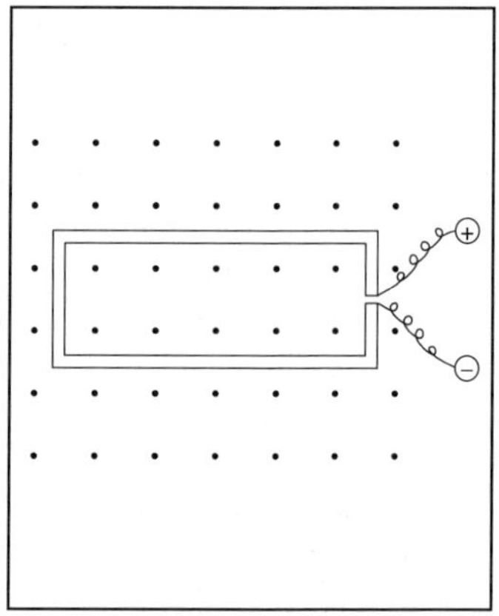

**e)**

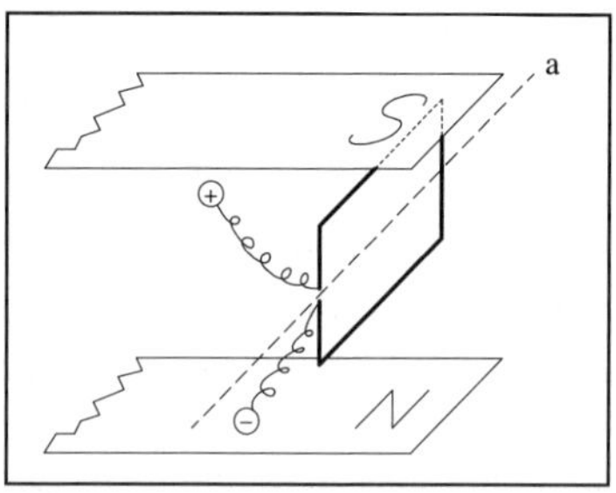


**f)**

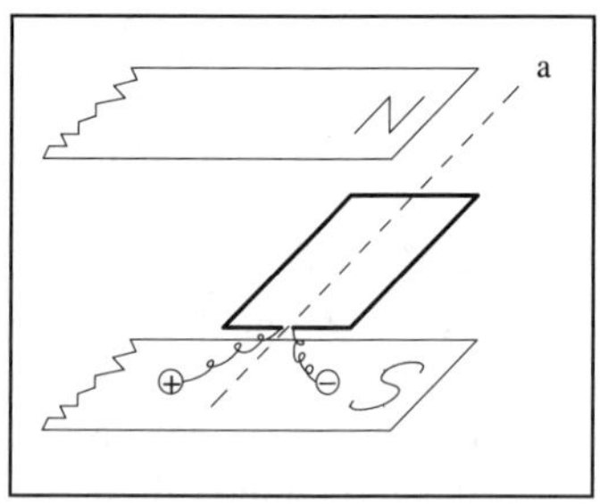


Bei e und f ist der Leiterrahmen um die Achse a drehbar.

## 36. Kräfte zwischen parallelen stromdurchflossenen Leitern

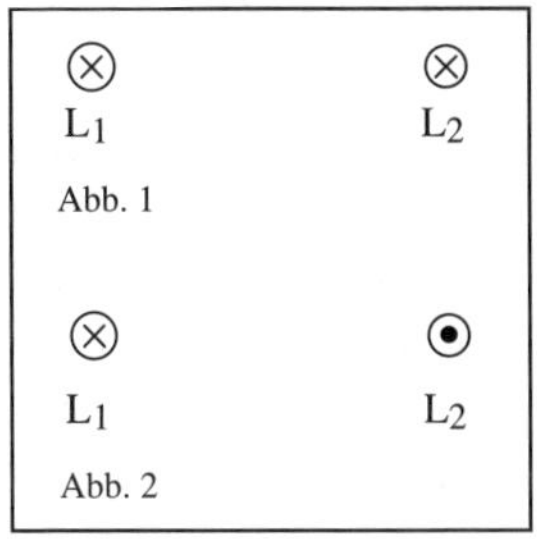


Die Abbildungen zeigen den Schnitt durch zwei gerade, parallele Leiter $L_1$, $L_2$, die senkrecht auf der Zeichenebene stehen und in gleicher (Abb. 1) bzw. in entgegengesetzter (Abb. 2) Richtung von einem zeitlich konstanten Strom durchflossen werden. Übertragen Sie die Skizzen auf Ihr Blatt und zeichnen Sie die Feldlinie des von $L_1$ erzeugten magnetischen Felds, die genau durch $L_2$ verläuft. Begründen Sie dann mit Hilfe der Drei-Finger-Regel aus Aufgabe 35, warum $L_1$ $L_2$ in Abb. 1 anzieht und in Abb. 2 abstößt!

## 37. Definition der magnetischen Flußdichte $\vec{B}$

Zur quantitativen Beschreibung eines magnetischen Feldes führt man den Vektor $\vec{B}$ der magnetischen Flußdichte ein.

**a)** Welche Erfahrungstatsachen liegen der Definition von $\vec{B}$ zugrunde?

**b)** Wie ist $\vec{B}$ definiert? Welche Überlegungen führen zu dieser Definition?

**c)** Welche Benennung hat $\vec{B}$?

## 38. Die Lorentzkraft

Dem Ladungstransport durch einen Leiter vom Querschnitt A wird folgendes einfache Modell zugrunde gelegt:
Alle Ladungsträger bewegen sich parallel zueinander mit der konstanten Geschwindigkeit $\vec{v}$ und tragen die gleiche Ladung q.

**a)** Zeigen Sie, daß dann für die Stromstärke I gilt:

$$I = v \cdot A \cdot n \cdot q,$$

n ist dabei die Zahl der Ladungsträger pro Volumeneinheit.

**b)** Der Leiter befindet sich nun so in einem homogenen Magnetfeld der Flußdichte $\vec{B}$, daß $\vec{v} \perp \vec{B}$. Zeigen Sie, daß dann auf ein Stück des Leiters der Länge $\ell$ eine Kraft $\vec{F}$ vom Betrag

$$F = N \cdot q \cdot v \cdot B$$

wirkt. N ist dabei die Zahl der Ladungsträger in dem Leiterstück.

**c)** Wie groß ist dann der Betrag der Kraft auf einen Ladungsträger?

**39. Rechenaufgaben zur Lorentzkraft**

Ein Proton bzw. ein Elektron bewegt sich entsprechend der folgenden Skizzen mit der Geschwindigkeit $\vec{v}$, $v = 5{,}0 \cdot 10^6 \ \frac{m}{s}$ durch ein homogenes Magnetfeld der Flußdichte $\vec{B}$, $B = 2{,}5$ mT.
Berechnen Sie jeweils den Betrag der Lorentzkraft auf das Teilchen und geben Sie die Richtung dieser Kraft an!

**a)**

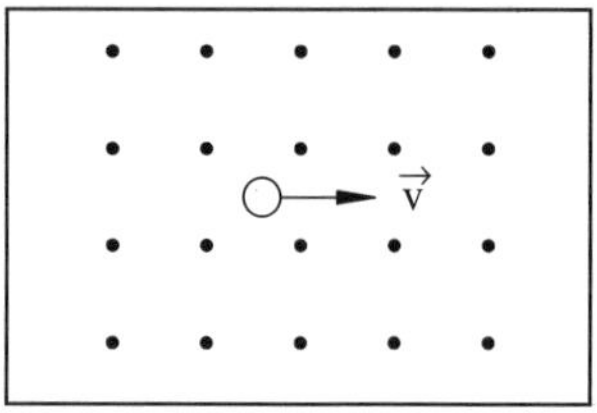


**b)**

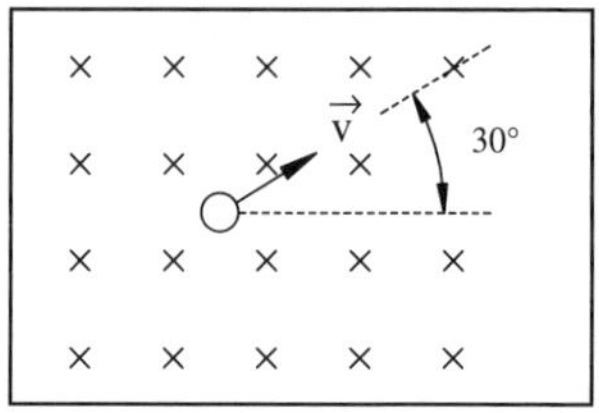


**c)**

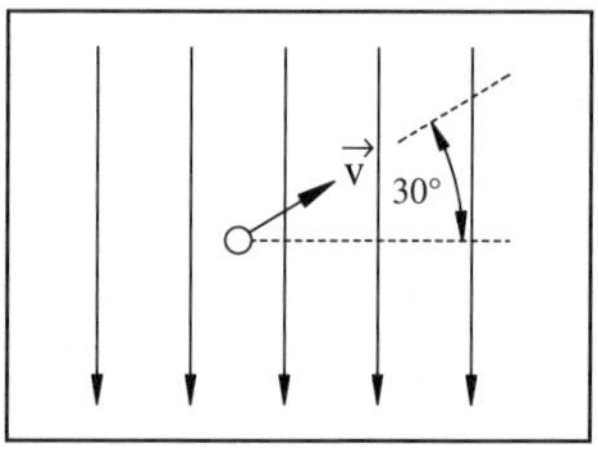


**d)**

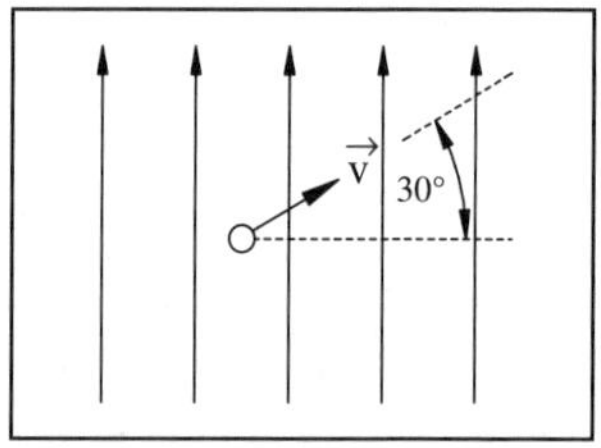


**e)**

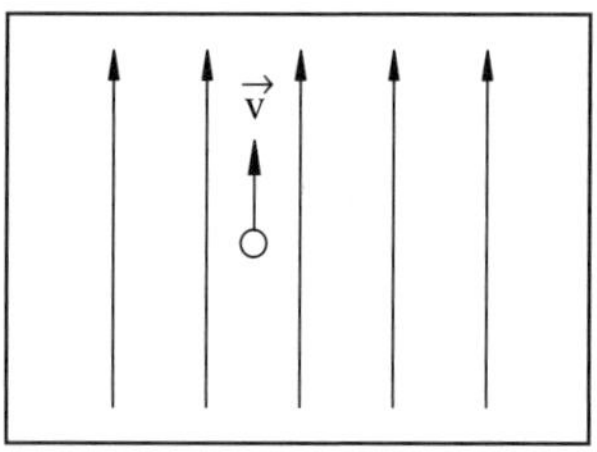


**f)**

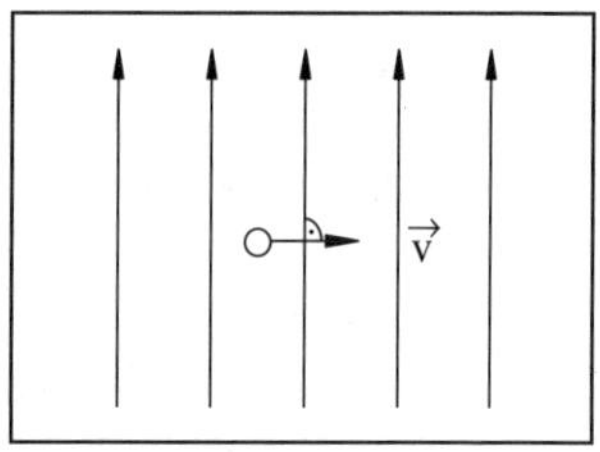


**40. Zylinderspulen**

**a)** Geben Sie die Beziehung an, mit deren Hilfe man den Betrag der magnetischen Flußdichte $\vec{B}$ im Inneren einer Zylinderspule aus leicht meßbaren Größen berechnen kann! (Keine Herleitung!)

**b)** Welche Bedingung müssen Zylinderspulen erfüllen, damit diese Formel angewendet werden kann?

**c)** Erläutern Sie an einem selbstgewählten Beispiel, warum die Fläche A des Spulenquerschnitts nicht in dieser Formel auftritt!

**41. Zwei Rechenaufgaben zum Magnetfeld einer Zylinderspule**

**a)** Eine Zylinderspule der Länge $\ell = 80$ cm mit $N = 100$ Windungen wird von einem Strom der Stärke $I = 0{,}5$ A durchflossen. Um wieviel Prozent ändert sich der Betrag B der magnetischen Flußdichte im Spuleninneren, wenn die Spule um 10 cm in Richtung ihrer Längsachse zusammengeschoben wird?

**b)** Aus 250 m Kupferdraht von 1 $mm^2$ Querschnitt wird eine Zylinderspule von 1,00 m Länge mit 800 Wicklungen gewickelt. Berechnen Sie den Betrag der magnetischen Flußdichte B im Spuleninneren, wenn die Drahtenden mit den Polen einer 100 V Gleichspannungsquelle verbunden sind!

**42. Messung der magnetischen Flußdichte des Erdmagnetfelds mittels einer Zylinderspule**

Eine waagrecht stehende Zylinderspule ($N = 800$, $\ell = 0{,}80$ m) ist so ausgerichtet, daß die Spulenachse genau senkrecht zur Nord-Süd-Richtung einer Magnetnadel verläuft, die sich in der Spulenmitte befindet. Die Magnetnadel kann sich um eine Achse senkrecht zur Horizontalebene frei drehen.

**a)** Fließt ein Strom der Stärke $I = 23{,}9$ mA durch die Spule, so schließt die Magnetnadel mit der Spulenachse den Winkel $\alpha = 34{,}5°$ ein. Berechnen Sie den Betrag der Horizontalkomponente $\vec{B}_{H,Erde}$ der Flußdichte des Erdmagnetfelds am Experimentierort!

**b)** Man weiß, daß am Experimentierort die Feldlinien des Erdmagnetfelds mit der Horizontalen den Winkel $\beta = 63{,}9°$ bilden. Berechnen Sie den Betrag $B_{Erde}$ der Flußdichte des Erdmagnetfelds!

**43. Vergleich zwischen elektrischem und magnetischem Feld**

Beantworten Sie folgende Fragen jeweils für ein zeitlich unveränderliches elektrisches Feld der Stärke $\vec{E}$ und ein zeitlich unveränderliches magnetisches Feld der Flußdichte $\vec{B}$.

**a)** Wodurch wird das Feld verursacht?

**b)** Wie groß ist der Betrag der Kraft $\vec{F}$ im Feld auf eine ruhende Ladung vom Betrag q?

**c)** Wie groß ist der Betrag der Kraft $\vec{F}$ im Feld auf eine bewegte Ladung vom Betrag q?

**d)** Was läßt sich über die Richtung der Kraft $\vec{F}$ im Feld auf eine Ladung q aussagen?

**e)** Worin besteht der wesentliche Unterschied bei den Feldlinien? Welcher physikalische Sachverhalt kommt in diesem Unterschied zum Ausdruck?

**f)** Mit welcher Vorrichtung kann man ein homogenes Feld erzeugen?

**g)** Wie kann man den Betrag der Feldgrößen $\vec{E}$ bzw. $\vec{B}$ bei diesem Feld leicht messen?

## Bewegung geladener Teilchen in magnetischen Feldern

### 44. Bahnformen im homogenen Magnetfeld

Ein Teilchen, das die Ladung q trägt, tritt mit der Geschwindigkeit $\vec{v}$ in ein homogenes Magnetfeld der Flußdichte $\vec{B}$ ein. Beschreiben Sie für jeden der Fälle

**a)** $\sphericalangle(\vec{v};\vec{B}) = 0°$

**b)** $\sphericalangle(\vec{v};\vec{B}) = 90°$

**c)** $0° < \sphericalangle(\vec{v};\vec{B}) < 90°$

die Form der Bahn, die das Teilchen durchläuft und begründen Sie Ihre Aussage jeweils genau!

### 45. Quantitative Überlegungen zur Kreisbahnbewegung

Ein Teilchen, das die Masse m besitzt und die Ladung q trägt, tritt mit der Geschwindigkeit $\vec{v}$ senkrecht zu den Feldlinien in ein homogenes Magnetfeld der Flußdichte $\vec{B}$ ein.

**a)** Drücken Sie den Radius r der Kreisbahn, die es durchläuft durch q, m, v und B aus!

**b)** Drücken Sie die Abhängigkeit von r von diesen Größen mit Worten in Je-desto-Sätzen aus!

**c)** Zeigen Sie, daß für die Umlaufsdauer T des Teilchens gilt:

$$T = \frac{2 \cdot m \cdot \pi}{B \cdot q}$$

**d)** Was ist an dieser Beziehung bemerkenswert? Geben Sie ohne erneute Rechnung eine physikalische Begründung für diesen Sachverhalt!

**46. Zeichnen von Kreisbahnen**

In einem räumlich hinreichend großen Magnetfeld besitzen 4 Teilchen im Ursprung eines rechtwinkligen Koordinatensystems die in der Skizze dargestellten, zu den Koordinatenachsen parallelen Geschwindigkeiten $\vec{v}_1$, $\vec{v}_2$, $\vec{v}_3$, $\vec{v}_4$.

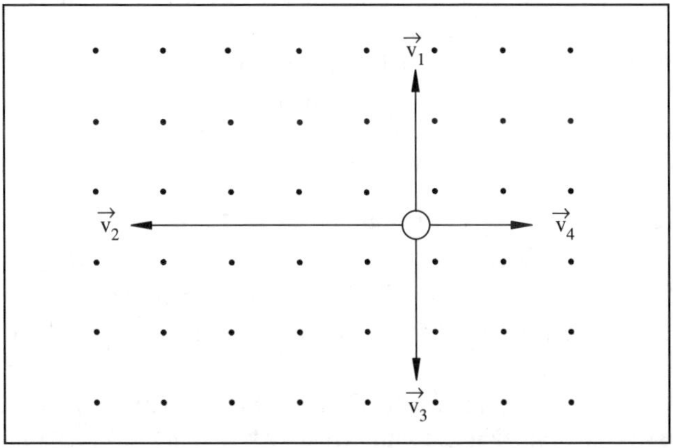


Weiter gilt für ihre

- Geschwindigkeitsbeträge: $v_1 = v_3$; $v_2 = 2 \cdot v_1$; $v_4 = 0{,}75 \cdot v_1$
- Ladungsbeträge: $q_1 = q_2 = q_4$; $q_3 = 2 \cdot q_1$
- Ladungsvorzeichen: $q_1, q_3 > 0$; $q_2, q_4 < 0$
- Massen: $m_1 = m_2 = m_3$; $m_4 = 2 \cdot m_1$

Zeichnen Sie die Bahnkurven der 4 Teilchen in Originalgröße in eine Skizze, wenn Teilchen 1 eine Kreisbahn vom Radius $r_1 = 3$ cm durchläuft. Tragen Sie auch den Durchlaufssinn ein!

**47. Bewegung längs einer Schraubenlinie (1. Rechenaufgabe)**

Ein Elektron tritt im Ursprung eines dreidimensionalen Koordinatensystems mit der Geschwindigkeit $\vec{v}$ in ein homogenes Magnetfeld der Flußdichte $\vec{B}$ ein. Es ist bekannt, daß

$$\vec{v} = \begin{pmatrix} v_0 \\ v_0 \\ 0 \end{pmatrix} \text{ mit } v_0 = 3{,}9 \cdot 10^6 \,\frac{\text{m}}{\text{s}}; \quad \vec{B} = \begin{pmatrix} 0 \\ B_0 \\ 0 \end{pmatrix} \text{ mit } B_0 = 1{,}5 \text{ mT}$$

**a)** Warum durchläuft das Elektron im Magnetfeld eine Schraubenlinie?
**b)** Berechnen Sie den Radius dieser Schraubenlinie und zeichnen Sie ihre Projektion auf die x-z-Ebene in Originalgröße! Tragen Sie auch den Durchlaufssinn ein!
**c)** Wieviel Sekunden nach seinem Eintritt ins Magnetfeld berührt das Elektron zum ersten Mal wieder die y-Achse des Koordinatensystems?
**d)** Welche Strecke hat es dann in y-Richtung zurückgelegt?
**e)** Welche Weglänge hat es dann insgesamt zurückgelegt?
**f)** Wieviel Windungen der Schraubenlinie hat das Elektron durchlaufen, wenn es sich 47 cm in y-Richtung fortbewegt hat?

## 48. Bewegung längs einer Schraubenlinie (2. Rechenaufgabe)

Schießt man Elektronen mit dem Geschwindigkeitsbetrag $v = 1{,}8 \cdot 10^7 \frac{m}{s}$ unter dem Winkel $\alpha$ gegen die Feldrichtung in ein homogenes Magnetfeld der Flußdichte $\vec{B}$, $B = 2{,}5$ mT, so durchlaufen sie eine Schraubenlinie der Ganghöhe $h = 12{,}9$ cm.

**a)** Was versteht man unter der Ganghöhe einer Schraubenlinie?
**b)** Berechnen Sie den Einschußwinkel $\alpha$!
**c)** Berechnen Sie den Radius r der Schraubenlinie!

## 49. Ablenkwinkel im Magnetfeld

Manchmal stößt man in Abituraufgaben auf folgendes geometrisches Problem: Positiv geladene Teilchen der Masse m und des Ladungsbetrags q treten wie unten dargestellt mit dem Geschwindigkeitsbetrag v senkrecht zu den Feldlinien in ein homogenes Magnetfeld der Flußdichte $\vec{B}$ ein und verlassen es wieder unter dem Winkel $\alpha$ gegenüber der Eintrittsrichtung.

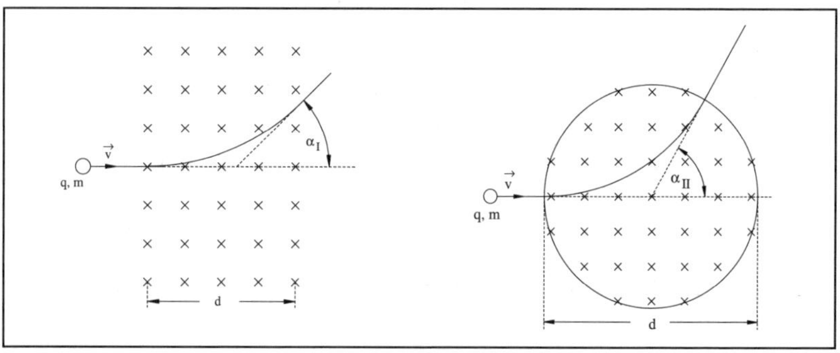

**a)** Zeigen Sie, daß $\sin\alpha_I = \frac{q \cdot B \cdot d}{m \cdot v}$; $\tan\frac{\alpha_{II}}{2} = \frac{q \cdot B \cdot d}{2 \cdot m \cdot v}$

**b)** Zu welchem Zweck könnte man die skizzierten Versuchsanordnungen verwenden?

# Bewegung geladener Teilchen in elektrischen und magnetischen Feldern

## 50. Wiensches Geschwindigkeitsfilter

Ein Elektron der Geschwindigkeit $\vec{v}$, $v = 2{,}0 \cdot 10^7\ \frac{m}{s}$, soll das Blendenpaar $B_1$, $B_2$ und das elektrische Feld zwischen den Platten des Plattenkondensators (U = 1,0 kV; d = 4,0 cm) unabgelenkt passieren. Hierfür wird dem elektrischen Feld ein geeignetes homogenes Magnetfeld gleicher Ausdehnung überlagert.

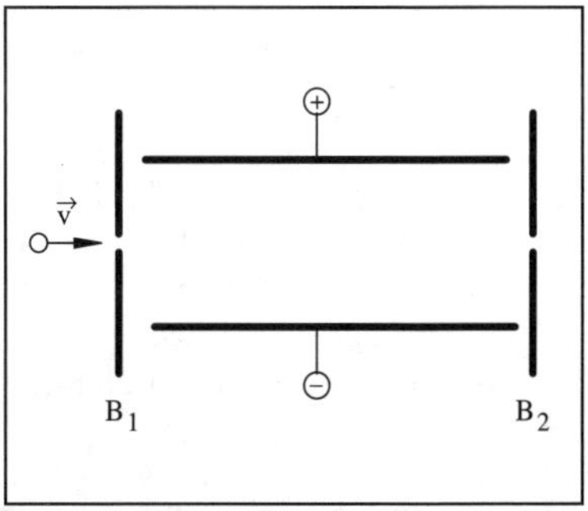


**a)** Wie verlaufen die Feldlinien dieses Magnetfelds?

**b)** Welchen Betrag besitzt die magnetische Flußdichte?

**c)** Wie verhält sich das Elektron, wenn es die Geschwindigkeit $\vec{v}_1$ (1) $v_1 > v$ bzw. (2) $v_1 < v$ besitzt?

**d)** Kann auch ein Proton der Geschwindigkeit $\vec{v}$ diese Anordnung unabgelenkt passieren? (Begründung!)

**e)** Erläutern Sie, warum man diese Anordnung als Geschwindigkeitsfilter bezeichnet?

## 51. Halleffekt

**a)** Was versteht man unter dem "Halleffekt"?

**b)** Erläutern Sie unter Zuhilfenahme einer beschrifteten Skizze genau, wie die Hallspannung entsteht! Leiten Sie dabei auch den Zusammenhang zwischen der Hallspannung $U_H$, dem Betrag der Driftgeschwindigkeit $\vec{v}_D$ der Ladungsträger, dem Betrag der magnetischen Flußdichte $\vec{B}$ und der Breite b des Hallplättchens her!

**c)** Erläutern Sie, wie der Halleffekt zur Messung der Flußdichte magnetischer Felder herangezogen werden kann!

**d)** Welche Materialeigenschaften sollte ein gutes Hallplättchen besitzen?

## 52. Wirkungsweise eines MHD-Generators

Im Raum zwischen den ungeladenen Platten eines Plattenkondensators mit nicht zu großem Plattenabstand d, herrscht entsprechend nebenstehender Skizze ein homogenes Magnetfeld der Flußdichte $\vec{B}$.

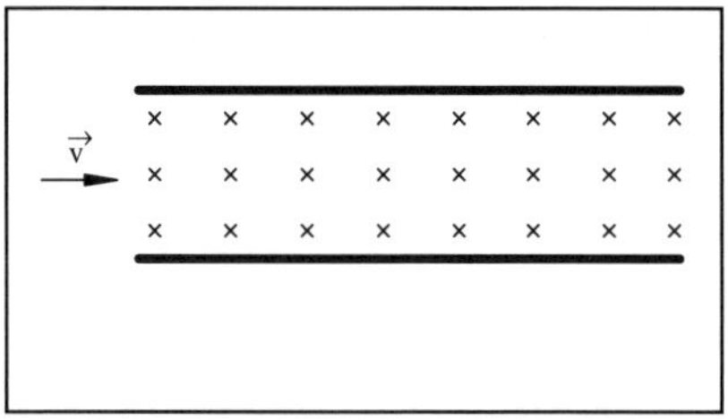


**a)** Schickt man in der angegebenen Richtung zwischen die Platten heißes, ionisiertes, nach außen neutrales Gas mit der einheitlichen Geschwindigkeit $\vec{v}$, so baut sich zwischen den Platten eine Spannung U auf. Erklären Sie dies!

**b)** Drücken Sie U durch die gegebenen Größen v, B, d aus!

## 53. Bestimmung der spezifischen Ladung von Elektronen mit dem Fadenstrahlrohr

**a)** Beschreiben Sie die Versuchsanordnung zur Bestimmung der spezifischen Ladung $\frac{e}{m}$ des Elektrons mit dem Fadenstrahlrohr! (Prinzipskizze und Erläuterung des Versuchsaufbaus! Welche Größen werden wie gemessen?)

**b)** Leiten Sie die Beziehung zwischen $\frac{e}{m}$ und den in a gemessenen Größen her!

## 54. Bestimmung der spezifischen Ladung von Ionen nach der Methode von Bainbridge

Positiv geladene Ionen unterschiedlicher Geschwindigkeit und spezifischer Ladung treten bei $P_1$ in ein Wienfilter (Betrag der elektrischen Feldstärke: $E_0$; Betrag der magnetischen Flußdichte: $B_0$) ein. Ein Teil passiert es unabgelenkt und tritt bei $P_2$ senkrecht zu den Feldlinien in ein homogenes Magnetfeld der Flußdichte $\vec{B}_1$ ein. Die Ionen durchlaufen dort einen Halbkreis und gelangen dann in $P_3$ auf einen Registrierschirm.

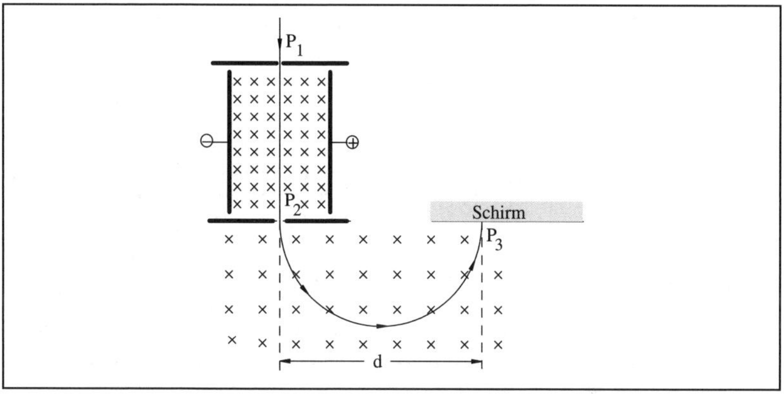


**a)** Stellen Sie die spezifische Ladung $\frac{q}{m}$ dieser Ionen durch $E_0$, $B_0$, $B_1$ und den Abstand d zwischen $P_2$ und $P_3$ dar!

**b)** Inwiefern läßt sich diese Anordnung als Massenspektrometer einsetzen?

**55. Bestimmung der spezifischen Ladung von Elektronen mittels Wienfilters und homogenen elektrischen Längsfelds**

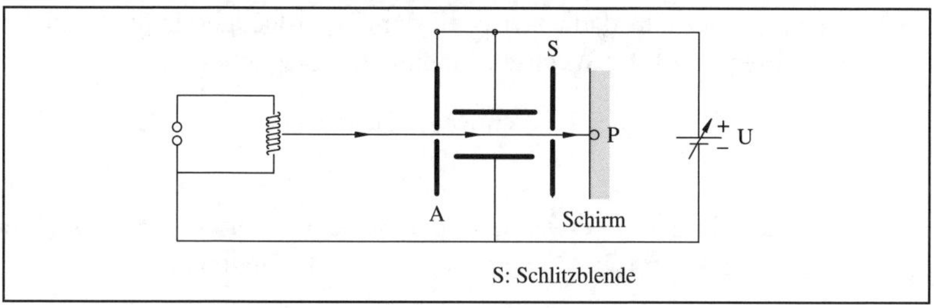


S: Schlitzblende

Glühelektrisch freigesetzte Elektronen werden in einem homogenen elektrischen Längsfeld durch die Spannung U beschleunigt und gelangen nach Durchfliegen der gelochten Anode A in ein Wienfilter. (Betrag der magnetischen Flußdichte: B, Spannung zwischen den Platten: U, Abstand der Platten: d)

**a)** Zeigen Sie, daß die Elektronen nur dann die Anordnung unabgelenkt passieren können und in P auf den Registrierschirm treffen, wenn

$$\frac{U}{2 \cdot d^2 \cdot B^2} = \frac{e}{m}$$

**b)** Wie läßt sich mit dieser Anordnung die spezifische Ladung von Elektronen messen?

**56. Bestimmung der spezifischen Ladung von Elektronen nach der Methode von Kirchner**

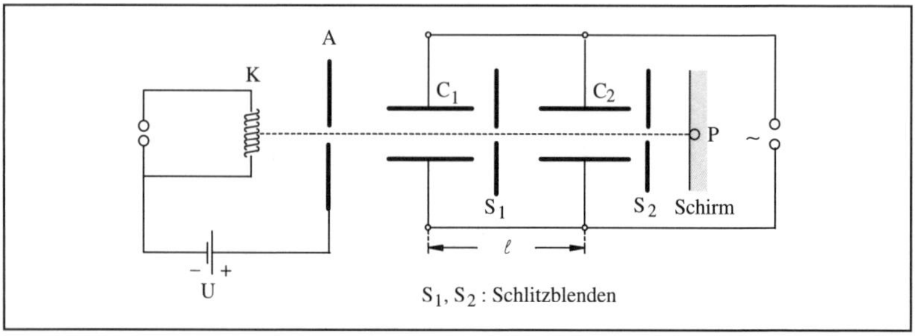


Glühelektrisch freigesetzte Elektronen werden im homogenen elektrischen Längsfeld zwischen K und A durch die Spannung U auf die Geschwindigkeit $\vec{v}$ beschleunigt.
Die beiden Plattenkondensatoren $C_1$ und $C_2$ sind mit derselben Wechselspannungsquelle verbunden. Die Elektronen können die beiden Kondensatoren nur dann unabgelenkt passieren und in P auf den Registrierschirm treffen, wenn sie sowohl $C_1$ als auch $C_2$ gerade dann durchfliegen, wenn an den Kondensatoren keine Spannung anliegt.

**a)** Zeigen Sie, daß dann zwischen der Elektronengeschwindigkeit $\vec{v}$ und der Frequenz f der Wechselspannung die Beziehung

$$v = \frac{2 \cdot \ell \cdot f}{n}, \qquad \text{n ist eine natürliche Zahl}$$

besteht!

**b)** Zeigen Sie unter Verwendung der Beziehung aus a, daß Elektronen nur dann in P auftreffen können, wenn $\ell$, f, U die Bedingung

$$\frac{e}{m} = \frac{2 \cdot \ell^2 \cdot f^2}{n^2 \cdot U}, \qquad \text{n ist eine natürliche Zahl}$$

erfüllen!

**57. Klassisches Zyklotron**

**a)** Skizzieren Sie den Prinzipaufbau eines Zyklotrons und beschreiben Sie seine Wirkungsweise! Skizzieren Sie dabei auch die Bahn eines positiven Ions, wenn das Magnetfeld senkrecht aus der Zeichenebene heraus gerichtet ist.

**b)** Warum kann man ein klassisches Zyklotron mit Wechselspannungen konstanter Frequenz f betreiben? Wie muß f gewählt werden?

**c)** Zeigen Sie, daß für die kinetische Energie eines Teilchens auf einer Kreisbahn vom Radius r im Zyklotron gilt:

$$E_{kin} = \frac{1}{2} \cdot \frac{q^2}{m} \cdot B^2 \cdot r^2$$

Was ist an dieser Beziehung bemerkenswert?

**d)** Nach wieviel Umläufen erreicht der Bahnradius eines aus der Ruhe heraus im Zyklotron beschleunigten Teilchens den Wert r?

## Relativistische Masse und Energie

### 58. Relativistische Masse

**a)** Welche besondere Rolle spielt die Lichtgeschwindigkeit bei der Bewegung von Körpern?

**b)** Erklären Sie anschaulich, ohne Verwendung relativistischer Formeln, warum die Masse eines Körpers mit zunehmender Geschwindigkeit ebenfalls zunimmt!

**c)** Was versteht man unter der relativistischen Masse m und der Ruhemasse $m_0$ eines Körpers? Welcher Zusammenhang besteht zwischen m, $m_0$ und v?

**d)** Veranschaulichen Sie diesen Zusammenhang graphisch in einem v-m-Diagramm! (Einheit auf der Abszisse: $0{,}1 \cdot c \mathrel{\hat{=}} 1$ cm; Einheit auf der Ordinate: $m_0 \mathrel{\hat{=}} 2$ cm)

**e)** Von welcher Geschwindigkeit ab ist die relativistische Massenzunahme $m - m_0$ größer als 1 % der Ruhemasse?

**f)** Geben Sie eine grobe Faustregel dafür an, ab welcher Geschwindigkeit die relativistische Massenformel angewendet werden muß!

### 59. Bucherer-Versuch

Alfred Bucherer wies die Gültigkeit der relativistischen Massenformel für Elektronen experimentell nach.

**a)** Fertigen Sie eine Prinzipskizze seines Versuchsaufbaus an und beschreiben Sie die Versuchsdurchführung!

**b)** Drücken Sie die spezifische Ladung der Elektronen durch Feldgrößen und direkt meßbare geometrische Größen der Versuchsanordnung aus!

**c)** Mit einer Versuchsanordnung nach Bucherers Idee erhält man für die Beträge der elektrischen Feldstärke $\vec{E}$, der magnetischen Flußdichte $\vec{B}$ und den Radius r der Kreisbahn im Magnetfeld folgende Meßdaten:

| $E / 10^5 \frac{V}{m}$ | 1,50 | 2,25 | 3,00 | 3,75 | 4,50 | 5,25 | 6,00 |
|---|---|---|---|---|---|---|---|
| B / mT | 2,50 | 2,50 | 2,50 | 2,50 | 2,50 | 2,50 | 2,50 |
| r / cm | 13,9 | 21,5 | 29,8 | 39,4 | 51,2 | 66,9 | 90,6 |

Ermitteln Sie hieraus jeweils den Betrag der Elektronengeschwindigkeit und den zugehörigen Wert der spezifischen Ladung!

**d)** Berechnen Sie für jeden Geschwindigkeitswert aus c mittels der relativistischen Massenformel den Wert für die spezifische Ladung und vergleichen Sie!

**e)** Unter welcher wesentlichen Voraussetzung kann der in d angestellte Vergleich als Nachweis für die Gültigkeit der relativistischen Massenformel angesehen werden?

**60. Relativistische Energie**

**a)** Erläutern Sie die Begriffe "relativistische Energie" und "Ruheenergie"!

**b)** Wie lautet die Formel für die relativistische kinetische Energie eines Teilchens?

**c)** Zeigen Sie, daß diese Formel für $v << c$ mit der klassischen Formel für $E_{kin}$ übereinstimmt. Verwenden Sie hierfür die Näherung

$$\frac{1}{\sqrt{1-x}} \approx 1 + \frac{1}{2} \cdot x \quad \text{falls } x << 1$$

**61. Relativistische Beschleunigung im homogenen elektrischen Längsfeld**

Auf welche Geschwindigkeit wird ein Elektron aus der Ruhe heraus beschleunigt, wenn es in einem homogenen elektrischen Längsfeld die Spannung U = 300 kV durchläuft? Warum ist ein klassischer Ansatz unzulässig?

**62. Relativistische Elektronen im homogenen Magnetfeld (1. Rechenaufgabe)**

Elektronen treten mit dem Geschwindigkeitsbetrag $v = 2{,}5 \cdot 10^8 \frac{m}{s}$ senkrecht zu den Feldlinien in ein homogenes Magnetfeld der Flußdichte $\vec{B}$, B = 45,5 mT, ein. Berechnen Sie den Radius der Kreisbahn, die die Elektronen durchlaufen.

**63. Relativistische Elektronen im homogenen Magnetfeld (2. Rechenaufgabe)**

Ein Elektron durchläuft in einem homogenen Magnetfeld der Flußdichte $\vec{B}$, $B = 5{,}0$ mT, eine Kreisbahn vom Radius $r = 1{,}00$ m. Berechnen Sie

**a)** die Geschwindigkeit,

**b)** den Impuls,

**c)** die kinetische Energie

des Elektrons!

**64. Wann ist ein relativistischer Ansatz erforderlich?**

Die vier für den Schulunterricht wichtigsten Elementarteilchen sind das Elektron, das Proton, das Alphateilchen und das Neutron. Da in vielen Aufgaben die kinetischen Energien dieser Teilchen gegeben sind, ist es sinnvoll auszurechnen, ab welchen Werten für $E_{kin}$ relativistische Ansätze erforderlich sind.

Führen Sie für jedes der vier Teilchen diese Rechnung durch und lernen Sie diese Schwellwerte auswendig!

**65. Relativistisches Zyklotron**

**a)** Warum funktioniert ein klassisches Zyklotron nicht mehr, wenn die Geschwindigkeit der beschleunigten Teilchen Werte größer als $0{,}1 \cdot c$ erreicht?

**b)** Durch welche prinzipiellen Maßnahmen kann ein Zyklotron auch für die Beschleunigung relativistischer Teilchen verwendet werden?

# Zeitlich veränderliche elektrische und magnetische Felder

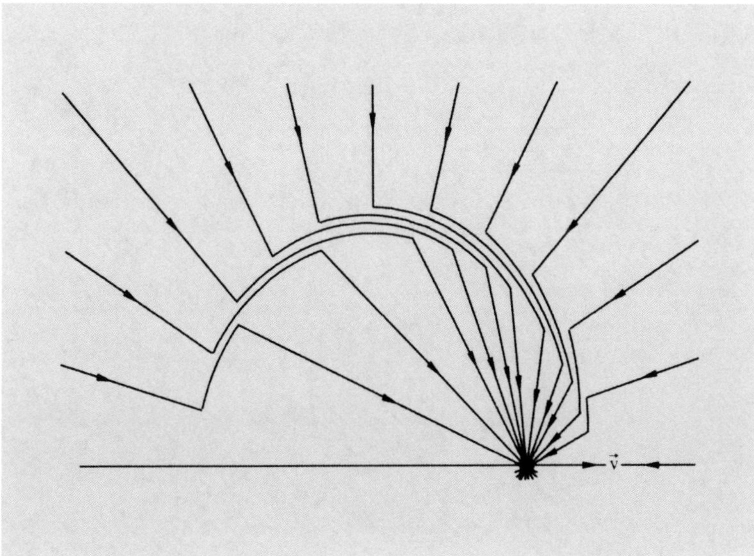

# Elektromagnetische Induktion

## 66. Zur Physik von Induktionsvorgängen in einem geraden Leiter

Ein gerader Leiter der Länge $\ell$ wird entsprechend nebenstehender Skizze mit der konstanten Geschwindigkeit $\vec{v}$ senkrecht zu den Feldlinien durch ein homogenes Magnetfeld der Flußdichte $\vec{B}$ gezogen. Zeigen Sie, daß zwischen den Leiterenden eine Spannung U vom Betrag $U = B \cdot \ell \cdot v$ herrscht.

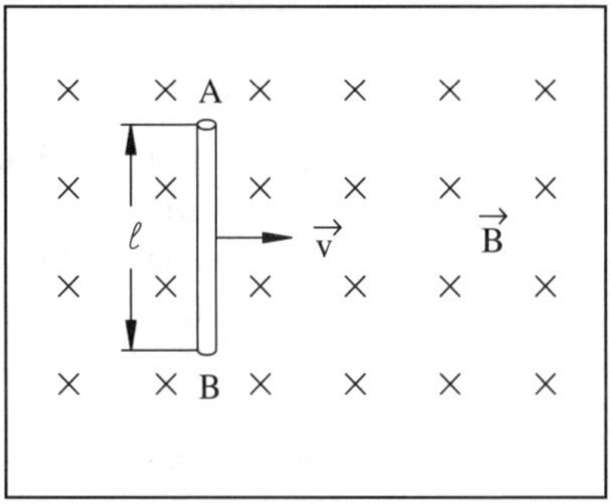


## 67. Rechenaufgaben zur Induktion in geraden Leitern

Ein gerader Leiter der Länge $\ell = 10$ cm wird entsprechend der folgenden Skizzen jeweils mit der Geschwindigkeit $\vec{v}$, $v = 1{,}0\,\frac{\text{cm}}{\text{s}}$, in der angegebenen Richtung durch ein homogenes Magnetfeld der Flußdichte $\vec{B}$, B = 1,0 mT, gezogen. Geben Sie für jede der Bewegungen an,

**a)** ob Spannung induziert wird,

**b)** wie groß der Betrag dieser Spannung ist,

**c)** an welchem Leiterende ein Mangel bzw. ein Überschuß an Elektronen entsteht!

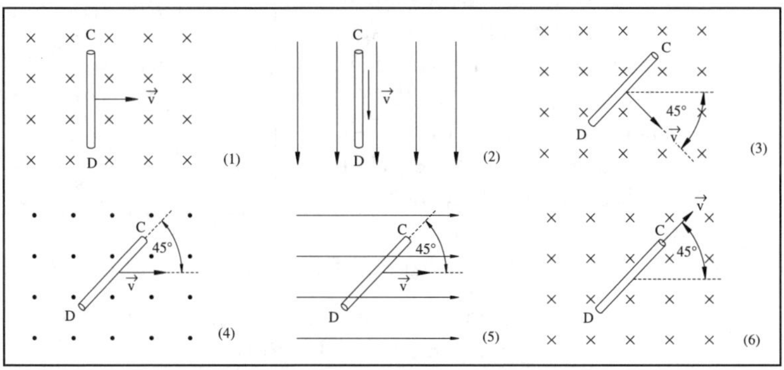

**68. Der magnetische Fluß**

**a)** Was versteht man unter dem magnetischen Fluß $\Phi$?

**b)** Zeigen Sie, daß $\Phi$ die Benennung V·s hat!

**c)** Versuchen Sie, die Größe $\Phi$ und den Zusammenhang zwischen $\Phi$ und B zu veranschaulichen!

**69. Differentielle und integrale Form des Induktionsgesetzes**

**a)** Geben Sie die differentielle Form des Induktionsgesetzes an!

**b)** Wie lautet nach diesem Gesetz die entscheidende Voraussetzung dafür, daß in einer Spule Spannung induziert wird?

**c)** Leiten Sie aus der differentiellen die integrale Form des Induktionsgesetzes her!

**d)** Wann wendet man welche Form des Induktionsgesetzes an?

**70. Experimentelle Möglichkeiten, Spannung zu induzieren**

Wie kann in einer Leiterschleife Spannung induziert werden, wenn sie raumfest ist bzw. bewegt werden kann? Geben Sie jeweils drei experimentelle Möglichkeiten an (nur Versuchsprinzip!).

**71. Die Lenzsche Regel**

**a)** Formulieren Sie die Lenzsche Regel!

**b)** Diese Regel soll an folgendem Beispiel veranschaulicht werden: Einer Zylinderspule wird entsprechend nebenstehender Skizze ein Stabmagnet genähert.
Geben Sie die magnetische Polung der Zylinderspule und die technische Richtung des Induktionsstroms in der Zylinderspule an!
Begründen Sie Ihre Aussage ausführlich mittels der Lenzschen Regel!

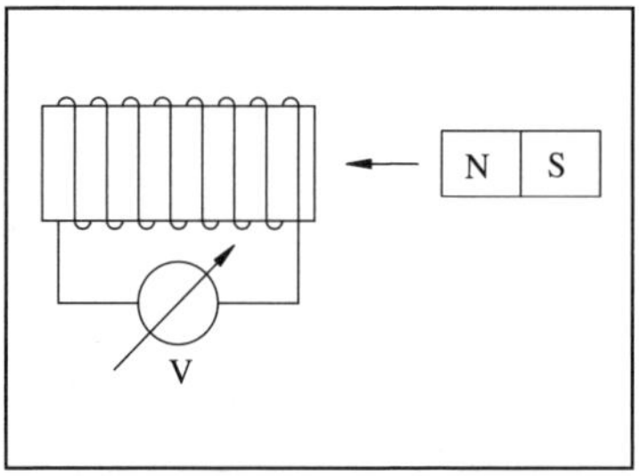


**c)** Erläutern Sie anhand des obigen Beispiels den Zusammenhang zwischen Energieerhaltungssatz und Lenzscher Regel!

## 72. Anwendung der Lenzschen Regel (1. Beispiel)

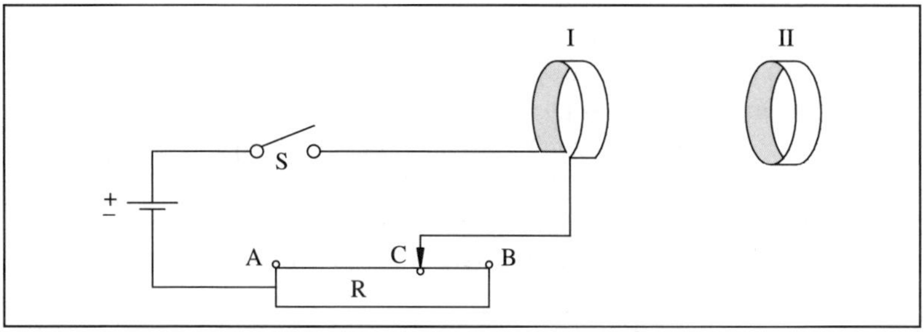


Mit der in obiger Skizze dargestellten Versuchsanordnung werden vier Experimente durchgeführt. Für jeden Versuch ist die magnetische Polung der Leiterschleife II und die technische Richtung des in II fließenden Induktionsstroms anzugeben und zu begründen!

Versuch 1: Leiterkreis I raumfest, Schalter S geschlossen, Leiterschleife II bewegt sich in horizontaler Richtung auf die Leiterschleife I zu.

Versuch 2: Leiterkreis I raumfest, Schalter S geschlossen, Leiterschleife II entfernt sich in horizontaler Richtung von der Leiterschleife I.

Versuch 3: Leiterkreis I und Leiterschleife II sind raumfest. Bei geschlossenem Schalter S wird der Schleifkontakt des Widerstands R von Stellung C in Stellung B gebracht.

Versuch 4: Leiterkreis I und Leiterschleife II sind raumfest. Bei unverändertem Widerstand wird der ursprünglich geöffnete Schalter S geschlossen.

## 73. Anwendung der Lenzschen Regel (2. Beispiel)

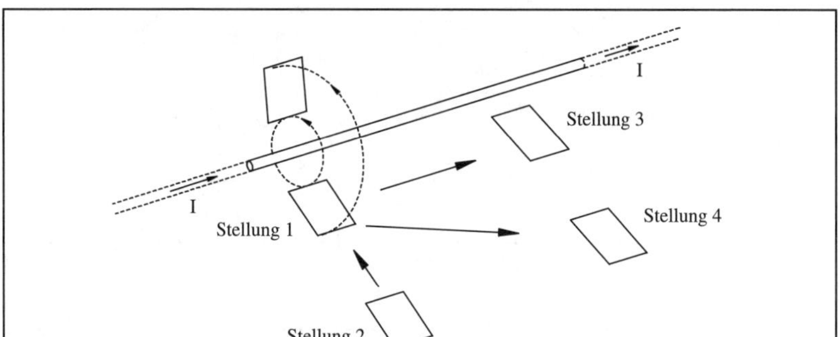

Obige Skizze zeigt eine rechteckige Leiterschleife (im weiteren mit LS abgekürzt) und einen von einem Gleichstrom der Stärke I durchflossenen Draht. Stromstärke und -richtung (stets technische Stromrichtung) ändern sich bei den folgenden Bewegungen nicht:

Bewegung 1: LS wird aus der Ruhelage in Stellung 2 in der angegebenen Richtung mit konstanter Geschwindigkeit $\vec{v}$ in Stellung 1 geschoben.

Bewegung 2: LS wird aus der Ruhelage in Stellung 1 in der angegebenen Richtung mit konstanter Geschwindigkeit $\vec{v}$ in Stellung 3 geschoben.

Bewegung 3: LS rotiert mit gleichbleibender Rotationsgeschwindigkeit auf den eingezeichneten Kreisbahnen konzentrisch zum Draht um den Draht.

Bewegung 4: LS wird aus der Ruhelage in Stellung 1 in der angegebenen Richtung mit konstanter Geschwindigkeit $\vec{v}$ in Stellung 4 geschoben.

**a)** Geben Sie jeweils an, bei welchen Bewegungen in LS Spannung induziert wird. Begründen Sie Ihre Antwort!

**b)** Geben Sie für die Bewegungen, bei denen Spannung induziert wird, die technische Stromrichtung des von dieser Spannung hervorgerufenen Induktionsstroms und die magnetische Polung von LS an. Begründen Sie Ihre Antwort!

## 74. Induktion durch Veränderung der Spulenfläche

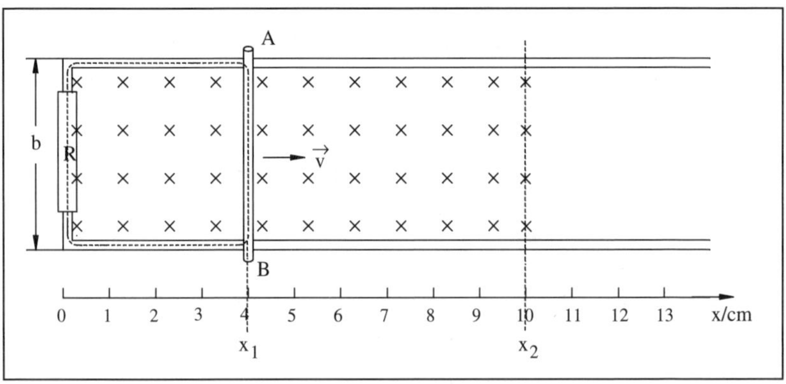

Eine Querstange aus Metall wird mit der konstanten Geschwindigkeit $\vec{v}$, $v = 1{,}5\,\frac{cm}{s}$, reibungsfrei auf zwei parallelen langen Metallschienen gezogen, die den Abstand b = 10,0 cm haben und über einen Ohmschen Widerstand R = 100 Ω verbunden sind. Der Ohmsche Widerstand der Leiterschienen und der Querstange kann gegenüber R vernachlässigt werden. Das in der Skizze dargestellte homogene Magnetfeld hat die Flußdichte $\vec{B}$, B = 2,5 mT. Zum Zeitpunkt t = 0 s befindet sich die Querstange an der Stelle $x_1$ = 4,0 cm.

**a)** Wann wird im gestrichelten Leiterkreis innerhalb der nächsten 6 Sekunden Spannung induziert? (Begründung!)

**b)** Geben Sie die Richtung dieser Spannung und die technische Richtung des von ihr verursachten Induktionsstroms an! (Begründung!)

**c)** Stellen Sie für 0 s ≤ t ≤ 6 s jeweils den
(1) magnetischen Fluß Φ durch den gestrichelten Leiterkreis,
(2) Betrag der induzierten Spannung $U_i$ und
(3) Betrag des Induktionsstroms $I_i$
als Funktion der Zeit dar und zeichnen Sie die zugehörigen Graphen!

**d)** Warum benötigt man zum Ziehen der Stange eine Kraft? Berechnen Sie den Betrag dieser Kraft!

**e)** Zeigen Sie durch Rechnung, daß die auf der Stecke von $x_1$ nach $x_2$ verrichtete mechanische Arbeit gleich der elektrischen Arbeit des Induktionsstroms ist!

## 75. Induktion in einem Leiterrahmen, der ein Magnetfeld durchquert

Durch ein homogenes Magnetfeld der Flußdichte $\vec{B}$, B = 4,0 mT, wird entsprechend der Skizze ein rechteckiger Leiterrahmen mit der konstanten Geschwindigkeit $\vec{v}$, $v = 1\,\frac{cm}{s}$, gezogen. Zum Zeitpunkt t = 0 s befindet sich seine vordere Seite bei x = 0 cm. Die Bewegung wird so lange betrachtet, bis er das Magnetfeld wieder vollständig verlassen hat.

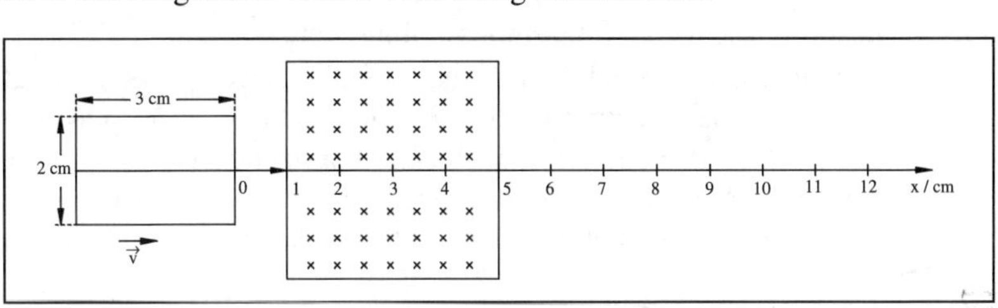

**a)** Stellen Sie den zeitlichen Verlauf des magnetischen Flusses $\Phi$ durch den Leiterrahmen und der induzierten Spannung $U_i$ graphisch dar! Die Spannung soll dann positiv gezählt werden, wenn der Induktionsstrom im Uhrzeigersinn durch den Leiterrahmen fließt. Eine explizite Angabe der Funktionsterme $\Phi(t)$ und $U_i(t)$ wird nicht verlangt!

**b)** Welche mechanische Arbeit ist erforderlich, um den Leiterrahmen von $x_1 = 0$ cm nach $x_2 = 9$ cm zu ziehen, wenn sein Ohmscher Widerstand 0,5 Ω beträgt?

## 76. Induktion durch ein zeitlich veränderliches Magnetfeld

Im Inneren einer langgestreckten Feldspule (Windungszahl $N_F = 400$, Länge $\ell_F = 80$ cm) befindet sich koaxial eine Induktionsspule (Windungszahl $N_i = 150$, Querschnittsfläche $A_i = 16{,}0\ \text{cm}^2$).

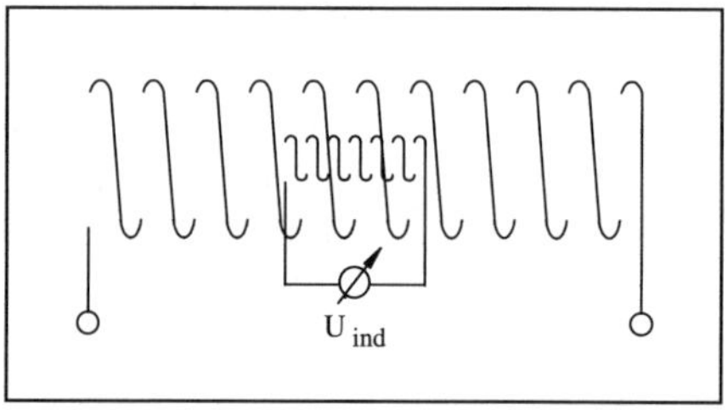


Die Feldspule wird von einem Strom I durchflossen, dessen zeitlicher Verlauf in nebenstehendem t-I-Diagramm dargestellt ist.
Stellen Sie den zeitlichen Verlauf der in der Induktionsspule induzierten Spannung $U_i$ in einem quantitativen t-$U_i$-Diagramm dar.

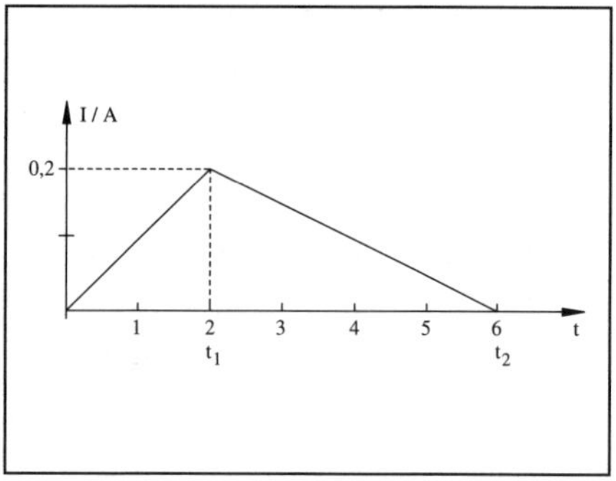


## 77. $\mu_0$-Bestimmung durch Spannungsstoßmessung

In einer Feldspule (Windungszahl $N_F = 1000$, Länge $\ell_F = 80$ cm) befindet sich koaxial eine Induktionsspule (Windungszahl $N_i = 150$, Querschnittsfläche $A_i = 6\ \text{cm}^2$). Beim Abschalten eines konstanten Feldspulenstroms der Stärke $I = 4{,}0$ A zeigt eine mit der Induktionsspule verbundene Meßanordnung einen Spannungsstoß von $5{,}6 \cdot 10^{-4}$ V·s an. Berechnen Sie aus diesen Daten $\mu_0$!

**78. Bestimmung der Flußdichte B des Erdmagnetfelds**

Beschreiben Sie, wie man mit einer passend dimensionierten Zylinderspule der Windungszahl $N_i$ und der Querschnittsfläche $A_i$ und einer Anordnung zur Messung von Spannungsstößen den Betrag der Flußdichte $\vec{B}$ des Erdmagnetfelds bestimmen kann!

## Erzeugung sinusförmiger Wechselspannungen

**79. Erzeugung einer sinusförmigen Wechselspannung**

Ein geschlossener rechteckiger Leiterrahmen der Querschnittsfläche A rotiert in einem homogenen Magnetfeld der Flußdichte $\vec{B}$ mit konstanter Winkelgeschwindigkeit ω um die Achse a. Zum Zeitpunkt t = 0 s ist der magnetische Fluß durch ihn maximal.

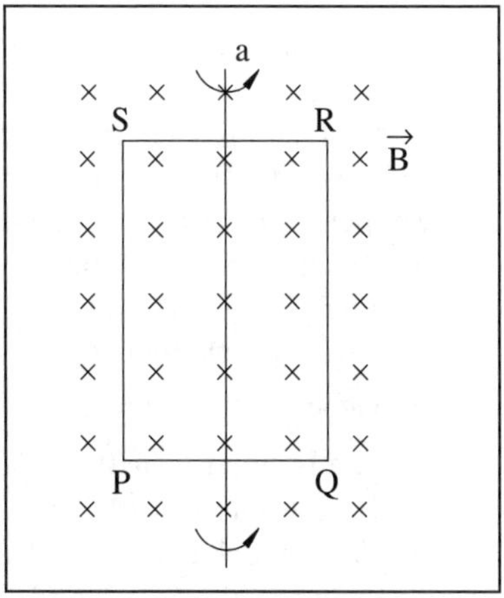


**a)** Erläutern Sie, warum durch die Rotation im Leiterrahmen Spannung induziert wird! Geben Sie die Richtung dieser Spannung während der ersten Vierteldrehung an!

**b)** Stellen Sie den magnetischen Fluß Φ durch den Leiterrahmen und die induzierte Spannung $U_i$ mit Hilfe der gegebenen allgemeinen Größen als Funktionen der Zeit dar!

**c)** Skizzieren Sie die Graphen dieser Funktionen qualitativ in einem t-Φ- bzw. t-$U_i$-Diagramm für eine Periodendauer!

**d)** Den Graphen entnimmt man, daß der Betrag der induzierten Spannung dann maximal ist, wenn der magnetische Fluß durch die Spule Null ist und umgekehrt. Erläutern Sie dies mit Hilfe mathematischer Argumente ohne weitere Rechnung!

**80. Rotationsfrequenz**

Eine flache Spule besitzt 10 Windungen und die Querschnittsfläche $A = 15{,}0\ cm^2$. Sie rotiert in einem homogenen Magnetfeld der Flußdichte $\vec{B}$, $B = 2{,}5\ mT$, so um eine Achse, die senkrecht zu den Feldlinien steht, daß in der Spule eine sinusförmige Wechselspannung mit dem Scheitelwert 4,0 mV induziert wird.

**a)** Berechnen Sie die Rotationsfrequenz!

**b)** Die Spulenenden werden mit einem Oszillographen verbunden. Beschreiben Sie unter Verwendung einer qualitativen Skizze, wie sich das angezeigte Bild verändert, wenn man die Rotationsfrequenz verdoppelt!

**81. Wechselspannung mit von Null verschiedener Phasenkonstante**

Eine flache Spule mit 100 Windungen rotiert in einem homogenen Magnetfeld mit der Frequenz $f = 100\ Hz$ um eine Achse, die senkrecht zu den Feldlinien steht. Die induzierte sinusförmige Wechselspannung $U_i(t)$ hat zum Zeitpunkt $t = 0\ s$ ihren größten negativen Wert $-5{,}5\ mV$.

**a)** Zeichnen Sie, nach Berechnung der benötigten Größen, die Graphen der Funktionen $U_i(t)$ und $\Phi(t)$ während einer Periodendauer T in zwei Koordinatensysteme.

**b)** Geben Sie für $t = 0$, $t = \frac{T}{4}$, $t = \frac{T}{2}$, $t = \frac{3 \cdot T}{4}$ jeweils die Lage der Spule relativ zum Magnetfeld an!

**c)** Berechnen Sie $\Phi(2{,}0\ ms)$!

**d)** Wieviel Sekunden nach Beginn der Zeitrechnung erreicht die Spannung erstmals den Wert 3,7 mV?

**82. Effektivwerte**

**a)** Erläutern Sie die Begriffe "effektive Stromstärke" und "effektive Spannung" für einen sinusförmigen Wechselstrom bzw. eine sinusförmige Wechselspannung! Geben Sie den Zusammenhang zwischen Scheitel- und Effektivwerten an!

**b)** An eine Spannungsquelle, die eine sinusförmige Wechselspannung mit $U_{eff} = 220\ V$ liefert, wird ein Ohmscher Widerstand R, $R = 150\ \Omega$, angeschlossen. Berechnen Sie den Effektivwert des Stroms in diesem Kreis sowie die Scheitelwerte von Strom und Spannung!

# Selbstinduktion

**83. Zum Begriff "Selbstinduktion"**

**a)** Was versteht man unter "Selbstinduktion"?

**b)** Beschreiben Sie einen Schauversuch aus dem Unterricht, mit dem das Phänomen Selbstinduktion vorgeführt wurde (Prinzipskizze des Versuchsaufbaus, Versuchsdurchführung, Beobachtung, Erklärung)!

**84. Selbstinduktion in einer langgestreckten Zylinderspule**

**a)** Unter welcher Voraussetzung tritt in einer Spule Selbstinduktion auf?

**b)** Zeigen Sie, daß für die Selbstinduktionsspannung $U_{is}$ in einer langgestreckten Zylinderspule der Windungszahl N, der Länge $\ell$ und der Querschnittsfläche A gilt:

$$U_{is} = -\mu_0 \cdot A \cdot \frac{N^2}{\ell} \cdot \dot{I}$$

**c)** Vergleichen Sie die Richtungen des von der äußeren Spannungsquelle hervorgerufenen Stroms und des Induktionsstroms!

**d)** Was versteht man unter der Induktivität einer Zylinderspule? Welche Benennung hat diese Größe?

**85. Ein- und Ausschaltvorgänge an Spulen**

Eine Spule (Ohmscher Widerstand R, Induktivität L) ist entsprechend nebenstehender Skizze an eine Batterie der Spannung U angeschlossen. Zum Zeitpunkt $t_1$ wird der Schalter S von II nach I gebracht, zum Zeitpunkt $t_2$, $t_2 >> t_1$, rasch von I nach III.

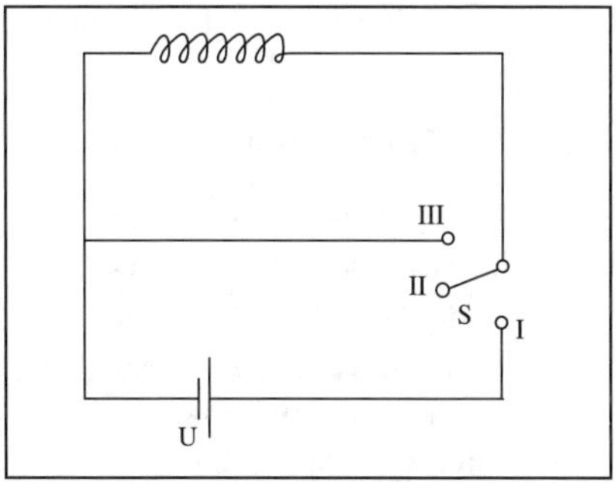


Stellen Sie den zeitlichen Verlauf des Stroms durch die Spule und den zeitlichen Verlauf der Induktionsspannung in der Spule in einem t-I- und einem t-$U_{is}$-Diagramm qualitativ dar! Erklären Sie den Verlauf dieser Kurven!

## 86. Einfluß von R und L auf den Stromverlauf bei Ein- und Ausschaltvorgängen an Spulen

Eine ideale Spule der Induktivität $L_0$ und ein Ohmscher Widerstand $R_0$ sind entsprechend nebenstehender Skizze an eine Batterie der Spannung U angeschlossen.

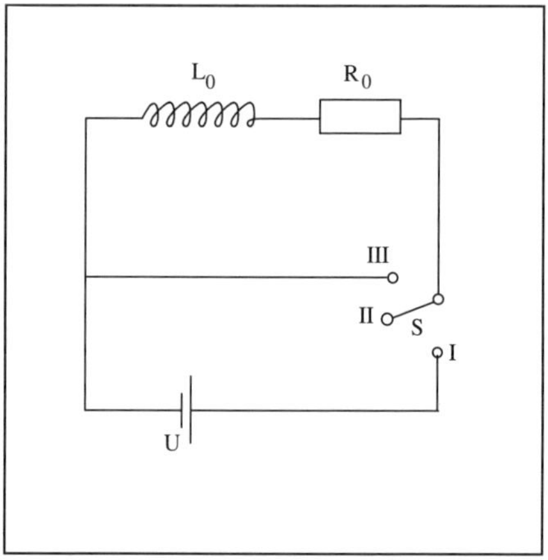


**a)** Zum Zeitpunkt $t_1$ wird der Schalter S von II nach I, zum Zeitpunkt $t_2$, $t_2 >> t_1$, rasch von I nach III bewegt. Zeichnen Sie ein qualitatives t-I-Diagramm des Stroms durch die Spule!

**b)** Die Spule wird nun durch eine ideale Spule der Induktivität $L_1$, $L_1 > L_0$, ersetzt, der Ohmsche Widerstand bleibt unverändert. Zeichnen und beschreiben Sie das t-I-Diagramm, das man jetzt erhält, wenn man den Schalter wie bei Teilaufgabe a betätigt!

**c)** Nun wird wieder die Spule mit der Induktivität $L_0$ verwendet, aber $R_0$ durch einen Ohmschen Widerstand $R_1$, $R_1 > R_0$ ersetzt. Zeichnen und beschreiben Sie das t-I-Diagramm, das man jetzt erhält, wenn man den Schalter wie bei Teilaufgabe a betätigt!

## 87. Modifizierter Ein- und Ausschaltvorgang an einer Spule

Eine Spule der Induktivität L und zwei Ohmsche Widerstände $R_1$ und $R_2$, $R_2 >> R_1$, sind entsprechend nebenstehender Skizze mit einer Batterie der Spannung U verbunden.
Warum entsteht beim Öffnen des Schalters eine wesentlich höhere Induktionsspannung als beim Schließen?

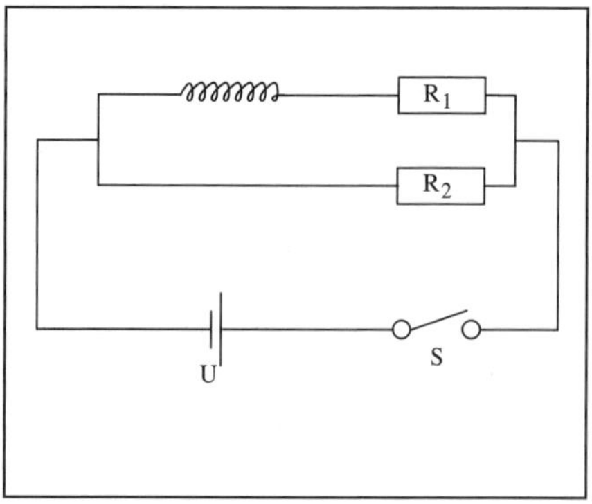

**88. Bestimmung von Werten für R und L aus einem t-I-Diagramm**

Wird eine Spule zum Zeitpunkt $t = 0\,s$ an eine Batterie der Spannung $U = 12\,V$ angeschlossen, so erhält man folgendes t-I-Diagramm für den Strom in der Spule.

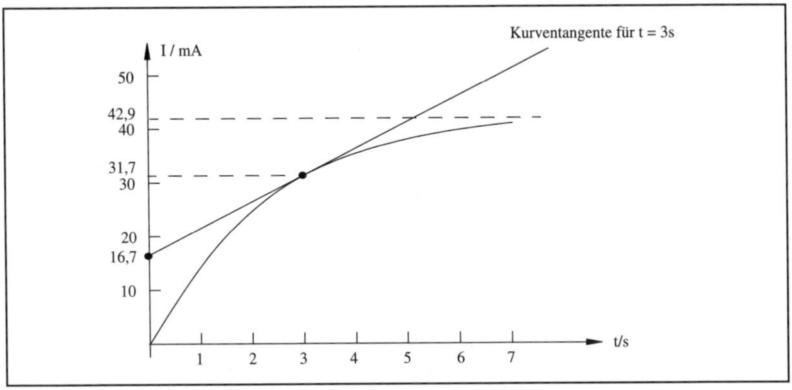


Bestimmen Sie den Ohmschen Widerstand R und die Induktivität L der Spule! Entnehmen Sie alle benötigten Daten dem Diagramm!

## Das elektromagnetische Feld als Energiespeicher

**89. Das Magnetfeld als Energiespeicher**

**a)** Welche Beobachtung legt nahe, daß in einem magnetischen Feld Energie gespeichert ist?

**b)** Zeigen Sie, daß im Magnetfeld einer Spule der Induktivität L, die von einem Strom der Stärke I durchflossen wird, die Energie

$$E_{magn} = \frac{1}{2} \cdot L \cdot I^2$$

gespeichert ist.

**90. Modifizierte Formel für die magnetische Energie**

Zeigen Sie, daß im homogenen Magnetfeld der Flußdichte $\vec{B}$ einer Zylinderspule, die das Volumen V umschließt, die Energie $E_{magn}$,

$$E_{magn} = \frac{1}{2} \cdot \frac{B^2 \cdot V}{\mu_0}$$

gespeichert ist!

Welcher Tatsache trägt diese Beziehung Rechnung?

**91. Rechenaufgabe zur Feldenergie einer Spule**
Im Inneren einer Zylinderspule (Windungszahl N = 800, Querschnittsfläche $A = 80\ cm^2$, Länge $\ell = 70$ cm) ist pro $cm^3$ die magnetische Energie E' = 8,2 nJ gespeichert. Welcher Strom fließt durch die Spule?

**92. Das elektrische Feld als Energiespeicher**

**a)** Welche Beobachtung legt nahe, daß in einem elektrischen Feld Energie gespeichert ist?

**b)** Zeigen Sie, daß im elektrischen Feld eines Plattenkondensators der Kapazität C die Energie $E_{elektr}$

$$E_{elektr} = \frac{1}{2} \cdot \frac{Q^2}{C}$$

gespeichert ist.

**c)** Zeigen Sie, daß auch gilt:

$$E_{elektr} = \frac{1}{2} \cdot C \cdot U^2 \text{ bzw. } E_{elektr} = \frac{1}{2} \cdot Q \cdot U$$

**93. Modifizierte Formel für die elektrische Energie**
Zeigen Sie, daß im homogenen elektrischen Feld der Feldstärke $\vec{E}$ eines Plattenkondensators, dessen Plattenzwischenraum das Volumen V einnimmt, die Energie $E_{elektr}$

$$E_{elektr} = \frac{1}{2} \cdot \varepsilon_0 \cdot E^2 \cdot V$$

gespeichert ist.
Welcher Tatsache trägt diese Beziehung Rechnung?

**94. Energiebilanzen am Plattenkondensator**
Ein Plattenkondensator (quadratische Platten der Kantenlänge a = 20 cm, Plattenabstand $d_1 = 3$ cm) wird an eine Batterie der Spannung U = 300 V angeschlossen.

**a)** Berechnen Sie die im Plattenzwischenraum gespeicherte elektrische Energie!

**b)** Wie ändert sich diese, wenn der Plattenabstand bei angeschlossener Spannungsquelle auf $d_2 = 9$ cm vergrößert wird?

**c)** Wie ist diese Energieänderung zu erklären? Stellen Sie bei Ihrer Antwort auch eine qualitative Energiebilanz (keine Formeln!) auf, in der Sie auch die bei der Abstandsvergrößerung verrichtete mechanische Arbeit berücksichtigen!

**d)** Wie ändert sich die im Plattenzwischenraum gespeicherte Energie, wenn der Plattenabstand von $d_1 = 3$ cm auf $d_2 = 9$ cm erst dann vergrößert wird, nachdem der Kondensator von der Spannungsquelle abgetrennt worden ist?

**e)** Erklären Sie auch diese Energieänderung unter Zuhilfenahme einer Energiebilanz!

# Elektromagnetische Schwingungen

# Elektromagnetischer Schwingkreis

**95. Wiederholung von Grundbegriffen mechanischer Schwingungen**

**a)** Was versteht man in der Mechanik unter den Begriffen "Schwingung" und "harmonische Schwingung"?

**b)** Erläutern Sie, was man bei harmonischen, mechanischen Schwingungen unter "Periode", "Schwingungsdauer", "Frequenz", "Kreisfrequenz", "Elongation", "Amplitude", "Phase" und "Phasenkonstante" versteht!

**96. Zur Physik des elektromagnetischen Schwingkreises**

**a)** Was versteht man unter einem verlustfreien elektromagnetischen Schwingkreis?

**b)** Die Entladung des Kondensators in einem verlustfreien Schwingkreis beginnt zum Zeitpunkt $t = 0$.

Beschreiben Sie ohne Rechnung, was während der folgenden Halbperiode $\frac{T}{2}$ im Schwingkreis vorgeht! Erläutern Sie hierfür, wie sich die Kondensatorladung, der Spulenstrom und die elektrische bzw. magnetische Energie jeweils in Zeitintervallen von $\Delta t = \frac{T}{8}$ ändern! Veranschaulichen Sie Ihre Aussagen auch mit Hilfe von Bildern, die den Ladungszustand des Kondensators und die Stärke seines elektrischen Feldes sowie den Stromverlauf (technische Stromrichtung!) in der Spule und die Stärke ihres Magnetfeldes qualitativ zu den Zeitpunkten $t = 0$, $t = \frac{T}{8}$; $t = \frac{T}{4}$; $t = \frac{3}{8} \cdot T$; $t = \frac{T}{2}$ wiedergeben.

**c)** Warum kommt es in einem Schwingkreis zu einer elektromagnetischen Schwingung?

**d)** Was schwingt in einem Schwingkreis eigentlich?

**97. Die Differentialgleichung eines verlustfreien Schwingkreises**

Betrachtet wird ein verlustfreier elektromagnetischer Schwingkreis, der aus einem Kondensator der Kapazität C und einer idealen Spule der Induktivität L besteht.

**a)** Zeigen Sie mit Hilfe einer Spannungsbilanz, daß für die Kondensatorladung Q (t) gilt:

$$\ddot{Q}(t) + \frac{1}{L \cdot C} \cdot Q(t) = 0$$

**b)** Zeigen Sie, daß $Q(t) = Q_0 \cdot \sin(\omega \cdot t + \varphi_0)$ dann eine Lösung dieser Differentialgleichung ist, wenn

$$\omega = \frac{1}{\sqrt{L \cdot C}}!$$

**c)** Bestimmen Sie ausgehend vom Ergebnis der Teilaufgabe b, die Funktionsgleichungen für die Spannungen $U_C(t)$ bzw. $U_L(t)$ an Kondensator bzw. Spule und für den Strom I(t) im Schwingkreis. Drücken Sie dabei die Scheitelwerte dieser Funktionen durch $Q_0$, L und C aus!

**d)** Skizzieren Sie qualitativ die Graphen der Funktionen aus Teilaufgabe b und c während einer Schwingungsdauer! Setzen Sie für die Zeichnung $\varphi_0 = 0$!

**98. Herleitung der Thomson-Formel**

Leiten Sie ausgehend von der Differentialgleichung für einen verlustfreien elektromagnetischen Schwingkreis eine Formel zur Berechnung der Frequenz f und der Schwingungsdauer T der entstehenden Schwingung her!

**99. Rechenaufgaben zur Thomsonschen Formel**

Ein verlustfreier Schwingkreis besteht aus einer idealen Spule der Induktivität L = 0,6 H und einem Drehkondensator, dessen Kapazität stufenlos zwischen 2,0 µF und 5,0 µF eingestellt werden kann.

**a)** Berechnen Sie die kleinste Frequenz des Schwingkreises!

**b)** Welche Frequenzen lassen sich mit diesem Schwingkreis erzeugen?

**c)** Um wieviel Prozent ändert sich die Frequenz des Schwingkreises, wenn man die Kapazität um 75 % erhöht?

**d)** Welche Kapazität hat der Drehkondensator, wenn die Schwingungsdauer 0,01 s beträgt?

**e)** Parallel zum Drehkondensator, der auf C = 4,0 µF eingestellt ist, wird ein Kondensator der Kapazität C' = 10,0 µF angeschlossen. Welche Frequenz hat der Schwingkreis jetzt?

**100. Energieerhaltung im Schwingkreis**

Ein verlustfreier Schwingkreis besteht aus einem Kondensator der Kapazität C = 40 µF und einer idealen Spule der Induktivität L. Zum Zeitpunkt t = 0 s hat die Spannung am Kondensator ihren positiven Maximalwert $U_0 = 100$ V.

**a)** Zeigen Sie mit allgemeinen Größen, daß die Gesamtenergie des Schwingkreises konstant bleibt!

**b)** Berechnen Sie den numerischen Wert dieser Gesamtenergie!

**c)** Berechnen Sie den numerischen Wert der elektrischen und der magnetischen Energie im Schwingkreis zum Zeitpunkt $t = \frac{T}{6}$!

**101. Differentialgleichung und Energieerhaltungssatz**

**a)** Formulieren Sie für einen verlustfreien elektromagnetischen Schwingkreis den Energieerhaltungssatz!

**b)** Leiten Sie aus diesem die Differentialgleichung für den Schwingkreis her!

**102. Bestimmung von Strom- und Spannungsfunktion**

Ein verlustfreier Schwingkreis besteht aus einem Kondensator der Kapazität $C = 40\ \mu F$ und einer idealen Spule der Induktivität $L = 630\ H$. Zum Zeitpunkt $t = 0\ s$ hat der Strom durch die Spule seinen negativen Maximalwert. Der Maximalwert der Spannung am Kondensator beträgt 60 V.

**a)** Geben Sie die Funktionsgleichungen für den Spulenstrom und die Kondensatorspannung an!

**b)** Berechnen Sie die Stromstärke, die Kondensatorspannung, die elektrische und die magnetische Energie im Schwingkreis jeweils zum Zeitpunkt $t = 0{,}6\ s$!

**103. Die Funktionen der elektrischen und magnetischen Energie**

In einem verlustfreien elektromagnetischen Schwingkreis, der aus einem Kondensator der Kapazität $C = 5\ \mu F$ und einer idealen Spule der Induktivität $L = 0{,}8\ H$ besteht, gilt für den Strom: $I(t) = I_0 \cdot \sin(\omega \cdot t)$ mit $I_0 = 0{,}25\ A$.

**a)** Berechnen Sie die Gesamtenergie des Schwingkreises!

**b)** Stellen Sie die elektrische und die magnetische Energie im Schwingkreis als Funktionen der Zeit dar!

**c)** Skizzieren Sie die Graphen dieser Funktionen für $0\ s \leq t \leq T$ in einem Koordinatensystem! Tragen Sie auch den Graph der Gesamtenergiefunktion ein!

**d)** Wann haben elektrische und magnetische Energie während einer Schwingungsperiode den gleichen Wert? (Rechnung mit allgemeinen Größen!)

**e)** Wie lange dauert es, bis die magnetische Energie erstmals nach Beginn der Zeitzählung den Wert 10 mJ erreicht?

**104. Vergleich von elektrischen mit mechanischen Schwingungen**

**a)** Leiten Sie aus einem Kräfteansatz die Differentialgleichung für die ungedämpfte Schwingung eines Federpendels her!

**b)** Ordnen Sie durch einen Vergleich mit der Differentialgleichung einer ungedämpften elektromagnetischen Schwingung den elektromagnetischen Größen Q, I, L, C, $U_L$, $U_C$, $E_{magn}$, $E_{elektr}$ die entsprechenden Größen beim Federpendel zu!

**c)** Inwiefern erfüllt die Spule im elektromagnetischen Schwingkreis den gleichen Zweck wie die Trägheit der Pendelkörpermasse beim Federpendel?

**105. Gedämpfte elektromagnetische Schwingungen**

**a)** Alle real ablaufenden elektromagnetischen Schwingungen sind gedämpft. Welche Ursache hat diese Dämpfung?

**b)** Nachfolgendes t-U-Diagramm zeigt den zeitlichen Verlauf der Spannung an einem Schwingkreiskondensator. Um wieviel Prozent hat die Schwingungsenergie während der ersten Schwingungsperiode abgenommen? Entnehmen Sie die benötigten Daten dem Diagramm!

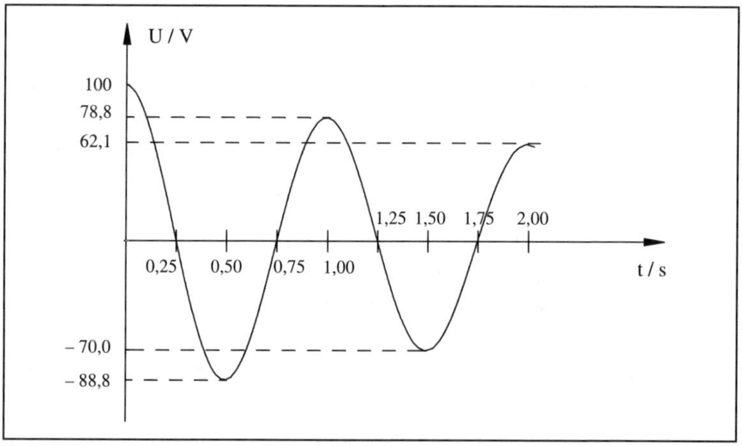

# Erzeugung ungedämpfter elektromagnetischer Schwingungen

**106. Grundwissen über Triode und npn-Transistor**

Erläutern Sie kurz Aufbau und physikalische Wirkungsweise einer Triode *oder* eines npn-Transistors!

**107. Meißnersche Rückkoppelungsschaltung**

Wie erzeugt man mit Hilfe einer Triode *oder* eines npn-Transistors ungedämpfte elektromagnetische Schwingungen?

Fertigen Sie hierfür eine Prinzipschaltskizze der Meißnerschaltung an und erläutern Sie kurz, was sie bewirkt. Eine genaue Schilderung der physikalischen Vorgänge in der Schaltung während einzelner Schwingungsphasen ist nicht verlangt!

**108. Dreipunktschaltung**

Mit Hilfe nebenstehender Schaltung, der sog. Dreipunktschaltung lassen sich ebenfalls ungedämpfte elektromagnetische Schwingungen erzeugen. Erläutern Sie kurz die Wirkungsweise dieser Schaltung! Welchen Zweck erfüllen die Schaltelemente $C_g$ und R?

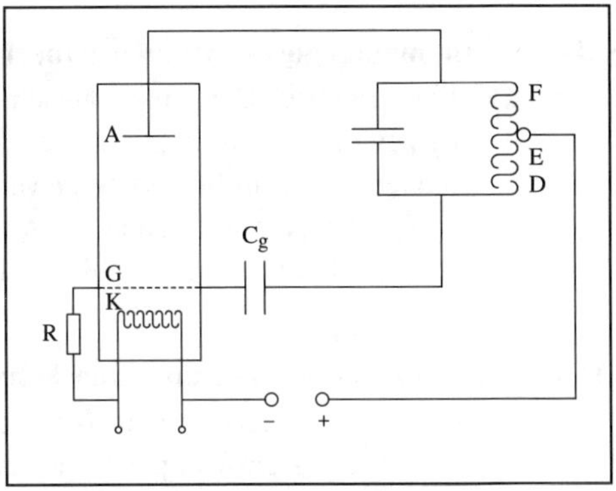


**109. Dreipunktschaltung für Hochfrequenz**

Mit einer Dreipunktschaltung nach Aufgabe 108 sollen ungedämpfte elektromagnetische Schwingungen sehr hoher Frequenz erzeugt werden. Welche Änderungen muß man hierfür am Schwingkreis vornehmen? Zeichnen Sie eine Schaltskizze der modifizierten Schaltung und erläutern Sie die Abweichungen gegenüber der Schaltung von Aufgabe 108!

**110. Nachweismethoden für elektromagnetische Schwingungen**
Beschreiben Sie kurz, wie man elektromagnetische Schwingungen experimentell nachweisen kann! Unterscheiden Sie dabei zwischen Schwingungen, deren Frequenzen
**a)** einige wenige Hertz betragen,
**b)** im Tonfrequenzbereich (20 Hz – 20 000 Hz) liegen,
**c)** höher als der Tonfrequenzbereich sind.

## Erzwungene Schwingungen

**111. Grundbegriffe**
**a)** Was versteht man unter einer "freien mechanischen Schwingung"?
**b)** Was versteht man unter "Eigenfrequenz"?
**c)** Was ist eine "erzwungene mechanische Schwingung"?
**d)** Was ist ein "Resonator"?

**112. Phänomenologie erzwungener mechanischer Schwingungen**
**a)** Wie verhält sich ein mechanischer Schwinger bei einer erzwungenen Schwingung? Schildern Sie vor allem, welchen Einfluß die Erregerfrequenz auf sein Schwingungsverhalten hat! Weder Erklärungen noch graphische Veranschaulichungen sind verlangt!
**b)** Erläutern Sie die Begriffe "Resonanz" und "Resonanzkatastrophe"!

**113. Resonanzkurven mechanischer Schwingungen**
**a)** Stellen Sie in qualitativen f-A- und f-$\Delta\varphi$-Diagrammen graphisch dar, wie bei einer erzwungenen mechanischen Schwingung die Amplitude A des Resonators und der Betrag $\Delta\varphi$ des Phasenunterschieds zwischen Resonator und Erreger von der Erregerfrequenz f abhängen!
**b)** Erklären Sie, warum die Resonatoramplitude gerade dann ein Maximum aufweist, wenn die Phasendifferenz zwischen Erreger und Resonator $\frac{\pi}{2}$ beträgt!
**c)** Welchen Einfluß hat die Dämpfung des Resonators auf den Diagrammverlauf in Teilaufgabe a?

**114. Erzeugung erzwungener Schwingungen**

Beschreiben Sie unter Verwendung einer Skizze, wie man

**a)** ein Federpendel mit Hilfe eines Elektromotors,

**b)** einen elektromagnetischen Schwingkreis mit Hilfe einer Dreipunktschaltung

zu einer erzwungenen Schwingung mit einer von der Eigenfrequenz verschiedenen Frequenz veranlassen kann!

**c)** Vergleichen Sie beide Versuchsanordnungen, indem Sie die mechanischen und elektrischen Hauptbestandteile jeweils nach Funktionsgesichtspunkten einander zuordnen!

**115. Elektromagnetische Resonanzkurve**

Unter Verwendung einer Wechselspannungsquelle und eines Wechselstromamperemeters soll die Resonanzkurve eines Schwingkreises (Kapazität $C = 1\ \mu F$, Induktivität $L = 10\ mH$, Ohmscher Gesamtwiderstand $R = 10\ \Omega$) aufgenommen werden. Die Spannungsquelle ist dabei so beschaffen, daß man bei ihr die Frequenz der sinusförmigen Wechselspannung verändern und auf einer Skala ablesen kann und daß der Scheitelwert der abgegebenen Wechselspannung immer den einmal eingestellten Wert behält.

**a)** Beschreiben Sie Versuchsaufbau, -durchführung und -auswertung! Gehen Sie dabei auch kurz darauf ein, wie man den Phasenunterschied zwischen der angelegten Wechselspannung und dem Strom nachweisen kann!

**b)** Bei welcher Frequenz tritt der Resonanzfall ein?
Skizzieren Sie unter Verwendung dieses Ergebnisses qualitativ den Verlauf der Resonanzkurve!

**116. Frequenzmessung**

Zwei Schwingkreise $S_1$ und $S_2$ sind entsprechend nebenstehender Skizze induktiv gekoppelt. In $S_1$ wird mit einer Dreipunktschaltung eine ungedämpfte elektromagnetische Schwingung der Frequenz f erzeugt. $S_2$ besteht aus einem Drehkondensator, einer Spule und einem Stromanzeigelämpchen.

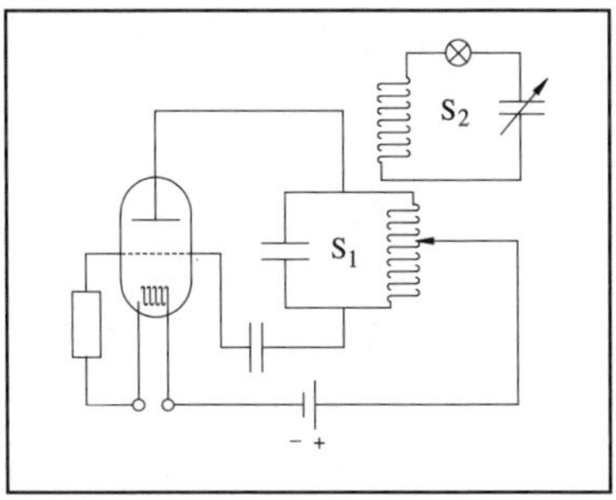

**a)** Erläutern Sie, was man unter induktiver Kopplung von $S_1$ und $S_2$ versteht!

**b)** Durch Verändern des Drehkondensators kann das Lämpchen in $S_2$ zum Leuchten gebracht werden. Erklären Sie dies!

**c)** Wie läßt sich auf der physikalischen Grundlage von Teilaufgabe b die unbekannte Frequenz einer ungedämpften elektromagnetischen Schwingung messen?

**d)** Warum ist es dabei besser, das Lämpchen parallel zu einem Teil der Spulenwindung zu schalten?

# Elektromagnetische Wellen

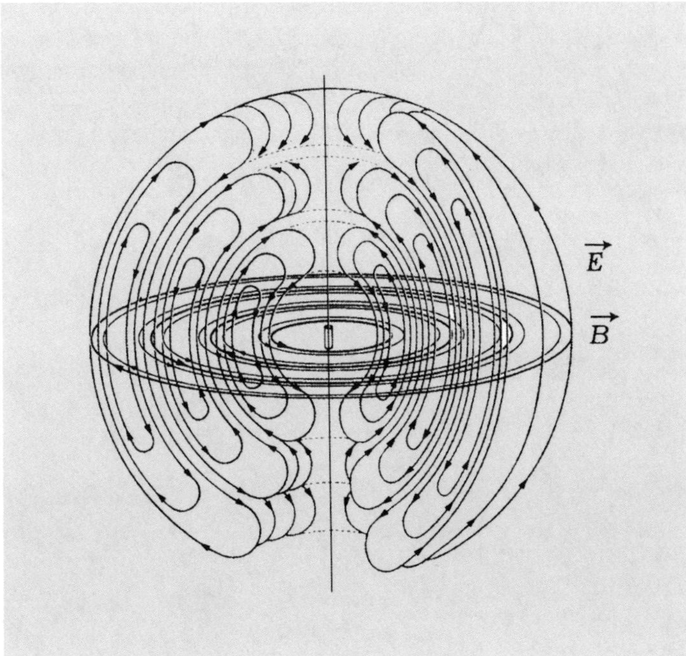

# Schwingender und strahlender Dipol

**117. Übergang vom geschlossenen Schwingkreis zum Dipol**

Beschreiben Sie die schrittweisen Veränderungen, die aus einem geschlossenen Schwingkreis einen Dipol entstehen lassen! Wie und warum ändert sich bei jedem dieser Umwandlungsschritte die Eigenfrequenz des Schwingkreises?

**118. Stromstärke- und Spannungsverteilung beim Dipol**

a) Nennen Sie die experimentellen Befunde zur Stromstärke- und Spannungsverteilung eines in der Grundschwingung angeregten Dipols!

b) Veranschaulichen Sie Ihre Aussagen in 5 Momentbildern, die einen zeitlichen Abstand von $\Delta t = \frac{T}{4}$ haben und zum Zeitpunkt $t = 0$ s beginnen. Bei $t = 0$ s fließe kein Strom im Dipol.

c) Wie lassen sich die Strom- und Spannungsbäuche experimentell nachweisen?

**119. Zur Physik des Dipols**

Welche Vorstellung macht man sich von den physikalischen Vorgängen in einem schwingenden Dipol? Erklären Sie dabei auch, ohne Verwendung des Resonanzkonzepts, warum nur Dipole bestimmter Länge mit einer vorgegebenen Frequenz in der Grundschwingung angeregt werden können!

**120. Erkärung der Strom- und Spannungsverteilung am Dipol mit dem Wellenmodell**

a) Erklären Sie mit Hilfe des Wellenmodells die Strom- und Spannungsverteilung am Stabdipol!

b) Vergleichen Sie einen in der Grundschwingung angeregten Dipol mit der Grundschwingung einer Luftsäule in einem beidseitig geschlossenen Rohr!

**121. Stromwellen auf Metalldrähten**

Stromwellen auf Metalldrähten sind das elektrische Analogon zu den aus der Mechanik bekannten Schallwellen. Bearbeiten Sie folgende Aufgaben, indem Sie Ihre Kenntnisse der Akustik sinngemäß auf Stromwellen übertragen!

**a)** Erläutern Sie, was man unter der "Wellenlänge $\lambda$" und der "Phasengeschwindigkeit $c_{Ph}$" einer laufenden Stromwelle der Frequenz f versteht!

**b)** Welcher Zusammenhang besteht zwischen $\lambda$, f und $c_{Ph}$? Begründen Sie Ihre Antwort!

**c)** Wie läßt sich die Wellenlänge von Stromwellen messen? (Keine Versuchsbeschreibung! Nur Schilderung des Prinzips!)

**d)** Wie groß ist die Phasengeschwindigkeit von Stromwellen?

**122. Rechenaufgaben zum schwingenden Dipol (1. Teil)**

**a)** Berechnen Sie die Länge eines optimal in der Grundschwingung mit der Frequenz f = 434 MHz angeregten Dipols!

**b)** Mit welcher Frequenz schwingt ein 1,2 m langer, in der Grundschwingung optimal angeregter Dipol?

**c)** Berechnen Sie die Lichtgeschwindigkeit in Wasser, wenn zur optimalen Anregung eines 3,8 cm langen, vollständig im Wasser untergetauchten Dipols eine Frequenz von 434 MHz erforderlich ist!

**123. Rechenaufgaben zum schwingenden Dipol (2. Teil)**

Ein Schwingkreis hat die Induktivität L = 30 nH und die Kapazität C = 5 pF. Er soll einen 25 cm langen Dipol optimal in der Grundschwingung anregen. Welche Kapazität C* muß hierfür in Reihe zu C zugeschaltet werden?

**124. Rechenaufgaben zum schwingenden Dipol (3. Teil)**

Die absoluten Stromstärke- bzw. Spannungsmaxima eines in der Grundschwingung angeregten Dipols der Länge $\ell$ = 50 cm betragen 40 mA bzw. 370 V.

**a)** Wie groß ist das Stromstärke- bzw. Spannungsmaximum in einem 10 cm vom Ende entfernten Punkt?

**b)** An welchen Stellen des Dipols betragen diese Maxima 20 mA bzw. 185 V?

**125. Oberschwingungen**

**a)** Erläutern Sie am Beispiel eines Dipols, was man unter Grund- und Oberschwingungen versteht!

**b)** Mit welchen Frequenzen kann man einen 1,2 m langen Dipol zu Schwingungen anregen?

**c)** Welche Wellenlängen haben dann jeweils die zugehörigen stehenden Strom- bzw. Spannungswellen?

**d)** Skizzieren Sie für die vier niedrigsten Frequenzen aus Teilaufgabe b die Verteilung der Strom- bzw. Spannungsamplitude längs des Dipols!

**e)** Welche Länge hat ein in der dritten Oberschwingung mit der Frequenz $f = 680$ MHz angeregter Dipol?

### 126. Dipolschwingungen sind stark gedämpft

**a)** Beschreiben Sie einen einfachen Versuch, mit dem sich die starke Dämpfung einer Dipolschwingung nachweisen läßt!

**b)** Welche Schlüsse lassen sich aus dem Versuchsergebnis ziehen?

### 127. Elektrisches und magnetisches Feld eines schwingenden Dipols

Ein in der Grundschwingung mit der Frequenz $f_0 = 434$ MHz angeregter, senkrecht stehender Dipols $S_1$ ist zum Zeitpunkt $t = 0$ s am oberen Ende maximal positiv, am unteren maximal negativ geladen.

**a)** Zeichnen Sie, bei $t = 0$ s beginnend, fünf Momentbilder der elektrischen und magnetischen Feldlinien im zeitlichen Abstand $\Delta t = \frac{T}{4}$.

**b)** Geben Sie durch eine Überschlagsrechnung an, wie weit diese Feldlinien höchstens in den umgebenden Raum ausgreifen können.

**c)** Wie läßt sich unter Berücksichtigung des Ergebnisses von Teilaufgabe b erklären, daß $S_1$ einen 2 m entfernten Dipol $S_2$ zu Schwingungen mit der Frequenz $f_0$ anregen kann?

### 128. Wesen und Eigenschaften der Dipolstrahlung

Nennen Sie kurz die wesentlichen experimentellen Befunde zur Dipolstrahlung!

### 129. Nachweis des elektromagnetischen Feldes eines Dipols

Erläutern Sie, wie man das elektrische und das magnetische Feld eines schwingenden Dipols nachweisen kann! Unterscheiden Sie dabei zwischen der Nah- und der Fernzone des Dipols!

**130. Wellennatur und Wellenlänge der Dipolstrahlung**
Erläutern Sie, wie man mit einem einfachen Reflexionsversuch die Wellennatur der Dipolstrahlung nachweisen und ihre Wellenlänge messen kann!

**131. Elektromagnetische Dipolwellen sind linear polarisiert**

**a)** Was ist eine linear polarisierte Welle?

**b)** Wie läßt sich nachweisen, daß die von einem Dipol abgestrahlten elektromagnetischen Wellen linear polarisiert sind?

**132. Zum Ausbreitungsmechanismus elektromagnetischer Wellen**
Erläutern Sie kurz, wie man sich im Rahmen der Maxwellschen Theorie die Ausbreitung elektromagnetischer Wellen im Raum vorstellt!

**133. Elektromagnetische Wellen in Medien**

**a)** Wie ändern sich Frequenz und Wellenlänge einer elektromagnetischen Welle, die sich nicht mehr im Vakuum, sondern in einem Medium ausbreitet?

**b)** Ein im Vakuum befindlicher und in der Grundschwingung mit $f = 434$ MHz angeregter Dipol strahlt eine elektromagnetische Welle ab, die in ein mit Methylalkohol gefülltes Gefäß eindringt und einen dort untergetauchten Empfangsdipol E in der Grundschwingung anregt. Welche Länge $\ell$ hat E, wenn die Ausbreitungsgeschwindigkeit von elektromagnetischen Wellen in Methylalkohol um 83 % kleiner ist als im Vakuum?

## Grundlagen der Rundfunktechnik

**134. Rundfunksender können nicht mit elektromagnetischen Wellen im Tonfrequenzbereich arbeiten**
Ein Rundfunkpionier versucht Schallwellen drahtlos zu übermitteln, indem er sie mit einem Mikrofon in elektrische Schwingungen umwandelt, um mit diesen einen Dipol geeigneter Länge zu Schwingungen und damit zur Abstrahlung elektromagnetischer Wellen zu veranlassen. Welche zwei entscheidenden Schwachstellen hat seine Idee?

**135. Amplitudenmodulation**

**a)** Was versteht man unter "Amplitudenmodulation"?
Veranschaulichen Sie Ihre Erläuterungen auch durch geeignete Schwingungsdiagramme!

**b)** Wie läßt sich die in Aufgabe 134 angesprochene Idee des Rundfunkpioniers mit Hilfe der Amplitudenmodulation realisieren?

**c)** Welche Veränderungen muß man an der Dreipunktschaltung für Hochfrequenz aus Aufgabe 109 vornehmen, um damit mit Tonfrequenz amplitudenmodulierte elektromagnetische Wellen abstrahlen zu können.

**136. Demodulation**

**a)** Ein Lautsprecher L wird direkt von hochfrequenten elektrischen Schwingungen gespeist, die mit Tonfrequenz amplitudenmoduliert sind.
(1) Warum kann L die Tonfrequenz nicht hörbar machen?
(2) Wie muß man die eingespeisten Schwingungen modifizieren, daß L auf die Tonfrequenz anspricht?

**b)** Was versteht man unter Demodulation?

**c)** Beschreiben Sie unter Verwendung einer Schaltskizze das Prinzip der Demodulation einer mit Tonfrequenz amplitudenmodulierten, hochfrequenten elektromagnetischen Welle in einem Radioempfänger!

**137. Bandbreite**

**a)** Erklären Sie ohne Rechnung den Begriff "Frequenzbandbreite eines Senders"!

**b)** Wie groß muß die Frequenzbandbreite eines Senders sein, damit er Sprache und Musik optimal übertragen kann?

**c)** Welche Bedeutung hat die Frequenzbandbreite bei der Zuteilung von Sendefrequenzen an Radiosender?

**d)** Wieviel Sender kann man mit Trägerfrequenzen im Mittelwellenbereich (500 kHz – 1600 kHz) bzw. im Kurzwellenbereich (6 MHz – 16 MHz) maximal ohne gegenseitige Störung bei optimaler Übertragung von Sprache und Musik betreiben?

**138. Frequenzmodulation**

a) Was versteht man unter "Frequenzmodulation"? Veranschaulichen Sie Ihre Erläuterungen auch durch geeignete Schwingungsdiagramme!

b) Beschreiben Sie kurz das Prinzip zur Erzeugung hochfrequenter, frequenzmodulierter elektromagnetischer Schwingungen!

c) Welchen Vorteil hat die Frequenzmodulation gegenüber der Amplitudenmodulation?

**139. Ausbreitungsverhalten elektromagnetischer Wellen**

a) Beschreiben Sie kurz das Ausbreitungsverhalten elektromagnetischer Wellen! Berücksichtigen Sie dabei den Einfluß der Wellenlänge!

b) Welche Aussagen lassen sich über die Reichweite von Lang-, Mittel-, Kurz- und Ultrakurzwellen machen?

**140. Eine Empfangsantenne für viele Sender**

a) Warum ist es physikalisch nicht einleuchtend, daß man für den Empfang mehrerer Radiosender nur einen Empfangsdipol verwendet?

b) Warum verwendet man dennoch nur einen Empfangsdipol?

c) Wie wird es möglich, daß man mit einem Empfangsdipol mehrere Sender empfangen kann?

## Reflexion, Brechung, Beugung und Interferenz von Mikrowellen und Licht

**141. Reflexion von Mikrowellen und Licht**

a) Formulieren Sie das aus der Strahlenoptik der Mittelstufe bekannte Reflexionsgesetz!

b) Beschreiben Sie kurz einen Versuch, der die Gültigkeit dieses Gesetzes auch für Mikrowellen bestätigt!

**142. Brechung von Mikrowellen und Licht**

a) Was versteht man in der Strahlenoptik unter "Brechung"?
Was bedeutet "Brechung zum Lot" bzw. "Brechung vom Lot"?

b) Beschreiben Sie kurz einen Versuch, mit dem sich die Brechung von Mikrowellen zum und vom Lot nachweisen läßt!

**143. Beugung – Wiederholung von Grundwissen aus der Mechanik**

**a)** Erläutern Sie am Beispiel von Wasserwellen, was man unter dem Begriff "Beugung" versteht! Zeichnen Sie zur Veranschaulichung Ihrer Aussagen Bilder von der Beugung von Wasserwellen mit parallelen Wellenfronten an einem Spalt und einer Blende!

**b)** Unter welchen Umständen sind Beugungserscheinungen bei Wasserwellen besonders gut zu beobachten?

**c)** Was besagt das Huygenssche Prinzip? Fertigen Sie auch eine erläuternde Skizze an!

**d)** Erklären Sie durch eine geeignete Zeichnung mit Hilfe des Huygensschen Prinzips die Beugung von Wasserwellen mit parallelen Wellenfronten an einem Spalt.

**144. Beugung von Mikrowellen und Licht**

Beschreiben Sie je einen Versuch zum Nachweis der Beugung von Mikrowellen und Licht am Einfachspalt.

**145. Interferenz**

**a)** Was versteht man unter "Interferenz"? Gehen Sie dabei auch auf den Begriff "Zweistrahlinterferenz" ein?

**b)** Unter welchen Voraussetzungen kommt es bei einer Zweistrahlinterferenz zu konstruktiver bzw. destruktiver Interferenz?

**146. Richtantenne**

Zwei Dipole $S_1$, $S_2$ werden von der Zeichenebene senkrecht, jeweils in ihrer Mitte geschnitten. Sie schwingen gleichphasig und strahlen elektromagnetische Wellen gleicher Wellenlänge und gleicher Amplitude ab. Ihre Lage in einem Koordinatensystem gibt nebenstehende Skizze wieder.

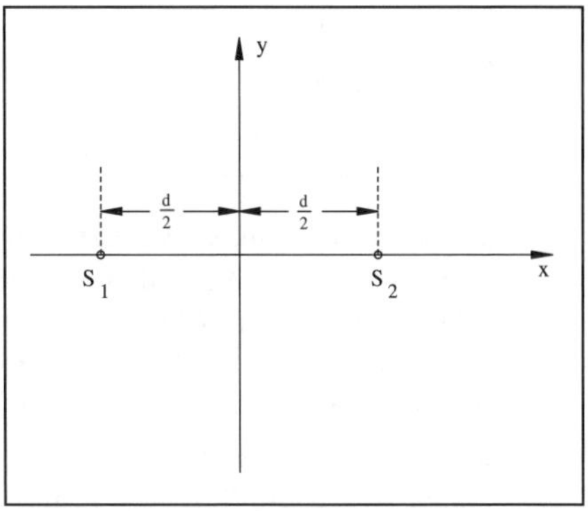

**a)** Bei welchem kleinsten, gegenseitigen Abstand d ist die Abstrahlung in die positive oder negative x-Richtung minimal? (rechnerische Begründung!)

**b)** In welcher Richtung strahlt die Dipolanordnung dann maximal Energie ab?

**c)** Welche technische Anwendung ergibt sich nach den Resultaten der Teilaufgaben a und b für die skizzierte Dipolanordnung?

**d)** Wie ändert sich das Abstrahlungsverhalten der Dipolanordnung, wenn die Dipole bei sonst unveränderten Bedingungen mit dem in Teilaufgabe a berechneten Abstand gegenphasig schwingen?

**e)** Beide Dipole schwingen nun wieder gleichphasig. Nur ihr gegenseitiger Abstand d' wird auf das 2,5fache der abgestrahlten Wellenlänge vergrößert. An welchen Stellen der x-Achse stellt man dann mit einem geeigneten Empfangsdipol Empfangsmaxima fest? (rechnerische Begründung!)

**147. Wie interferiert die Strahlung zweier Dipole auf einer Parallelen zur Verbindungslinie der Dipolmitten?**

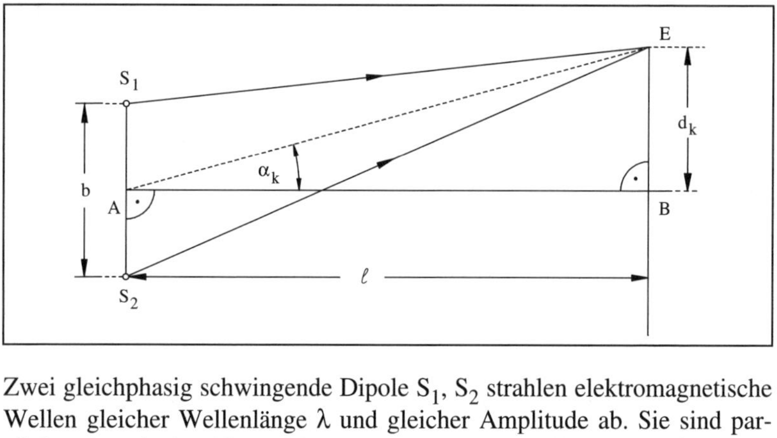


Zwei gleichphasig schwingende Dipole $S_1$, $S_2$ strahlen elektromagnetische Wellen gleicher Wellenlänge $\lambda$ und gleicher Amplitude ab. Sie sind parallel zueinander im Abstand b so angeordnet, daß sie in ihrer Mitte von der Zeichenebene senkrecht geschnitten werden.

Auf einer Parallelen zur Verbindungslinie der Dipolmitten im Abstand $\ell$ kann ein zu $S_1$ und $S_2$ paralleler Empfangsdipol E verschoben werden. Dabei ist $\ell$ so groß, daß $S_1E$ und $S_2E$ in sehr guter Näherung als parallel angesehen werden können.

**a)** Zeigen Sie, daß dann zwischen dem Abstand $d_k$ des Empfangsdipols E von B, $\lambda$, $\ell$ und b folgender Zusammenhang besteht:

$$\frac{b \cdot d_k}{\sqrt{\ell^2 + d_k^2}} = k \cdot \lambda, \quad k = 0,\ 1, 2, \ldots ,$$ wenn E ein Empfangsmaximum registriert.

$$\frac{b \cdot d_k}{\sqrt{\ell^2 + d_k^2}} = (2 \cdot k + 1) \cdot \frac{\lambda}{2}, \quad k = 0,\ 1, 2, \ldots ,$$ wenn E ein Empfangsminimum registriert.

**b)** Wie läßt sich die Herleitung in Teilaufgabe a vereinfachen, wenn der Winkel $\alpha_k$ sehr klein ist? Welche Beziehungen bestehen dann zwischen $d_k$, $\lambda$ und b?

**c)** Zeigen Sie, daß für sehr kleine Winkel $\alpha_k$ die Abstände der Empfangsmaxima oder -minima äquidistant sind!

**148. Zulässigkeit der Kleinwinkelnäherung**

Unter sonst gleichen Voraussetzungen wie in Aufgabe 147 schwingen die beiden Dipole $S_1$, $S_2$ mit der Frequenz f = 600 MHz, ihr gegenseitiger Abstand besträgt 50 m.

**a)** Bis zu welcher Interferenzordnung darf dann mit der Kleinwinkelnäherung aus Aufgabe 147b gerechnet werden, wenn man diese Vereinfachung für Winkel bis zu 5° erlaubt?

**b)** Berechnen Sie die Entfernung $\ell$ , wenn der Abstand zweier benachbarter Interferenzmaxima, für die die Kleinwinkelnäherung zulässig ist, 90 m beträgt!

**c)** Wie groß ist der Fehler, wenn man den Abstand $d_{30}$ des Interferenzmaximums 30. Ordnung mit der Kleinwinkelnäherung berechnet?

**149. Wie interferiert die Strahlung zweier Dipole auf einer Senkrechten zur Verbindungslinie der Dipolmitten?**

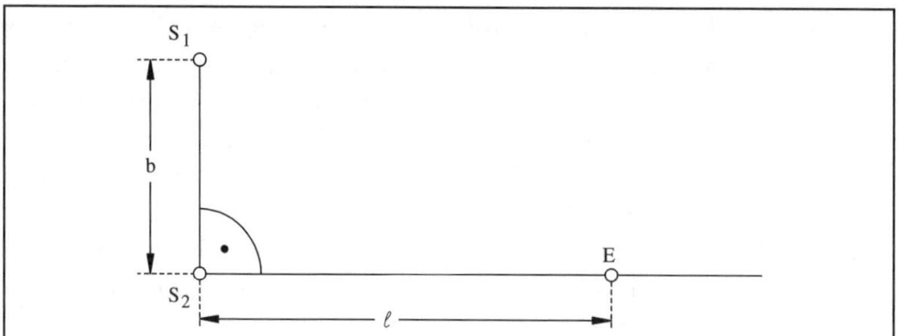

Zwei gleichphasig schwingende Dipole $S_1$, $S_2$ strahlen elektromagnetische Wellen gleicher Wellenlänge $\lambda$ und gleicher Amplitude ab. Sie sind parallel zueinander im Abstand b so angeordnet, daß sie in ihrer Mitte von der Zeichenebene senkrecht geschnitten werden. Auf einer Senkrechten zur Verbindungslinie der Dipolmitten durch $S_2$ kann ein zu $S_1$, $S_2$ paralleler Empfangsdipol E verschoben werden.

**a)** Berechnen Sie die vier größten Abstände $\ell_1, \ell_2, \ell_3, \ell_4$, in denen E ein Empfangsmaximum registriert, wenn b = 50 m und $\lambda = 0{,}5$ m!

**b)** Bei welcher kleinsten Schwingungsfrequenz $f_{min}$ der Dipole $S_1$, $S_2$ registriert E in $\ell = 700$ m ein Empfangsminimum, wenn b = 50 m?

**c)** $S_1$ und $S_2$ schwingen nun mit der Frequenz f = 600 MHz, E ist $\ell = 1000$ m von $S_2$ entfernt. Welche kleinste Entfernung $b_{min}$ muß $S_1$ und $S_2$ haben, damit E ein Empfangsminimum registriert?

## 150. Zweistrahlinterferenz bei Dipolstrahlung durch Reflexion

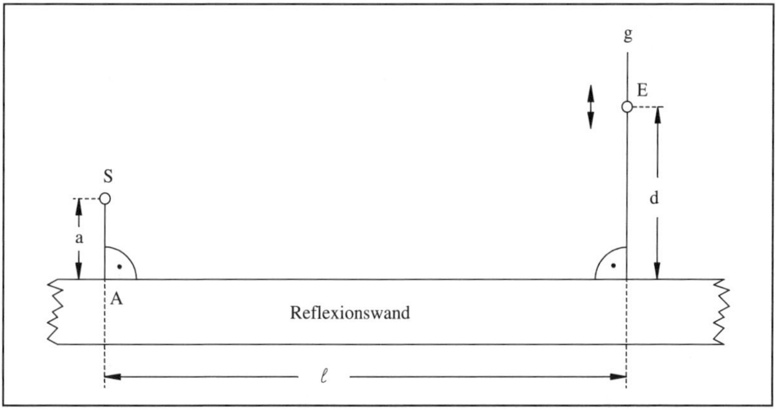


Ein Sendedipol S steht entsprechend obiger Skizze senkrecht zur Zeichenebene und im Abstand a = 15 m parallel zu einer Reflexionswand. Er strahlt elektromagnetische Wellen der Frequenz f = 500 MHz ab. Längs einer zu SA parallelen, zur Reflexionswand senkrechten Geraden g, die von SA den Abstand $\ell = 1500$ m hat, kann ein zu S paralleler Empfangsdipol E verschoben werden.

**a)** Erläutern Sie ohne Rechnung, aber unter Zuhilfenahme einer Skizze, warum der Empfangsdipol während seiner Bewegung längs g abwechselnd Empfangsmaxima und -minima registriert!

**b)** Berechnen Sie unter Verwendung der Kleinwinkelnäherung die Abstände d, für die E ein Empfangsmaximum feststellt! Setzen Sie dabei voraus, daß die Reflexion an der Wand ohne Phasensprung erfolgt!

**151. Interferenz von Mikrowellen am Doppelspalt**

**a)** Beschreiben und erläutern Sie einen Versuch zur Erzeugung und zum Nachweis von Mikrowelleninterferenzen an einem Doppelspalt.

**b)** Wie läßt sich mit diesem Versuchsaufbau die Wellenlänge der verwendeten Mikrowelle messen? Leiten Sie hierfür eine Beziehung zur Berechnung der Wellenlänge aus den geometrischen Größen der Versuchsanordnung her! Die Kleinwinkelnäherung soll dabei nicht verwendet werden!

**152. Schwierigkeiten bei der Erzeugung von Lichtinterferenzmaxima und -minima**

**a)** Warum beobachtet man in einem Gebiet, in dem sich monochromatisches Licht zweier punktförmiger, von einander unabhängiger Lichtquellen überlagert, keine Helligkeitsmaxima und -minima?

**b)** Warum kann man hinter einem mit dem monochromatischen Licht einer Glühlampe beleuchteten Doppelspalt keine Helligkeitsmaxima und -minima beobachten?

**c)** Wie lassen sich die in b geschilderten Schwierigkeiten meistern?

**153. Optisches Gitter und Gitterformel**

**a)** Was ist ein optisches Gitter?

**b)** Laserlicht der Wellenlänge $\lambda$ trifft senkrecht auf ein optisches Gitter der Gitterkonstanten b.
Warum kann man auf einem Schirm hinter dem Gitter Interferenzmaxima und -minima beobachten? Leiten Sie eine Beziehung her zwischen $\lambda$, b und dem Beugungswinkel für Hauptmaxima!

**154. Analyse der Gitterformel**

Kohärentes Licht der Wellenlänge $\lambda$ trifft senkrecht auf ein optisches Gitter der Gitterkonstanten b. Welchen Einfluß haben $\lambda$ und b auf die Lage der Hauptmaxima auf einem Schirm und auf das Maximum der Interferenzordnungen?

**155. Messung der Wellenlänge von Licht**

**a)** Beschreiben Sie eine Versuchsanordnung, mit der unter Verwendung eines optischen Gitters die Wellenlängen im Licht einer Quecksilberdampflampe gemessen werden können. Fertigen sie hierfür eine Skizze des Versuchsaufbaus an und erläutern Sie kurz welche Funktionen die wesentlichen Bestandteile der Anordnung haben.

**b)** Leiten Sie eine Beziehung zur Berechnung der Wellenlängen aus Größen her, die in obigem Versuchsaufbau der Messung zugänglich sind!

**156. Rechenaufgaben zum optischen Gitter**

Senkrecht auf ein optisches Gitter mit 1000 äquidistanten Spalten je cm Gitterbreite fällt weißes Licht, dessen Wellenlängenbereich sich von 400 nm bis 720 nm erstreckt.

**a)** Berechnen Sie die Gitterkonstante b!

**b)** Berechnen Sie den Abstand $\ell$ des Schirms vom Gitter, wenn das kontinuierliche Spektrum 1. Ordnung auf 12 cm auseinandergezogen ist!

**c)** Welche höchste Interferenzordnung fällt für Licht der Wellenlänge 633 nm noch in den Beugungsbereich bis 30°?

**d)** Unter welchen Winkeln kann man für Licht der Wellenlänge 544 nm die Hauptmaxima 1. und 3. Ordnung beobachten?

**e)** Zeigen Sie, daß sich die kontinuierlichen Spektren 2. und 3. Ordnung teilweise überdecken, die kontinuierlichen Spektren 1. und 2. Ordnung dagegen voneinander getrennt sind!

**157. Aufnahme des sichtbaren Wasserstoffspektrums**

**a)** Beschreiben Sie, mit Skizze, eine Versuchsanordnung, mit der unter Verwendung eines optischen Gitters und einer Gasentladung in einer wasserstoffgefüllten Spektralröhre die Wellenlängen der sichtbaren Linien des Wasserstoffspektrums gemessen werden können.
(Hinweis: Die Intensität des von der Spektralröhre emittierten Lichts ist zu gering, um das Verfahren aus Aufgabe 155 anwenden zu können.)

**b)** Leiten Sie eine Beziehung zur Berechnung der Wellenlängen aus den geometrischen Größen der Versuchsanordnung und der Gitterkonstanten b her! Näherungen für kleine Winkel sollen nicht verwendet werden!

**158. Gitter- und Prismenspektren**

**a)** Erläutern Sie, wie man mit einem Glasprisma das Spektrum einer Kohlebogenlampe erzeugen kann!

**b)** Nennen Sie die charakteristischen Unterschiede zwischen Gitter- und Prismenspektren!

**159. Farbe und Wellenlänge**

Nennen Sie, bei Violett beginnend, die Spektralfarben in der richtigen Reihenfolge und geben Sie jeweils den zugehörigen Wellenlängenbereich an!

# Lichtquanten

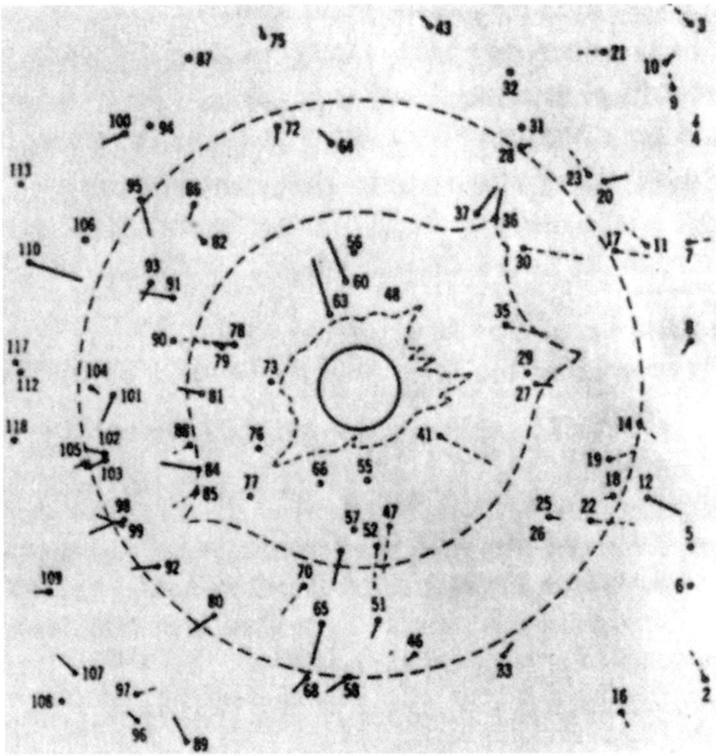

## Lichtelektrischer Effekt

**160. Lichtelektrischer Effekt**
Erläutern Sie anhand einer qualitativen Versuchsbeschreibung mit Skizze, welche Erscheinungen man als lichtelektrischen Effekt bezeichnet!

**161. Lenards Identifizierungsversuch**
Beschreiben Sie, auch unter Zuhilfenahme einer Skizze, einen Versuch zur Identifizierung der beim lichtelektrischen Effekt abgelösten Ladungen!

**162. Fotozelle**
**a)** Erklären Sie anhand einer Skizze Aufbau und Wirkungsweise einer Fotozelle!
**b)** Zeichnen Sie qualitativ die U-I-Kennlinie einer Fotozelle und erklären Sie ihren Verlauf!

**163. Die experimentellen Befunde zum lichtelektrischen Effekt**
**a)** Nennen Sie die experimentellen Befunde zum lichtelektrischen Effekt!
**b)** Welche dieser Ergebnisse lassen sich mit dem Wellenmodell des Lichts nicht erklären?

**164. Plancksche Strahlungshypothese**
Erläutern Sie, wie man sich elektromagnetische Strahlung im Rahmen des Photonenmodells vorstellt!

**165. Lichtelektrischer Effekt und Photonenmodell**
Erklären Sie die experimentellen Befunde zum lichtelektrischen Effekt mit dem Photonenmodell!

**166. Einsteins Erklärung des lichtelektrischen Effekts**
**a)** Wie lautet die Einstein-Gleichung für den lichtelektrischen Effekt?
**b)** Geben Sie den physikalischen Inhalt dieser Beziehung mit Worten wieder!

**167. Experimentelle Bestätigung der Einstein-Gleichung**
Beschreiben Sie einen Versuch zur experimentellen Überprüfung der Einstein-Gleichung nach folgenden Gesichtspunkten:

**a)** Versuchsaufbau und Schaltbild mit Bezeichnung der verwendeten Geräte
**b)** Durchführung
**c)** Wie erhält man bei der Auswertung des Versuchs die Grenzfrequenz?

**168. Anwendung der Einstein-Gleichung**

Mit einer Vakuumfotozelle wird ein Versuch nach der Gegenfeldmethode durchgeführt. Dabei mißt man für Licht der Wellenlänge $\lambda_1 = 546$ nm bzw. $\lambda_2 = 436$ nm die Gegenspannungen $U_1 = 0{,}33$ V bzw. $U_2 = 0{,}90$ V.

**a)** Berechnen Sie mit diesen Daten den numerischen Wert des Planckschen Wirkungsquantums!
**b)** Berechnen Sie die minimale Austrittsarbeit der Fotoschicht!
**c)** Identifizieren Sie das Fotokathodenmaterial!
**d)** Berechnen Sie die Geschwindigkeit der vom 546 nm-Licht ausgelösten schnellsten Fotoelektronen unmittelbar nach Verlassen der Fotoschicht!
**e)** Von welcher Wellenlänge ab ist bei dieser Fotozelle der lichtelektrische Effekt beobachtbar?
**f)** Welche Gegenspannung benötigt man, um den Fotostrom zum Erliegen zu bringen, wenn man die Fotozelle mit Licht der Wellenlänge 404 nm bestrahlt?

**169. Anzahl von Photonen**

**a)** Eine Lichtquelle der Strahlungsleistung 0,5 mW sendet monochromatisches Licht der Wellenlänge 656 nm aus. Wie viele Photonen emittiert die Lichtquelle in einer Minute?
**b)** Wie viele Photonen strahlt eine andere Lichtquelle gleicher Strahlungsleistung in der gleichen Zeit ab, wenn 15 % der Photonen die Wellenlänge 656 nm, 25 % der Photonen die Wellenlänge 486 nm, 35 % der Photonen die Wellenlänge 434 nm und die restlichen Photonen die Wellenlänge 410 nm besitzen?

**170. Berechnung der Fotostromstärke einer Fotozelle**

Berechnen Sie die obere Grenze der Fotostromstärke einer Fotozelle, auf deren Fotokathode Licht der Frequenz $f = 5{,}65 \cdot 10^{14}$ Hz mit der Leistung $P = 1{,}0$ W trifft. Nehmen Sie hierfür an, daß im Mittel durch $3 \cdot 10^7$ einfallende Photonen ein Elektron ausgelöst wird!

**171. Bestrahlungsstärke**

Eine Fotozelle wird nacheinander mit Licht der Wellenlängen $\lambda_1$ bzw. $\lambda_2$, $\lambda_1 < \lambda_2 < \lambda_g$, so bestrahlt, daß jedesmal die gleiche Fläche A der Fotokathode vom Licht getroffen wird.

**a)** Wie verhalten sich bei gleicher Bestrahlungsstärke $E_e$ die zugehörigen Fotostromstärken $I_1$ und $I_2$?

**b)** Wie verhalten sich bei gleicher Fotostromstärke die Bestrahlungsstärken $E_{e,1}$ und $E_{e,2}$?

**172. Im Wellenmodell setzt der Fotostrom nicht spontan ein**

Die aus Cäsium besstehende lichtelektrisch empfindliche Schicht einer Fotozelle wird aus 0,50 m Entfernung von einer punktförmigen Lichtquelle beleuchtet, die allseitig gleichmäßig die Leistung P = 1,0 W abstrahlt.

**a)** Warum setzt im Rahmen des Wellenmodells der Fotostrom nicht spontan ein?

**b)** Schätzen Sie im Rahmen des Wellenmodells die Zeitdauer zwischen dem Auftreffen der Lichtwelle und dem Einsetzen des Fotostroms ab. Nehmen Sie hierfür an, daß die gesamte Querschnittsfläche eines Cs-Atoms vom Durchmesser $d = 5 \cdot 10^{-10}$ m als Absorptionsfläche für die auftreffende Lichtenergie dient und daß ein Atom die ihm zugeführte Energie in der Oberfläche so lange speichern kann, bis es die Austrittsarbeit für ein Elektron aufbringen kann.

**173. Röntgenbremsstrahlung**

**a)** Beschreiben Sie kurz Aufbau und Wirkungsweise einer Röntgenröhre!

**b)** Das kontinuierliche Spektrum einer Röntgenröhre weist entsprechend nebenstehender Skizze eine scharfe, kurzwellige Grenze $\lambda_{min}$ auf. Erklären Sie, inwiefern man diese quasi mit einer Umkehrung des lichtelektrischen Effekts in Verbindung bringen kann!

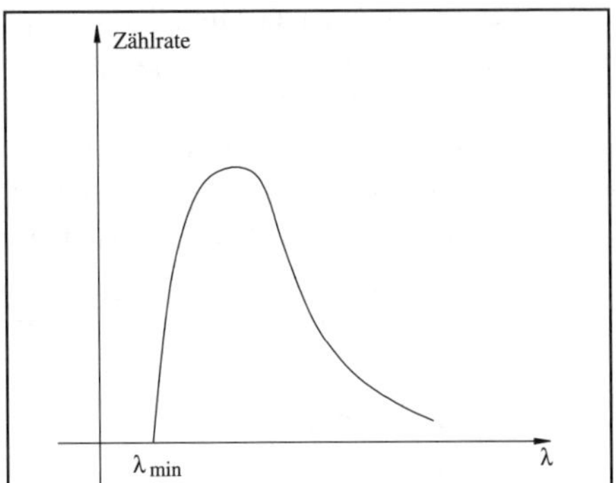


**c)** Drücken Sie das Plancksche Wirkungsquantum h durch Naturkonstanten, $\lambda_{min}$ und die Betriebsspannung $U_B$ der Röntgenröhre aus!

# Photon

**174. Photonenmasse**

**a)** Warum kann man einem Photon keine von Null verschiedene Ruhemasse zuordnen?

**b)** Wie kann man einem Photon eine Masse m zuordnen? Drücken sie m durch geeignete Größen aus!

**175. Photonenimpuls**

**a)** Wie kann man einem Photon einen Impuls p zuordnen?

**b)** Drücken Sie p durch Naturkonstante und die Frequenz bzw. die Wellenänge aus!

**c)** Welcher Zusammenhang besteht zwischen der Energie eines Photons und seinem Impuls p?

**176. Versuch zum Nachweis der Existenz der Photonenmasse**

Ein Photon der Frequenz f "fällt" im oberflächennahen Gravitationsfeld der Erde s = 20 m senkrecht nach unten. Berechnen Sie unter der vereinfachenden Annahme, daß die Photonenmasse während des Falls konstant bleibt, die prozentuale Änderung der Frequenz des Photons am Ende der Fallstrecke!

**177. Versuch zur Bestätigung des Photonenimpulses**

Ein Physiker möchte zum Nachweis des Photonenimpulses die Kraft messen, die das Licht eines Lasers auf eine Spiegelfläche ausübt. Der Laser strahlt Licht der Leistung $P = 100$ W und der Frequenz $f = 4{,}7 \cdot 10^{14}$ Hz ab, das senkrecht auf den ideal reflektierenden Spiegel trifft.

**a)** Wieviel Photonen werden in einer Sekunde abgestrahlt?

**b)** Welchen Impuls besitzt ein Photon?

**c)** Berechnen Sie die Impulsänderungen $\Delta p$ eines Photons bei der Reflexion am Spiegel!

**d)** Berechnen Sie die Kraft, die das Laserlicht auf den Spiegel ausübt!

**178. Was ist Licht?**

Ist Licht nun ein Wellenvorgang oder ein Teilchenstrahl?

Beweisen Sie durch die Beantwortung dieser Frage, daß Sie die Vorgehensweise der Physik bei der Beschreibung von Naturphänomenen verstanden haben!

# Lösungen

## 1. Der Begriff des elektrischen Feldes

**a)** Unter einem elektrischen Feld versteht man einen Raum, in dem auf ruhende elektrische Ladungen elektrische Kräfte ausgeübt werden.

**b)** Aus vielen Versuchen weiß man, daß für den Betrag F der elektrischen Kraft $\vec{F}$ auf eine Probeladung q in einem Punkt P eines elektrischen Feldes gilt: $F \sim q$.

Die Proportionalitätskonstante $\frac{F}{q}$ = konst. hängt nicht mehr von der Größe der Probeladung q ab, sondern nur mehr von der Stärke des elektrischen Felds am Ort der Probeladung und eignet sich so zur Beschreibung des elektrischen Felds. Unter der elektrischen Feldstärke $\vec{E}$ versteht man den Vektor $\vec{E} = \frac{\vec{F}}{q}$.

Hinweise:

1. Das elektrische Feld ist eine Modellvorstellung, mit deren Hilfe man die Kraftwirkungen zwischen elektrischen Ladungen veranschaulichen will. Man denkt sich hierbei den Raum zwischen elektrischen Ladungen mit einem Medium gefüllt, das die elektrische Kraftwirkung vermittelt. Sind keine Ladungen vorhanden, so befindet sich das Medium in einer Art Normalzustand, in dem es sich nicht bemerkbar macht. Bringt man aber an irgendeine Stelle eine elektrische

Ladung, so versetzt diese das Medium in einen anderen Zustand, der sich durch Kraftwirkungen auf eine andere elektrische Ladung bemerkbar macht. Das elektrische Feld ist der Zustand dieses Mediums.

Die Frage, was ein elektrisches Feld wirklich ist, kann man nicht beantworten, da der Feldbegriff auf einer Modellvorstellung beruht. Dieser Sachverhalt ist aber keineswegs schlimm, denn entscheidend ist nicht, was ein elektrisches Feld eigentlich ist, sondern die Tatsache, daß man mit Hilfe des Feldkonzepts alle Probleme lösen kann: Kennt man den Vektor $\vec{E}$ für einen Punkt P eines elektrischen Feldes, so kann man mit $\vec{F} = q \cdot \vec{E}$ sofort die Kraft $\vec{F}$ auf eine Ladung q berechnen!

2. Die Beziehung $\vec{E} = \frac{\vec{F}}{q}$ finden Sie in der Formelsammlung auf S. 38 / 2.1.1

## 2. Elektrische Feldlinien

**a)** Eine elektrische Feldlinie ist eine gedachte Linie in einem elektrischen Feld, längs derer sich eine positive Probeladung nur unter dem Einfluß des elektrischen Feldes bewegen würde.

**b)** Der Vektor $\vec{E}$ ist vollständig bestimmt, wenn man seine Richtung und seinen Betrag kennt:

- Die Richtung von $\vec{E}$ in einem Punkt P des elektrischen Feldes stimmt mit der Richtung der Tangente an die Feldlinie in P überein.
- zum Betrag: Üblicherweise sind Feldlinienbilder so gezeichnet, daß durch eine zur Feldrichtung senkrechte Einheitsfläche nur so viele Feldlinien hindurchgehen, wie der Vektor $\vec{E}$ an dieser Stelle Einheiten besitzt. Demnach gibt die Zahl der eine Flächeneinheit durchsetzenden Feldlinien den Betrag der elektrischen Feldstärke an dieser Stelle an.

  Insbesondere gilt qualitativ: Je dichter die Feldlinien an einer Stelle des elektrischen Feldes verlaufen, desto größer ist der Betrag von $\vec{E}$ an dieser Stelle.

**c)** Eigenschaften elektrischer Feldlinien

- Elektrische Feldlinien sind keine in sich geschlossenen Linien. Sie beginnen stets in positiven und enden stets in negativen Ladungen.

*Begründung:*
Gäbe es eine geschlossene Feldlinie, so könnte das elektrische Feld eine positive Ladung q von einem beliebigen Punkt P aus auf dieser Feldlinie über C zurück nach P transportieren.

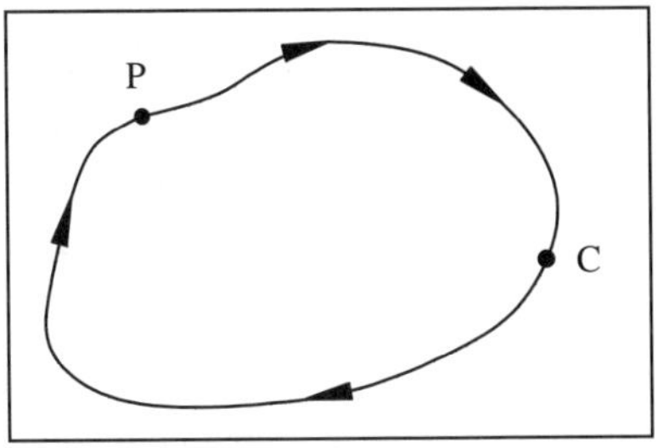


Da in jedem Punkt der Linie die Kraft $\vec{F}$ auf die Ladung stets parallel zum Weg $\vec{s}$ ist, würde das elektrische Feld dabei insgesamt eine positive Arbeit verrichten.
Dieser Prozeß wäre ein Perpetuum mobile erster Art, also eine Maschine, die sich dauernd bewegt und dabei den vorhandenen Energievorrat laufend vermehrt, Energie also aus dem Nichts schaffen würde. Da es kein Perpetuum mobile gibt, haben Feldlinien also einen Anfangs- und einen Endpunkt. Da die Pfeile an den Feldlinien die Richtung der Feldkraft auf eine positive Ladung angeben, laufen Feldlinien von einer positiven zu einer negativen Ladung.

- Elektrische Feldlinien kreuzen sich nicht.

*Begründung:*
In einem Kreuzungspunkt P zweier Feldlinien würde eine Probeladung q zwei Kräfte in unterschiedliche Richtungen erfahren. Dies wurde experimentell noch nie beobachtet.

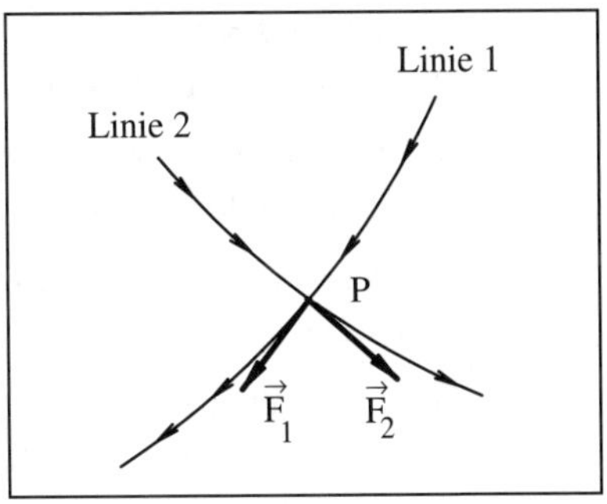

- Elektrische Feldlinien stehen auf metallischen Oberflächen stets senkrecht.

*Begründung:*
Würde eine Feldlinie schräg auf einer metallischen Oberfläche enden, so könnte man die Kraft $\vec{F}$, die auf die dort sitzende negative Ladung q wirkt, in eine Komponente $\vec{F}_s$ senkrecht und eine Komponente $\vec{F}_p$ parallel zur Metalloberfläche zerlegen.

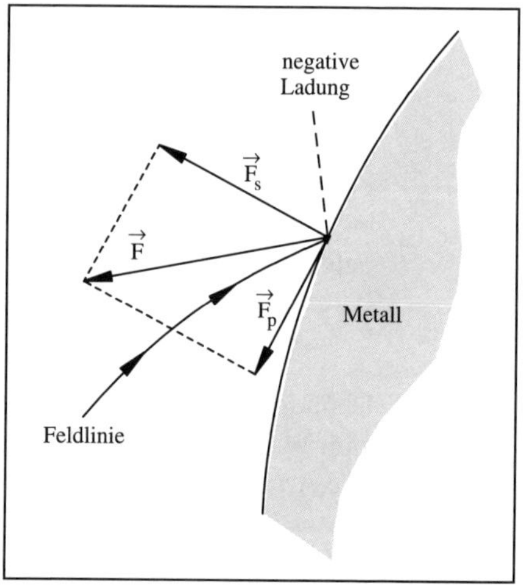


Da Ladungen auf Metalloberflächen frei beweglich sind, würde $\vec{F}_p$ die Ladung q so lange verschieben, bis $\vec{F}_p = \vec{0}$, die Feldlinie also, senkrecht steht.

## 3. Feldlinienbilder

**a)** Da elektrische Feldlinien in positiven Ladungen beginnen und in negativen enden, ist $K_1$ positiv und $K_2$ negativ geladen.

**b)** Auf $K_2$ enden weniger Feldlinien als in $K_1$ beginnen. $K_1$ trägt daher den größeren Ladungsbetrag.

**c)** Zu jeder Feldlinie, die in der Skizze nicht in einer negativen Ladung endet, gibt es eine weit entfernte negative Ladung, in der sie endet.

**d)** Feldstärkevektoren tangieren in den Punkten P und Q die Feldlinien. Da die Feldliniendichte in P kleiner als in Q ist, ist der $\vec{E}$-Vektor in P kürzer als in Q.

**e)** Eine negative Ladung bewegt sich entgegengesetzt zu den Pfeilen auf der Feldlinie durch Q.

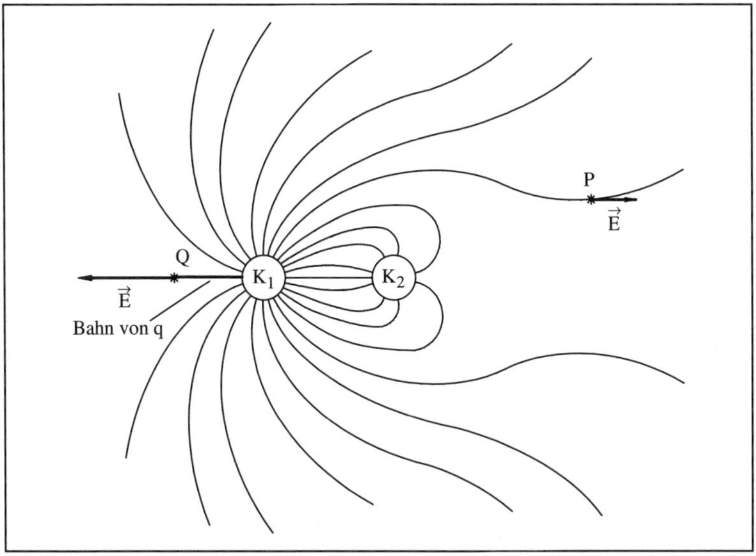


**f)** Man gießt auf den ebenen Boden einer Glasschale Rizinusöl und streut feinkörnigen Grieß darüber. Dann senkt man zwei kreisförmige Metallscheiben in das Öl, die den gleichen Radius und den gleichen Abstand wie die Kugeln $K_1$ und $K_2$ besitzen und lädt sie wie die Kugeln auf.

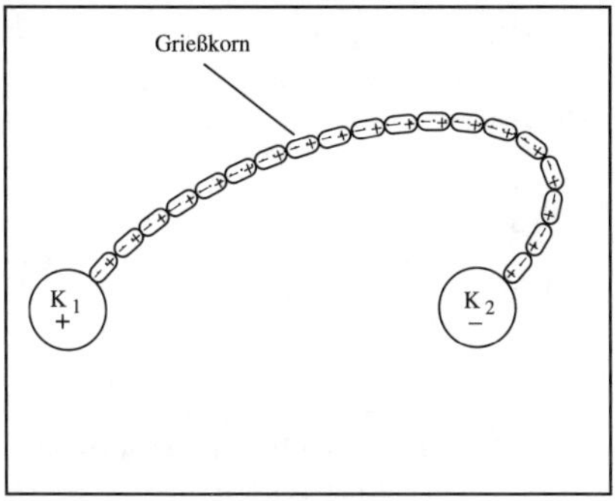


Die Grießkörner werden dann zu kleinen Dipolen und reihen sich kettenförmig längs der Feldlinien auf.

## 4. Spezielle Feldlinienbilder

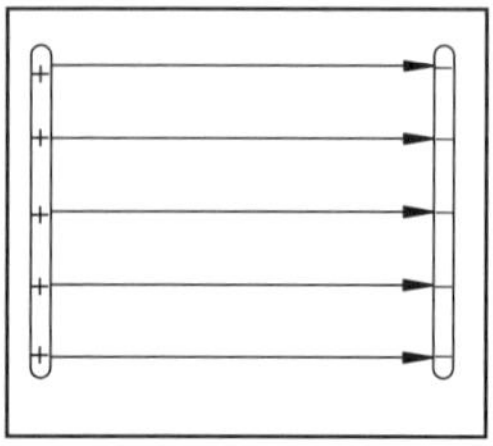

homogenes Feld eines Plattenkondensators

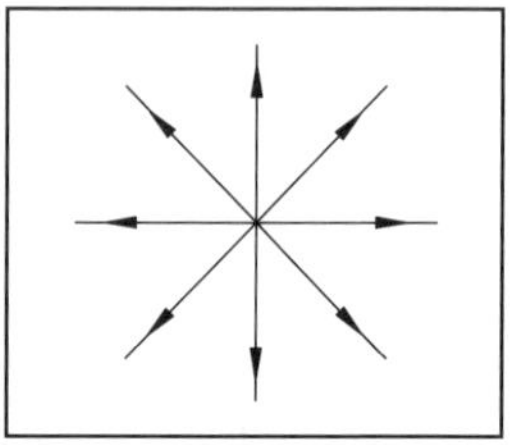

radialsymmetrisches Feld einer positiven Punktladung

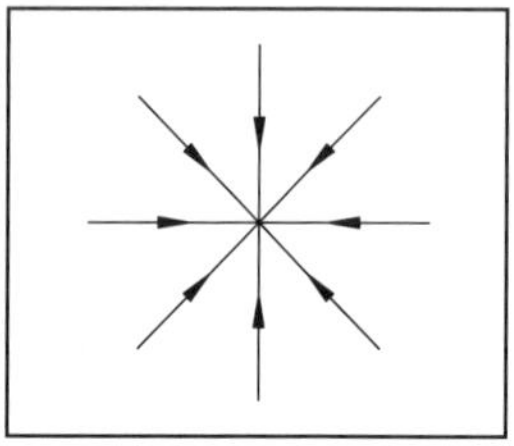

radialsymmetrisches Feld einer negativen Punktladung

## 5. Elektrische Spannung

Bezeichnet $W_{12}$ die Arbeit, die *von der Feldkraft selbst verrichtet* wird, wenn sie eine Ladung q in einem elektrischen Feld von einem Punkt $P_1$ zu einem anderen Punkt $P_2$ verschiebt, so versteht man unter der Spannung $U_{12}$ zwischen den Punkten $P_1$ und $P_2$ den Quotienten

$$U_{12} = \frac{W_{12}}{q}$$

Diese Definition ist nur deshalb sinnvoll, weil aus vielen Versuchen bekannt ist:

(1) $W_{12}$ ist unabhängig vom Weg auf dem q von $P_1$ nach $P_2$ gelangt.

(2) $W_{12} \sim q$

Hinweise:

1. Zum Vorzeichnen von $W_{12}$:
   Ist $W_{12} > 0$ ($W_{12} < 0$), so wird dem Körper, der die Ladung q trägt, beim Transport von $P_1$ nach $P_2$ vom Feld Energie zugeführt (entzogen). In nebenstehend skizziertem Beispiel wird die kinetische Energie des Ladungsträgers auf der Strecke von $P_1$ nach $P_2$ vergrößert (verringert).
   Merken Sie sich ferner, daß $W_{12} = -W_{21}$.

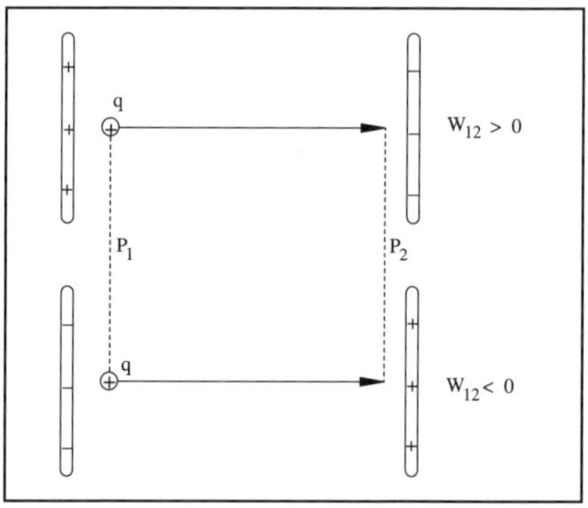

2. Zur Wegunabhängigkeit von $W_{12}$:
Die Wegunabhängigkeit von $W_{12}$ läßt sich rasch mittels des Energiesatzes einsehen: Angenommen es gibt 2 Wege $C_1$, $C_2$ von $P_1$ nach $P_2$, auf denen gilt:

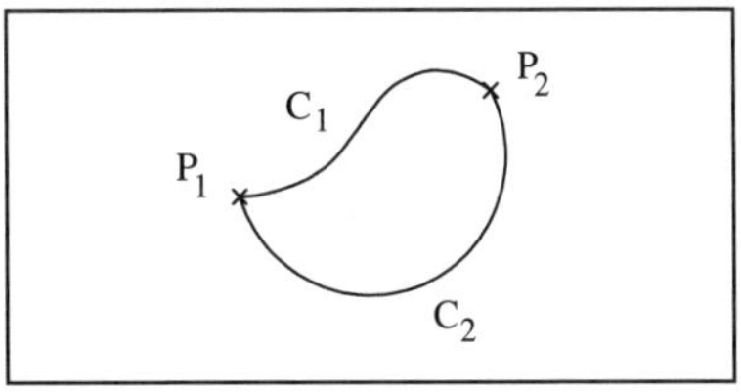


$W_{12}$ (längs $C_1$) $\neq W_{12}$ (längs $C_2$)

Sei z. B. $W_{12}$ (längs $C_1$) $> W_{12}$ (längs $C_2$)
$\Rightarrow W_{12}$ (längs $C_1$) $- W_{12}$ (längs $C_2$) $> 0$
$\Rightarrow W_{12}$ (längs $C_1$) $+ W_{21}$ (längs $C_2$) $> 0$

Demnach könnte die Ladung von den Feldkräften von $P_1$ über $C_1$ nach $P_2$ und dann über $C_2$ zurück nach $P_1$ gebracht werden, wobei die insgesamt von den Feldkräften verrichtete Arbeit größer als Null wäre. Man könnte durch beliebig häufiges Durchlaufen des Weges

$$P_1 \xrightarrow{C_1} P_2 \xrightarrow{C_2} P_1$$

beliebig viel Energie dem System entnehmen, ohne das System zu ändern. Der Energiesatz wäre also verletzt!

3. Zur Proportionalität $W_{12} \sim q$:

Wegen dieser Proportionalität ist der Quotient $\frac{W_{12}}{q}$ unabhängig von der Ladung q. Wegen der Wegunabhängigkeit der Verschiebungsarbeit $W_{12}$ hängt er somit nur von der Lage der Punkte $P_1$, $P_2$ im elektrischen Feld ab. Er ist daher eine Größe, die zur Beschreibung des elektrischen Feldes verwendet werden kann.
Sie kennen damit zwei Größen, die ein elektrisches Feld quantitativ beschreiben: $\vec{E}$ und U.
U hat den Vorteil, daß es als skalare Größe durch eine einzige Zahl eindeutig bestimmt ist, wogegen man bei der Vektorgröße $\vec{E}$ Betrag und Richtung kennen muß.
U hat den Nachteil, daß es ein Feld nicht so anschaulich wie $\vec{E}$ beschreibt.

4. Spannungsdefinition in der Mittelstufe:
Folgende Dimensionsbetrachtung soll plausibel machen, daß die Spannungsdefinitionen der Mittelstufe und der Oberstufe miteinander verträglich sind.

| Mittelstufe | Oberstufe |
|---|---|
| $[U]_M$ bezeichne die Einheit der Spannung in der Mittelstufe<br>Stromarbeit: $W = U \cdot I \cdot t$<br>$\Rightarrow [W] = [U \cdot I \cdot t]$<br>$\Rightarrow \underbrace{J = [U]_M \cdot A \cdot s}$ | $[U]_O$ bezeichne die Einheit der Spannung in der Oberstufe<br>$[U]_O = \left[\frac{W}{Q}\right] = \frac{J}{A \cdot s}$<br>$\Rightarrow \underbrace{J = [U]_O \cdot A \cdot s}$ |

$$[U]_M \cdot A \cdot s = [U]_O \cdot A \cdot s$$
$$[U]_M = [U]_O$$

5. Welche Bedeutung kommt der Beziehung $U = \frac{W}{q}$ beim Lösen von Aufgaben zu?
Mittels $W = U \cdot q$ können Sie rasch den Energiebetrag berechnen, den ein mit der Ladung q behafteter Ladungsträger beim Durchlaufen der Spannung U in einem elektrischen Feld je nach Vorzeichen von q und U gewinnt oder verliert. Die Bezeichnung $W = U \cdot q$ finden Sie in der Formelsammlung auf Seite 38/ 2.1.4. Denken Sie sich dort die für Sie unverständliche Größe φ einfach durch U ersetzt.

## 6. Vergleich von Verschiebungsarbeiten im homogenen elektrischen Feld eines Plattenkondensators und im oberflächennahen Gravitationsfeld der Erde

**a)** In beiden Fällen ist $W'_{12}$ unabhängig davon, auf welchem Weg q bzw. m von $P_1$ nach $P_2$ gebracht wird. Begründung wie im zweiten Hinweis zu Aufgabe 5.

**b)** In beiden Fällen schließt der gerade Weg $\vec{s}$ von $P_1$ nach $P_2$ mit der äußeren Kraft $\vec{F}$ den Winkel α (0° < α < 90°) ein. Daher ist

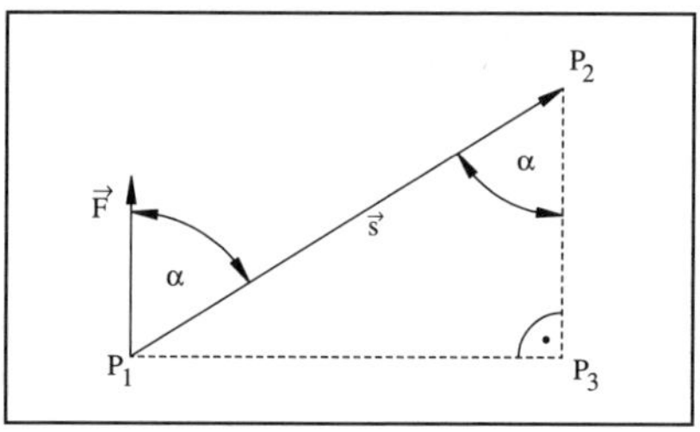


$$\left.\begin{array}{l} W'_{12} = F \cdot s \cdot \cos\alpha \ \text{(vgl. Hinweis)} \\ \alpha = \sphericalangle\,(P_1\,P_2\,P_3) \Rightarrow \cos\alpha = \frac{\overline{P_2P_3}}{s} \end{array}\right\} \Rightarrow$$

$$\Rightarrow W'_{12} = F \cdot s \cdot \frac{\overline{P_2\,P_3}}{s} = F \cdot \overline{P_2P_3} \ (*)$$

Gravitationsfeld: $F = m \cdot g$; $\overline{P_2P_3} = h \overset{*}{\Rightarrow} W'_{12} = m \cdot g \cdot h$

elektrisches Feld: $F = q \cdot E$; $\overline{P_2P_3} = \Delta\ell \overset{*}{\Rightarrow} W'_{12} = q \cdot E \cdot \Delta\ell$

**c)** $m \mathrel{\hat{=}} q$
$g \mathrel{\hat{=}} E$
$h \mathrel{\hat{=}} \Delta\ell$

**d)** Gravitationsfeld (elektrisches Feld)
Die von außen zugeführte Energie $W'_{12}$ erscheint in Form von mechanischer (elektrischer) potentieller Energie, die m (q) in $P_2$ bezüglich $P_1$ besitzt. Läßt man m (q) in $P_2$ los, so wird m (q) durch die Feldkraft beschleunigt. Nach Durchfallen der Höhe h (der Strecke $\Delta\ell$) ist die potentielle mechanische (elektrische) Energie

$$W'_{12} = m \cdot g \cdot h \quad (W'_{12} = q \cdot E \cdot \Delta\ell)$$

vollständig in kinetische Energie umgewandelt.

**e)** Für die *von den Feldkräften selbst verrichtete* Arbeit $W_{12}$ beim Verschieben der Ladung q von $P_1$ nach $P_2$ gilt:

$$\left.\begin{array}{l} W_{12} = -W'_{12} = -q \cdot E \cdot \Delta\ell \\ \text{Aufgabe 5: } U_{12} = \frac{W_{12}}{q} \end{array}\right\} \Rightarrow U_{12} = \frac{-q \cdot E \cdot \Delta\ell}{q} = -E \cdot \Delta\ell$$

Die entsprechende "Gravitationsspannung" ist nach Teilaufgabe c dann $U_{grav} = -g \cdot h$.

Hinweis:
Erinnerung an die Definition der physikalischen Arbeit:
Eine konstante Kraft $\vec{F}$, die längs des geraden Weges $\vec{s}$ auf einen Körper ausgeübt wird, verrichtet an ihm die Arbeit $W = F \cdot s \cdot \cos\alpha$, wobei $\alpha = \sphericalangle(\vec{F}; \vec{s})$.
Vertrauter sind Ihnen wahrscheinlich zwei Spezialfälle:

Wenn $\vec{F} \parallel \vec{s}$, also $\alpha = 0°$ gilt: $W = F \cdot s$
Wenn $\vec{F} \perp \vec{s}$, also $\alpha = 90°$ gilt: $W = 0$

## 7. Spannung und Feldstärke im homogenen elektrischen Feld

**a)** Verschieben die Feldkräfte eine positive Ladung q von einem beliebigen Punkt $P_1$ auf Platte I zu einem beliebigen Punkt $P_2$ auf Platte II, so verrichten sie dabei die Arbeit $W_{12}$:

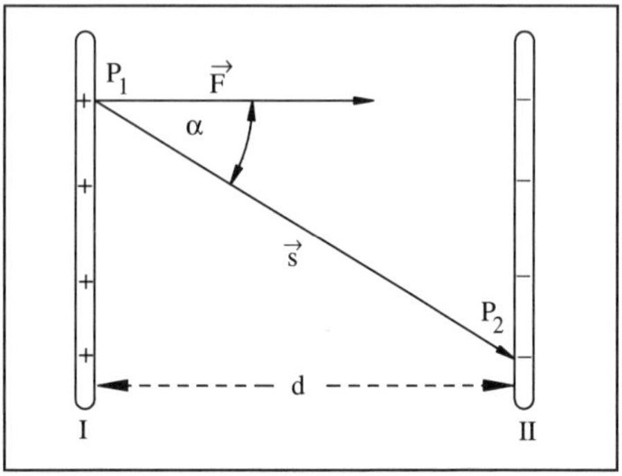


$$\left.\begin{array}{l} W_{12} = F \cdot s \cdot \cos\alpha \text{ (vgl. Hinweis zu Aufgabe 6)} \\ \text{FS. S. 38 / 2.1.1: } F = q \cdot E \\ \cos\alpha = \frac{d}{s} \end{array}\right\} \Rightarrow$$

$$\left.\begin{array}{l} \Rightarrow W_{12} = q \cdot E \cdot s \cdot \frac{d}{s} = q \cdot E \cdot d \\ \text{FS: S.38 / 2.1.3: } U_{12} = \frac{W_{12}}{q} \end{array}\right\} \Rightarrow U_{12} = \frac{q \cdot E \cdot d}{q} = E \cdot d$$

Da die Lage der Punkte $P_1$, $P_2$ auf den Platten hiernach für $U_{12}$ keine Rolle spielt, kann man von der Spannung zwischen den Platten sprechen. (Obwohl Spannung stets nur zwischen zwei Punkten definiert ist!)
Ist man nur an den Beträgen interessiert, so kann die Indizierung wegfallen, und es gilt: $U = E \cdot d \Rightarrow E = \frac{U}{d}$

**b)** Nach der Definition der elektrischen Feldstärke, $E = \frac{F}{q}$, müßte zur Bestimmung von E die Kraft F auf eine Probeladung q gemessen werden. Diese Methode ist sehr umständlich (vgl. Hinweis 1).
Verwendet man dagegen die Beziehung $E = \frac{U}{d}$, so kann E aus einer unproblematischen Spannungsmessung mittels statischem Voltmeter und einer unproblematischen Längenmessung mittels Maßstab bequem ermittelt werden.

**c)** $U_0$ ist in einem d-E-Diagramm der Flächeninhalt eines Rechtecks mit den Seiten $E_0$ und $d_0$.

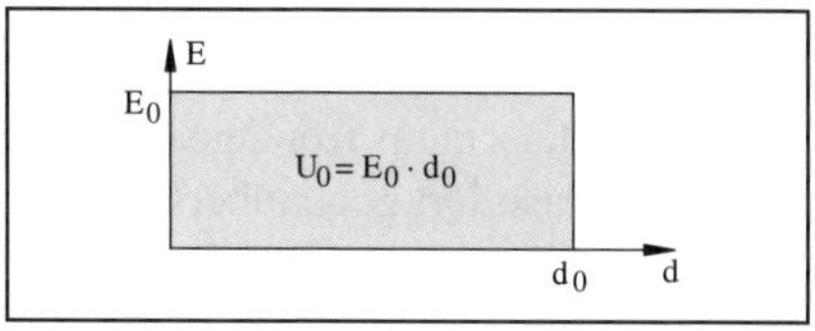


Hinweise:

1. Die Kraft auf eine Probeladung q im elektrischen Feld eines Plattenkondensators kann z. B. mit einer Torsionswaage ermittelt werden. Das ist ein gespannter Draht, an dem ein kleines Metallplättchen befestigt ist, das die Ladung q trägt. Wirkt auf das Plättchen im elektrischen Feld die Kraft $\vec{F}$, so kann eine Drehung des Plättchens aus der Ruhelage durch ein Verdrillen des Aufhängedrahts in die Gegenrichtung verhindert werden.

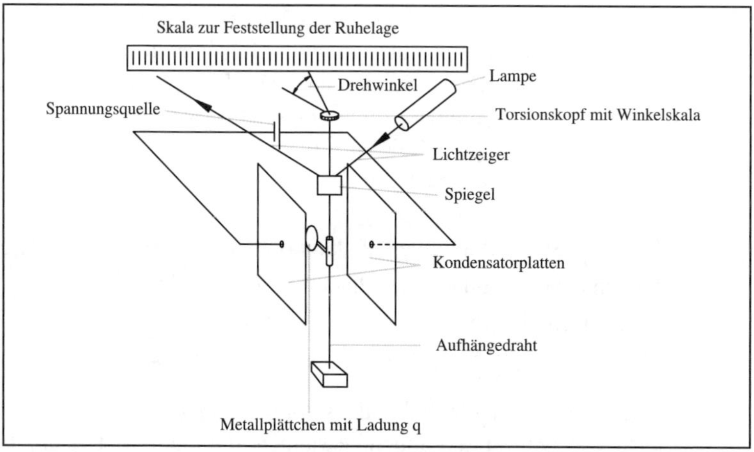


Der Drehwinkel, den man mittels einer Skala am Torsionskopf ablesen kann, ist dann zum Betrag der Kraft $\vec{F}$ proportional (Hookesches Gesetz der Torsion). Bei bekannter Proportionalitätskonstante kann so durch eine Winkelmessung F bestimmt werden.

Der Ladungsbetrag q muß in einer weiteren Messung, z. B. mittels eines Ladungsmeßverstärkers, bestimmt werden.

2. Wegen $E = \frac{F}{q} \Rightarrow [E] = \left[\frac{F}{q}\right] = \frac{N}{C}$ und $E = \frac{U}{d} \Rightarrow [E] = \left[\frac{U}{d}\right] = \frac{V}{m}$

hat E sowohl die Benennung $\frac{N}{C}$ als auch $\frac{V}{m}$. Gebräuchlicher ist letztere.

Selbstverständlich gilt: $\frac{N}{C} = \frac{V}{m}$!

3. Die Beziehung $E = \frac{U}{d}$ finden Sie in der Formelsammlung auf Seite 38 / 2.1.3.

## 8. Kondensatoren

**a)** Unter einem Kondensator versteht man zwei leitende Körper, die einander isoliert gegenüberstehen.

**b)** Verbindet man den einen Körper mit dem Minuspol, den anderen mit dem Pluspol einer Spannungsquelle U, so fließen auf die Körper Ladungen, die unterschiedliche Vorzeichen, aber den gleichen Betrag Q haben. Viele Versuche haben gezeigt, daß unabhängig von der geometrischen Form der beiden Körper stets $Q \sim U$.
Unter der Kapazität C des Kondensators versteht man die Proportionalitätskonstante $C = \frac{Q}{U}$.
C ist ein Maß für das Ladungsfassungsvermögen eines Kondensators. Werden nämlich 2 Kondensatoren mit unterschiedlichen Kapazitäten $C_1 > C_2$ an die gleiche Spannungsquelle U angeschlossen, so fließt auf den Kondensator mit der größeren Kapazität wegen

$$Q_1 = C_1 \cdot U > C_2 \cdot U = Q_2$$

der größere Ladungsbetrag auf.

**c)** Für den Spezialfall eines Plattenkondensators mit zwei gleichgroßen Platten (Flächeninhalt einer Platte: A), die sich im Abstand d parallel gegenüberstehen, gilt:

$$C = \varepsilon_0 \cdot \frac{A}{d}, \text{ wobei } \quad \varepsilon_0 = 8{,}85 \cdot 10^{-12} \, \frac{C}{Vm}$$

Kapazitäten von Plattenkondensatoren können dank dieser Beziehung, nach Flächen- und Längenmessungen mit dem Meterstab, berechnet werden. Über $Q = C \cdot U$ erhält man hieraus nach einer unproblematischen Spannungsmessung den Ladungsbetrag Q, der auf jeder der beiden Platten sitzt. Eine direkte Messung von Q, z. B. über einen Ladungsmeßverstärker, ist aufwendiger!

Hinweise:

Bitte denken Sie daran, daß $C = \varepsilon_0 \cdot \frac{A}{d}$ nur für den Plattenkondensator gilt! Diese Formel steht in der Formelsammlung auf Seite 40 / 2.6.2.
Die Formel $Q = C \cdot U$ läßt sich mit "Ku" = "Ku" leicht merken! Sie können sie aber auch in der Formelsammlung auf Seite 40 / 2.6.1 nachschlagen.

## 9. Schaltung von Kondensatoren

**a)**

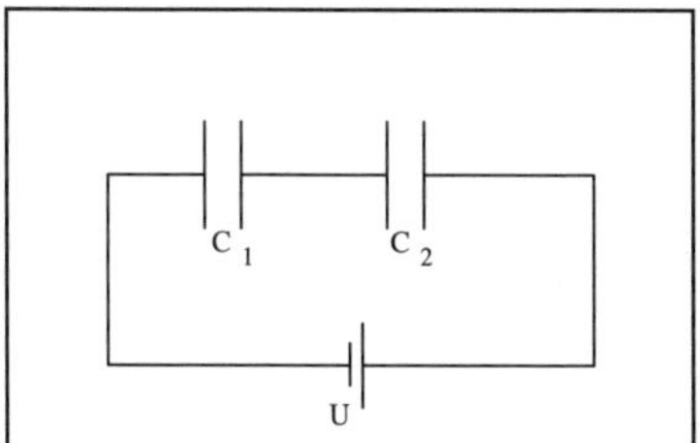

Reihenschaltung

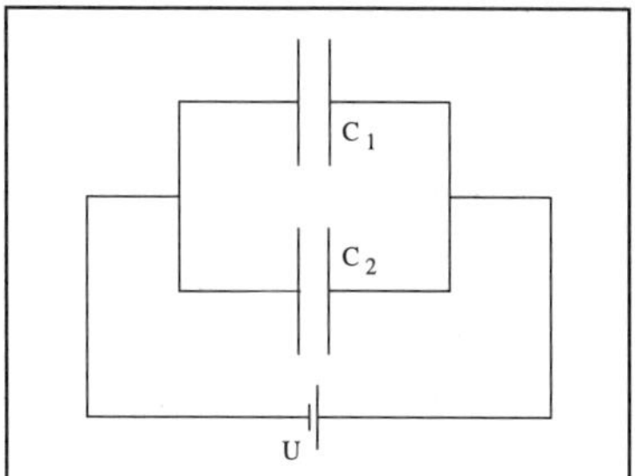

Parallelschaltung

**b)** Reihenschaltung:

$$\frac{1}{C_{ges}} = \frac{1}{C_1} + \frac{1}{C_2} \Rightarrow C_{ges} = \frac{C_1 \cdot C_2}{C_1 + C_2}$$

Parallelschaltung:

$$C_{ges} = C_1 + C_2$$

**c)** Reihenschaltung:

$$\left.\begin{array}{l} \frac{1}{C_{ges}} = \frac{1}{C_1} + \frac{1}{C_2} \\ C_1 \gg C_2 \Rightarrow \frac{1}{C_1} \ll \frac{1}{C_2} \Rightarrow \frac{1}{C_1} + \frac{1}{C_2} \approx \frac{1}{C_2} \end{array}\right\} \Rightarrow \frac{1}{C_{ges}} \approx \frac{1}{C_2} \Rightarrow C_{ges} \approx C_2$$

Parallelschaltung:

$$\left.\begin{array}{l} C_{ges} = C_1 + C_2 \\ C_1 \gg C_2 \Rightarrow C_1 + C_2 \approx C_1 \end{array}\right\} \Rightarrow C_{ges} \approx C_1$$

**d)** Reihenschaltung:

Bei Reihenschaltung trägt jeder Kondensator die gleiche Ladung. Welche Ladung die Gesamtheit der beiden Kondensatoren faßt, wird daher bei $C_1 >> C_2$ fast ausschließlich durch $C_2$ bestimmt, d. h. $C_{ges} \approx C_2$.

Parallelschaltung:

Bei Parallelschaltung liegt an jedem Kondensator die gleiche Spannung. Wegen $Q = C \cdot U$ nimmt dann der Kondensator mit der größeren Kapazität die größere Ladungsmenge auf. Welche Ladung die Gesamtheit der beiden Kondensatoren faßt, wird daher bei $C_1 >> C_2$ fast ausschließlich durch $C_1$ bestimmt, d. h. $C_{ges} \approx C_1$.

Hinweise:

1. Bitte beachten Sie die unterschiedliche Struktur der Formeln für die Schaltung von Kondensatoren und Widerständen:

| | Parallelschaltung von | Reihenschaltung von |
|---|---|---|
| Kondensatoren | $C_{ges} = C_1 + C_2$ | $\frac{1}{C_{ges}} = \frac{1}{C_1} + \frac{1}{C_2}$ |
| Widerständen | $\frac{1}{R_{ges}} = \frac{1}{R_1} + \frac{1}{R_2}$ | $R_{ges} = R_1 + R_2$ |

2. Manche Kollegiaten haben Schwierigkeiten einzusehen, daß bei der Reihenschaltung jeder Kondensator die gleiche Ladung trägt.
Folgende Skizze soll diesen Sachverhalt ohne viele Worte aufhellen:

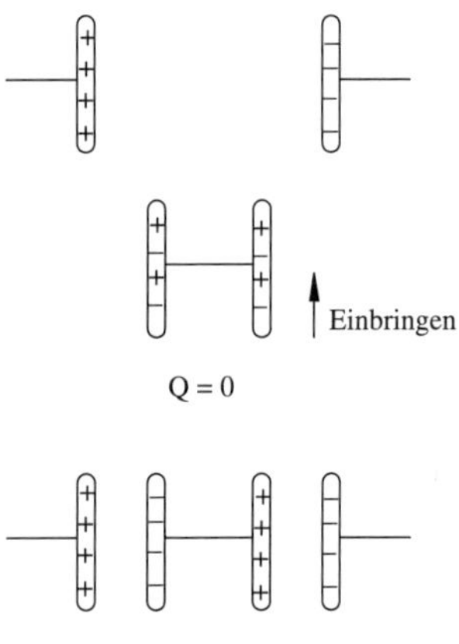


3. Die Formeln für Reihen- und Parallelschaltung von Kondensatoren finden Sie in der Formelsammlung auf Seite 41 unter 2.6.5 bzw. 2.6.6.

## 10. Einfache Rechenaufgaben zum Plattenkondensator

**a)** FS. S. 40/2.6.2:

$$C = \varepsilon_0 \cdot \frac{A}{d} = \varepsilon_0 \cdot \frac{a^2}{d} = 8{,}85 \cdot 10^{-12} \frac{C}{V \cdot m} \cdot \frac{(15 \cdot 10^{-2}\,m)^2}{5 \cdot 10^{-3}\,m} =$$

$$= 4{,}0 \cdot 10^{-11} \frac{C}{V} = 40 pF$$

**b)** FS. S. 40 / 2.6.1:

$$Q = C \cdot U = 4{,}0 \cdot 10^{-11}\ \frac{C}{V} \cdot 375\ V = 1{,}5 \cdot 10^{-8}\ C = 15\ nC$$

**c)** FS. S. 38 / 2.1.3:

$$E = \frac{U}{d} = \frac{375\ V}{5 \cdot 10^{-3}\ m} = 7{,}5 \cdot 10^{4}\ \frac{V}{m}$$

**d)** FS. S. 38 / 2.1.4:

$$W = q \cdot U = 49 \cdot 10^{-9}\ C \cdot 375\ V = 1{,}8 \cdot 10^{-5}\ J$$

**e)** FS. S. 38 / 2.1.1:

$$F = q \cdot E = 49 \cdot 10^{-9}\ C \cdot 7{,}5 \cdot 10^{4}\ \frac{V}{m} = 3{,}7 \cdot 10^{-3}\ N$$

Da das Feld im Plattenzwischenraum homogen ist, erfährt q an allen Orten zwischen den Kondensatorplatten die gleiche Kraft!

**11. Formeltraining**

**a)**

$$\left.\begin{array}{l} \text{FS. S. 40 / 2.6.1: } Q = C \cdot U \\ \text{FS. S. 40 / 2.6.2: } C = \varepsilon_0 \cdot \frac{A}{d} \end{array}\right\} \Rightarrow \left.\begin{array}{r} Q = \varepsilon_0 \cdot \frac{A}{d} \cdot U \\ E = \frac{U}{d} \end{array}\right\} \Rightarrow$$

$$\Rightarrow Q = \varepsilon_0 \cdot A \cdot E \Rightarrow E = \frac{Q}{\varepsilon_0 \cdot A}$$

**b)**

$$\left.\begin{array}{l} \text{FS. S. 40 / 2.1.3: } E = \frac{U}{d} \Rightarrow U = E \cdot d \\ \text{FS. S. 40 / 2.6.2: } C = \varepsilon_0 \cdot \frac{A}{d} \Rightarrow d = \frac{\varepsilon_0 \cdot A}{C} \end{array}\right\} \Rightarrow U = \frac{E \cdot \varepsilon_0 \cdot A}{C}$$

**c)**

$$\left.\begin{array}{l} \text{FS. S. 40 / 2.6.1: } Q = C \cdot U \\ \text{FS. S. 40 / 2.6.2: } C = \varepsilon_0 \cdot \frac{A}{d} \end{array}\right\} \Rightarrow Q = \frac{\varepsilon_0 \cdot A \cdot U}{d}$$

**12. Der Plattenabstand eines Plattenkondensators wird verändert**

Für die Kapazität gilt in beiden Fällen:

FS. S. 40 / 2.6.2:

$$C_{neu} = \frac{\varepsilon_0 \cdot A}{d_{neu}} = \frac{\varepsilon_0 \cdot A}{3 \cdot d_{alt}} = \frac{1}{3} \cdot \frac{\varepsilon_0 \cdot A}{d_{alt}} = \frac{1}{3} \cdot C_{alt}$$

numerische Werte: $C_{alt} = 75$ pF; $C_{neu} = 25$ pF

**a)** Kondensator bleibt mit Spannungsquelle verbunden.

Spannung:

$$U_{neu} = U_{alt} = 300 \text{ V}$$

Ladung: FS. S. 40 / 2.6.1:

$$Q_{neu} = C_{neu} \cdot U_{neu} = \frac{1}{3} \cdot C_{alt} \cdot U_{alt} = \frac{1}{3} \cdot Q_{alt}$$

numerische Werte: $Q_{neu} = 25 \cdot 10^{-12}\ \text{F} \cdot 300\ \text{V} = 7{,}5 \cdot 10^{-9}\ \text{C}$

Feldstärke:

FS. S. 38 / 2.1.3:

$$E_{neu} = \frac{U_{neu}}{d_{neu}} = \frac{U_{alt}}{3 \cdot d_{alt}} = \frac{1}{3} \cdot \frac{U_{alt}}{d_{alt}} = \frac{1}{3} \cdot E_{alt}$$

numerische Werte: $E_{neu} = \frac{300\ \text{V}}{3 \cdot 2{,}5 \cdot 10^{-3}\ \text{m}} = 4{,}0 \cdot 10^4\ \frac{\text{V}}{\text{m}}$

**b)** Kondensator wird von der Spannungsquelle abgetrennt.

Spannung:

FS. S. 40 / 2.6.1

$$U_{neu} = \frac{Q_{neu}}{C_{neu}} = \frac{Q_{alt}}{\frac{1}{3} \cdot C_{alt}} = 3 \cdot \frac{Q_{alt}}{C_{alt}} = 3 \cdot U_{alt}$$

numerische Werte: $U_{neu} = \frac{2{,}25 \cdot 10^{-8}\ \text{C}}{25 \cdot 10^{-12}\ \text{F}} = 900\ \text{V}$

Ladung: $Q_{neu} = Q_{alt} = C_{alt} \cdot U_{alt} = 75 \cdot 10^{-12}\ \text{F} \cdot 300\ \text{V} = 2{,}25 \cdot 10^{-8}\ \text{C}$

Feldstärke:

FS. S. 38 / 2.1.3

$$E_{neu} = \frac{U_{neu}}{d_{neu}} = \frac{3 \cdot U_{alt}}{3 \cdot d_{alt}} = E_{alt}$$

numerische Werte: $E_{neu} = \frac{900\ \text{V}}{3 \cdot 2{,}5 \cdot 10^{-3}\ \text{m}} = 1{,}2 \cdot 10^5\ \frac{\text{V}}{\text{m}}$

## 13. Schwierigere Rechenaufgabe zur Schaltung von Kondensatoren

**a)** Berechnung der Kapazität $C_K$ des Plattenkondensators:
FS: S. 40 / 2.6.2:

$$C_K = \varepsilon_0 \cdot \frac{A}{d} = 8{,}85 \cdot 10^{-12}\ \frac{C}{Vm} \cdot \frac{3{,}00 \cdot 10^{-2}\ m^2}{1{,}0 \cdot 10^{-2}\ m} = 2{,}7 \cdot 10^{-11}\ F$$

Ladungsbetrag $Q_K$ auf einer Kondensatorplatte ohne angeschlossenes Voltmeter:
FS. S. 40 / 2.6.1:

$$Q_K = C_K \cdot U = 2{,}7 \cdot 10^{-11}\ F \cdot 80\ V = 2{,}2 \cdot 10^{-9}\ C$$

Als Spannungsmeßgerät wird das statische Voltmeter parallel zum Plattenkondensator geschaltet. Daher gilt für die Gesamtkapazität $C_{ges}$:
FS. S. 40 / 2.6.6:

$$C_{ges} = C_K + C_{meß} \Rightarrow C_{meß} = C_{ges} - C_K \qquad (1)$$

$Q_K$ verteilt sich nach Anschluß des Voltmeters auf den Plattenkondensator und das Voltmeter:
FS. S. 40 / 2.6.1:

$$C_{ges} = \frac{Q_K}{U_{neu}} = \frac{2{,}2 \cdot 10^{-9}\ C}{60\ V} = 3{,}7 \cdot 10^{-11}\ F \qquad (2)$$

(1) und (2): $C_{meß} = 3{,}7 \cdot 10^{-11}\ F - 2{,}7 \cdot 10^{-11}\ F = 1{,}0 \cdot 10^{-11}\ F$

**b)** Berechnung der Kapazität $C_{K,neu}$ des Plattenkondensators mit vergrößertem Plattenabstand:
FS. S. 40 / 2.6.2:

$$C_{K,neu} = \varepsilon_0 \cdot \frac{A}{3 \cdot d} = \frac{1}{3} \cdot C_K = \frac{1}{3} \cdot 2{,}7 \cdot 10^{-11}\ F = 9{,}0 \cdot 10^{-12}\ F$$

Da sich $C_{meß}$ nicht verändert hat, gilt jetzt für die Gesamtkapazität $C_{ges,neu}$ der Anordnung:
$C_{ges,neu} = C_{meß} + C_{K,neu} = 1{,}0 \cdot 10^{-11}\ F + 9{,}0 \cdot 10^{-12}\ F = 1{,}9 \cdot 10^{-11}\ F$.

Da der Gesamtladungsbetrag unverändert $Q_K$ ist, gilt für die gesuchte Spannung U:
FS. S. 40 / 2.6.1:

$$U = \frac{Q_K}{C_{ges,neu}} = \frac{2{,}2 \cdot 10^{-9}\ C}{1{,}9 \cdot 10^{-11}\ F} = 1{,}2 \cdot 10^2\ V$$

## 14. Coulomb-Gesetz

**a)** Zwei punktförmige elektrische Ladungen $Q_1$ und $Q_2$ üben Kräfte aufeinander aus, die in Richtung ihrer Verbindungslinie wirken. Gleichartige Ladungen stoßen sich ab, ungleichartige Ladungen ziehen sich an. Haben die beiden Ladungen den Abstand r, so gilt im Vakuum für den Betrag F dieser Kraft:

$$F = \frac{1}{4 \cdot \pi \cdot \varepsilon_0} \cdot \frac{Q_1 \cdot Q_2}{r^2}; \ \varepsilon_0 = 8{,}85 \cdot 10^{-12} \frac{C}{V \cdot m}$$

Das Coulomb-Gesetz hat den selben formalen Aufbau wie das aus der Mechanik bekannte Newtonsche Gravitationsgesetz:
Zwei Massenpunkte $m_1$ und $m_2$ üben anziehende Kräfte aufeinander aus, die in Richtung ihrer Verbindungslinie wirken. Haben sie den Abstand r, so gilt für den Betrag F dieser Kraft:

$$F = G \cdot \frac{m_1 \cdot m_2}{r^2}; \ G = 6{,}67 \cdot 10^{-11} \frac{m^3}{kg \cdot s^2}$$

**b)** $$F_{coulomb} = \frac{1}{4 \cdot \pi \cdot \varepsilon_0} \cdot \frac{e \cdot e}{r^2} =$$

$$= \frac{1}{4 \cdot \pi \cdot 8{,}85 \cdot 10^{-12} \frac{C}{V \cdot m}} \cdot \frac{(1{,}6 \cdot 10^{-19} C)^2}{(5{,}3 \cdot 10^{-11} m)^2} = 8{,}2 \cdot 10^{-8} N$$

**c)** $$F_{grav} = G \cdot \frac{m_{Proton} \cdot m_{Elektron}}{r^2} =$$

$$= 6{,}67 \cdot 10^{-11} \frac{m^3}{kg \cdot s^2} \cdot \frac{1{,}67 \cdot 10^{-27} kg \cdot 9{,}1 \cdot 10^{-31} kg}{(5{,}3 \cdot 10^{-11} m)^2} =$$

$$= 3{,}6 \cdot 10^{-47} N$$

**d)** $$\frac{F_{coulomb}}{F_{grav}} = \frac{8{,}2 \cdot 10^{-8} N}{3{,}6 \cdot 10^{-47} N} = 2{,}3 \cdot 10^{39}$$

Die elektrische Kraft ist also um 39 Zehnerpotenzen (!!!) stärker als die Gravitationskraft, die im System Proton – Elektron auftritt.
Folgerung: Bei allen Aufgaben, in denen atomare Teilchen (Protonen, Elektronen, Ionen, ...) als Ladungsträger fungieren, bleiben Gravitationskräfte gegenüber elektrischen Kräften unberücksichtigt.

Hinweise:

1. Das Elektron besitzt im Wasserstoffatom vom Proton den in der Aufgabe verwendeten Abstand $r = 5{,}3 \cdot 10^{-11}$ m.

2. Die Zahlenwerte für die Protonen- und Elektronenmasse finden Sie in Tabelle T18 der Formelsammlung.
3. Die Formel fürs Coulomb-Gesetz finden Sie in der Formelsammlung auf S. 40 / 2.5.1, die fürs Gravitationsgesetz auf S. 16 / 7.1.

## 15. Anwendung des Coulomb-Gesetzes auf einfaches Ladungssystem

**a)** FS. S. 40 / 2.5.1:

$$F_1 = \frac{1}{4 \cdot \pi \cdot \varepsilon_0} \cdot \frac{Q_R \cdot Q_P}{\overline{RP}^2} = \frac{4 \cdot 10^{-9}\,\text{C} \cdot 6 \cdot 10^{-9}\,\text{C}}{4 \cdot \pi \cdot 8{,}85 \cdot 10^{-12}\frac{\text{C}}{\text{V} \cdot \text{m}} \cdot (5 \cdot 10^{-2}\,\text{m})^2} =$$

$$= 8{,}6 \cdot 10^{-5}\,\text{N}$$

$$F_2 = \frac{1}{4 \cdot \pi \cdot \varepsilon_0} \cdot \frac{Q_S \cdot Q_P}{\overline{SP}^2} = \frac{2 \cdot 10^{-9}\,\text{C} \cdot 6 \cdot 10^{-9}\,\text{C}}{4 \cdot \pi \cdot 8{,}85 \cdot 10^{-12}\frac{\text{C}}{\text{V} \cdot \text{m}} \cdot (2{,}5 \cdot 10^{-2}\,\text{m})^2} =$$

$$= 1{,}7 \cdot 10^{-4}\,\text{N}$$

**b)** $F_1 = 8{,}6 \cdot 10^{-5}\,\text{N} \mathrel{\hat{=}} 2{,}2\,\text{cm}$; $F_2 = 1{,}7 \cdot 10^{-4}\,\text{N} \mathrel{\hat{=}} 4{,}3\,\text{cm}$

Maßentnahme aus der Skizze:

$F_{ges} \mathrel{\hat{=}} 5{,}2\,\text{cm} \mathrel{\hat{=}} 4 \cdot 10^{-5} \cdot 5{,}2\,\text{N} \Rightarrow F_{ges} = 2{,}1 \cdot 10^{-4}\,\text{N}$

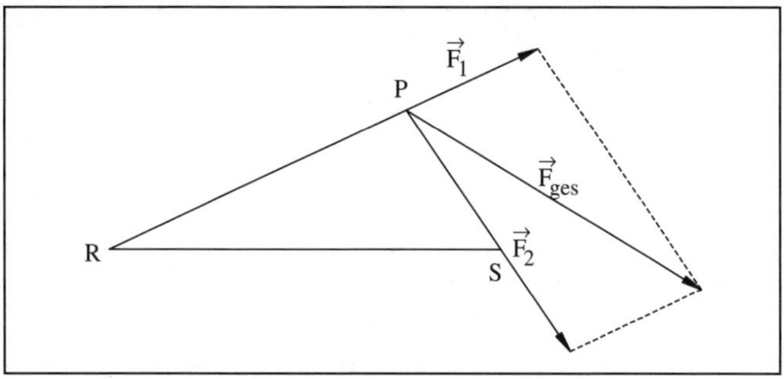


## 16. Radialsymmetrisches Feld

**a)** Auf eine Probeladung q im Abstand r von Q wirkt nach dem Coulomb-Gesetz eine Kraft vom Betrag F:

$$F = \frac{1}{4 \cdot \pi \cdot \varepsilon_0} \cdot \frac{Q \cdot q}{r^2} \xRightarrow{\text{FS. S. 38/2.1.1}} E(r) = \frac{F}{q} = \frac{1}{4 \cdot \pi \cdot \varepsilon_0} \cdot \frac{Q}{r^2}$$

**b)** Allgemein gilt aufgrund des Ergebnisses von a:

$$\frac{E(r_1)}{E(r_2)} = \frac{\frac{1}{4\cdot\pi\cdot\varepsilon_0}\frac{Q}{r_1^2}}{\frac{1}{4\cdot\pi\cdot\varepsilon_0}\frac{Q}{r_2^2}} = \frac{r_2^2}{r_1^2}$$

$$\Rightarrow \frac{E(2\text{ cm})}{E(1\text{ cm})} = \frac{(1\text{ cm})^2}{(2\text{ cm})^2} = \frac{1}{4}$$

$$\Rightarrow E(2\text{ cm}) = \frac{1}{4}E(1\text{ cm}) = \frac{1}{4}\cdot 4\cdot 10^5\,\frac{\text{V}}{\text{m}} = 10^5\,\frac{\text{V}}{\text{m}}$$

$$\Rightarrow \frac{E(3{,}5\text{ cm})}{E(1\text{ cm})} = \frac{(1\text{ cm})^2}{(3{,}5\text{ cm})^2} = 0{,}08$$

$$\Rightarrow E(3{,}5\text{ cm}) = 0{,}08\cdot E(1\text{ cm}) = 0{,}08\cdot 4\cdot 10^5\,\frac{\text{V}}{\text{m}} = 0{,}3\cdot 10^5\,\frac{\text{V}}{\text{m}}$$

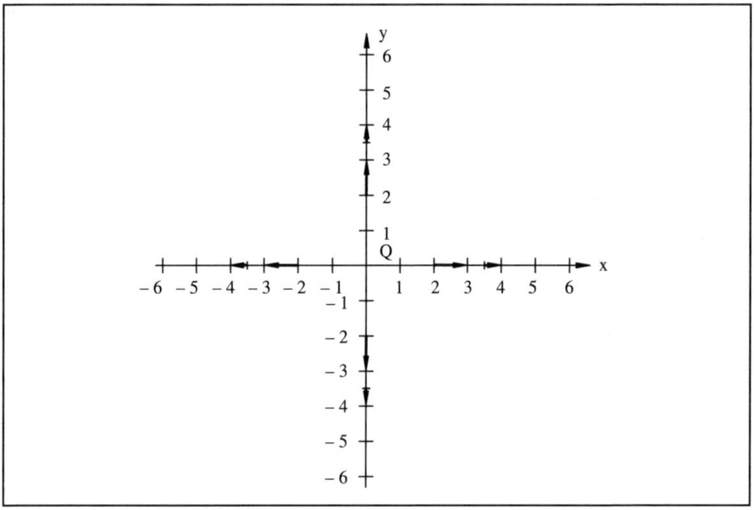


## 17. Arbeit im radialsymmetrischen Feld

**a)** Auf dem geraden Wegstück von $P_1$ nach $P_3$ ist $\vec{F}$ zwar parallel zu $\vec{s}$, dennoch darf die Beziehung $W = F\cdot s$ nicht angewendet werden, weil $|\vec{F}|$ längs $\vec{s}$ nicht konstant bleibt. $|\vec{F}|$ nimmt mit wachsender Entfernung von $P_1$ ab! Man muß W mittels der Integralrechnung bestimmen (vgl. FS: S. 14 / 5.1):

$$W = \int_{r_1}^{r_3} F(r)dr = \int_{r_1}^{r_2} F(r)dr = \int_{r_1}^{r_2} q \cdot E(r)dr =$$

$$= \int_{r_1}^{r_2} q \cdot \frac{Q}{4 \cdot \pi \cdot \varepsilon_0} \frac{dr}{r^2} = \frac{q \cdot Q}{4 \cdot \pi \cdot \varepsilon_0} \int_{r_1}^{r_2} \frac{dr}{r^2} =$$

$$= \frac{q \cdot Q}{4 \cdot \pi \cdot \varepsilon_0} \left[-\frac{1}{r}\right]_{r_1}^{r_2} = \frac{q \cdot Q}{4 \cdot \pi \cdot \varepsilon_0} \left(\frac{1}{r_1} - \frac{1}{r_2}\right)$$

Beim weiteren Transport auf dem Kreisbogenstück von $P_3$ nach $P_2$ verrichtet $\vec{F}$ keine Arbeit, da $\vec{F}$ in jedem Punkt dieses Wegstücks stets senkrecht auf $\vec{s}$ steht (vgl. Hinweis zu Aufgabe 6).

Die Gesamtarbeit, die das Feld bei der Ladungsverschiebung von $P_1$ nach $P_2$ also verrichtet, ist:

$$W_{12} = \frac{q \cdot Q}{4 \cdot \pi \cdot \varepsilon_0} \left(\frac{1}{r_1} - \frac{1}{r_2}\right)$$

**b)** Da Verschiebungsarbeiten in allen elektrischen Feldern wegunabhängig sind, gilt: FS. S. 38 / 2.1.4:

$$U_{12} = \frac{W_{12}}{q} = \frac{Q}{4 \cdot \pi \cdot \varepsilon_0} \left(\frac{1}{r_1} - \frac{1}{r_2}\right)$$

**c)**

$$U_{12\,cm \to 11\,cm} = \frac{4 \cdot 10^{-8}\,C}{4 \cdot \pi \cdot 8{,}85 \cdot 10^{-12} \frac{C}{V \cdot m}} \left(\frac{1}{0{,}12\,m} - \frac{1}{0{,}11\,m}\right) = -272\,V$$

$$U_{6\,cm \to 5\,cm} = \frac{4 \cdot 10^{-8}\,C}{4 \cdot \pi \cdot 8{,}85 \cdot 10^{-12} \frac{C}{V \cdot m}} \left(\frac{1}{0{,}06\,m} - \frac{1}{0{,}05\,m}\right) = -1200\,V$$

Die von den Feldkräften verrichteten Verschiebungsarbeiten betragen demnach:

$$W_{12\,cm \to 11\,cm} = q \cdot U_{12\,cm \to 11\,cm} =$$
$$= 4 \cdot 10^{-10}\,C\,(-272\,V) = -1{,}1 \cdot 10^{-7}\,J$$
$$W_{6\,cm \to 5\,cm} = q \cdot U_{6\,cm \to 5\,cm} =$$
$$= 4 \cdot 10^{-10}\,C\,(-1200\,V) = -4{,}8 \cdot 10^{-7}\,J$$

Die von außen verrichteten Transportarbeiten erhält man, wenn man bei diesen Arbeiten das Minus- jeweils durch ein Pluszeichen ersetzt!

Die trotz gleicher Transportstrecken unterschiedlich großen Arbeiten rühren daher, daß die Feldkräfte nicht wie beim homogenen Feld überall im Feld gleichen Betrag haben, sondern mit wachsender Entfernung von Q abnehmen!

Hinweis:
Die hier angestellten Überlegungen und durchgeführten Rechnungen begegnen Ihnen bei einigen Aufgaben in der Atom- und Kernphysik wieder.

## 18. Die Elementarladung und Faradays Gesetze der Elektrolyse

**a)** Die beiden Faradayschen Gesetze der Elektrolyse geben den Zusammenhang zwischen der transportierten Ladung und der Menge der Zersetzungsprodukte an:

1. Faradaysches Gesetz: Die bei der Elektrolyse abgeschiedene Masse m ist zur transportierten Ladung Q proportional: $m \sim Q$

2. Faradaysches Gesetz: Bei der Abscheidung von 1 kmol eines z-wertigen Stoffes wird an einer Elektrode die Ladung $Q = z \cdot 9{,}6485 \cdot 10^7$ C abgegeben oder aufgenommen.

**b)** Ladungsquantelung bedeutet, daß jede in der Natur vorkommende elektrische Ladung stets ein ganzzahliges Vielfaches einer kleinsten Ladung ist. Diese kleinste Ladung heißt Elementarladung und wird mit e bezeichnet.

**c)** Da 1 kmol eines Stoffes $6{,}0220 \cdot 10^{26}$ Teilchen enthält, hat diese Anzahl von Teilchen für ihre elektrolytische Abscheidung nach dem 2. Faradayschen Gesetz die Ladung $Q = z \cdot 9{,}6485 \cdot 10^7$ C transportiert. Nach dem 1. Faradayschen Gesetz scheint aber die bei der Elektrolyse transportierte Ladung gleichmäßig auf die Teilchen verteilt zu sein.
Ein z-wertiges Ion müßte demnach die Ladung

$$\frac{z \cdot 9{,}6485 \cdot 10^7\ \mathrm{C}}{6{,}0220 \cdot 10^{26}} = z \cdot 1{,}6022 \cdot 10^{-19}\ \mathrm{C}$$

tragen.
Die Elementarladung hätte demnach den Betrag $e = 1{,}6022 \cdot 10^{-19}$ C.

**d)** Da man es bei der Elektrolyse stets mit sehr großen Teilchenzahlen zu tun hat, könnte es sich bei der Ladung von $1{,}6 \cdot 10^{-19}$ C eines einwertigen Ions um einen mit vielen Teilchen gebildeten Mittelwert handeln!

Hinweis:
Die Zahlenwerte $N_A = 6{,}0220 \cdot 10^{26} \frac{1}{\text{kmol}}$, $F = 9{,}6485 \cdot 10^7$ C müssen Sie sich nicht merken. Sie finden sie in Tabelle 18 der Formelsammlung.

## 19. Zum Aufbau des Millikanschen Öltröpfchen-Versuchs

**a)** Ein Plattenkondensator mit horizontalen Platten (Plattenabstand wenige mm) ist mit einer regulierbaren Gleichspannungsquelle (mit Polwender) verbunden.

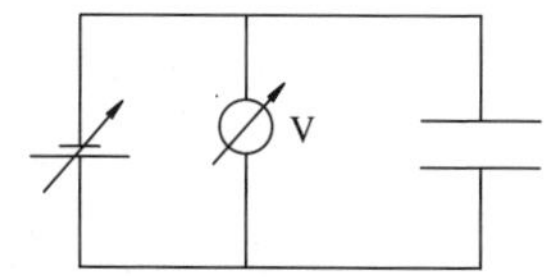


Die Öltröpfchen werden mit einem Zerstäuber in einen Aufsatz über der oberen Kondensatorplatte geblasen. Sie sind durch den Zerstäubungsvorgang bereits teilweise geladen, können aber auch durch die Strahlung eines radioaktiven Präparats, das sich im Deckel des Aufsatzes befindet, geladen werden. In der oberen Kondensatorplatte befindet sich ein Loch, durch das die Öltröpfchen dann in den Plattenzwischenraum gelangen können. Diese Öffnung ist so dimensioniert, daß ein Öltröpfchen zwischen den Platten nur noch eine vertikale Geschwindigkeit besitzt.

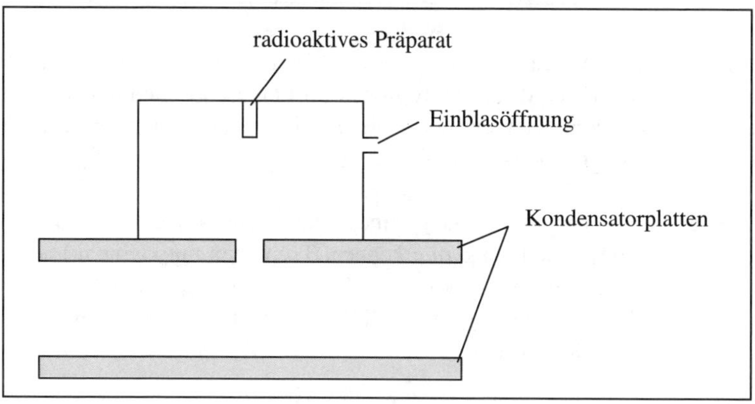

Die Öltröpfchen sind so klein, daß sie nur mit Hilfe eines Mikroskops beobachtet werden können. Man bringt hierfür auf der Rückseite des Kondensators senkrecht eine dunkle Blende an und beleuchtet durch einen schmalen Schlitz in der Blende seitlich den Plattenzwischenraum. Das von den Öltröpfchen gestreute Licht macht sie dann im Mikroskop als helle Scheibchen vor einem dunklen Hintergrund sichtbar (Dunkelfeldmethode!)

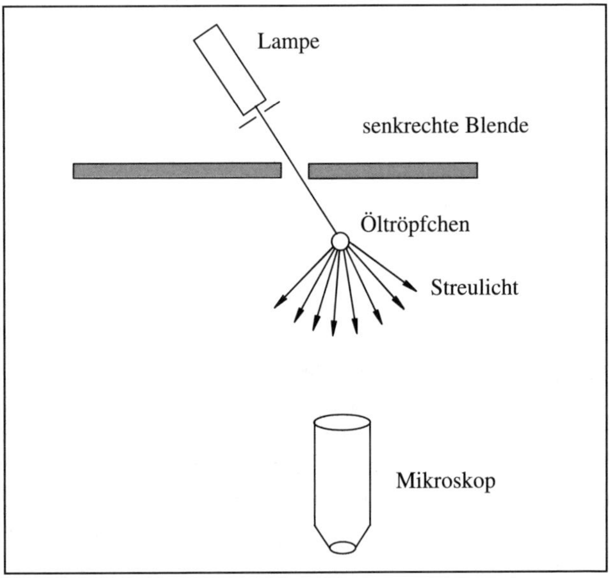


**b)** Da man Gegenstände in einem Mikroskop auf dem Kopf stehen sieht, bewegt sich dieses Öltröpfchen im Plattenzwischenraum nach oben. Da die obere Kondensatorplatte positiv geladen ist, trägt das Tröpfchen selbst eine negative Ladung.

**c)** Je kleiner die Ladung eines Öltröpfchens ist, desto besser ist die Ladungsquantelung zu erkennen. Tröpfchen mit kleinem Ladungsbetrag erfahren aber im elektrischen Feld nur kleine elektrische Kräfte. Solche Tröpfchen steigen und fallen im Plattenzwischenraum mit kleinen Geschwindigkeiten.

## 20. Theorie des Schwebefalls

**a)** Ein Öltröpfchen schwebt dann, wenn seine nach unten wirkende Gewichtskraft durch eine betragsgleiche elektrische Kraft nach oben kompensiert wird.

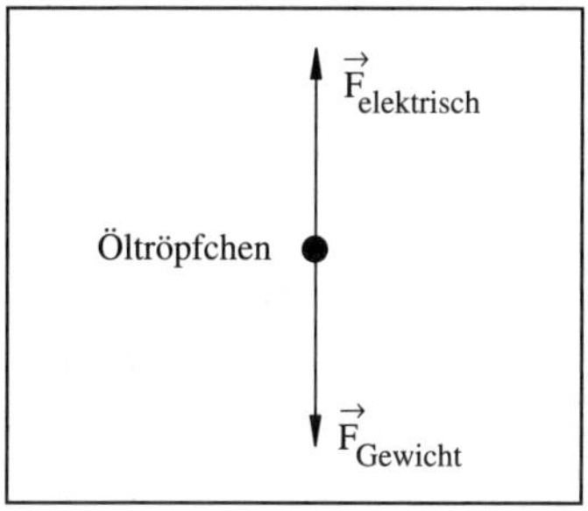


Kräftebilanz: $F_{elektrisch} = F_{Gewicht}$

$$\left.\begin{array}{r} Q\cdot E = m\cdot g \\ E = \frac{U}{d}; m = \rho\cdot V \end{array}\right\} \Rightarrow Q\cdot\frac{U}{d} = \rho\cdot V\cdot g$$

Da die Öltröpfchen Kugeln vom Radius r sind, gilt: $V = \frac{4}{3}\cdot r^3\cdot\pi$ $\Rightarrow$

$$\Rightarrow Q\cdot\frac{U}{d} = \rho\cdot\frac{4}{3}\cdot r^3\cdot\pi\cdot g \Rightarrow Q = \frac{4\cdot\pi\cdot r^3\cdot\rho\cdot g\cdot d}{3\cdot U}$$

**b)** Im **feldfreien** Plattenzwischenraum fällt ein Öltröpfchen mit konstanter Geschwindigkeit $\vec{v}$. Nach einer kurzen Beschleunigungsphase ist nämlich die nach oben gerichtete, geschwindigkeitsabhängige Reibungskraft $\vec{F}_R$ betragsmäßig gleich der nach unten gerichteten Gewichtskraft $\vec{F}_G$ des Tröpfchens.

$$F_R = F_G$$

$$6\cdot\pi\cdot\eta\cdot r\cdot v = m\cdot g = \rho\cdot V\cdot g = \rho\cdot\frac{4}{3}\cdot r^3\cdot\pi\cdot g$$

$$3\cdot\eta\cdot v = \rho\cdot\frac{2}{3}\cdot r^2\cdot g$$

$$\Rightarrow r = \sqrt{\frac{9\cdot\eta\cdot v}{2\cdot\rho\cdot g}}$$

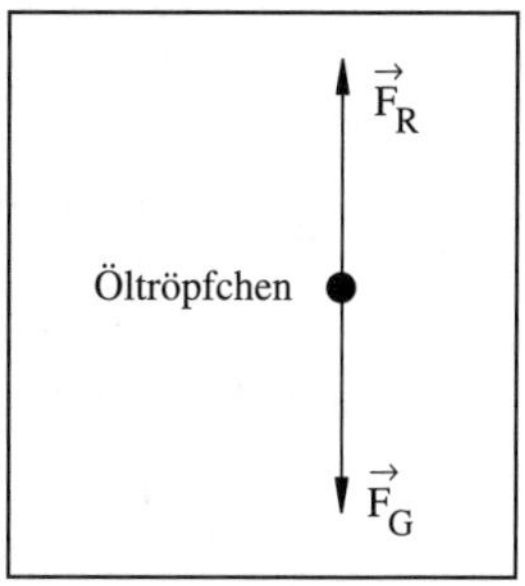


$\eta$, die Viskosität von Luft, $\vec{v}$, die konstante Sinkgeschwindigkeit des Tröpfchens, $\rho$, die Dichte des Öls und g, die Fallbeschleunigung, sind sämtlich der Messung zugängliche Größen.

**c)** Aufgrund der Brownschen Molekularbewegung führt das Öltröpfchen im Plattenzwischenraum eine Zitterbewegung aus, die es nicht gestattet, den Spannungswert U mit hinreichender Genauigkeit festzustellen, bei dem das Tröpfchen schwebt.

**d)** Millikan ließ ein geladenes Öltröpfchen im Plattenzwischenraum bei eingeschaltetem elektrischem Feld zunächst sinken und nach Umkehr der Plattenpolung im entgegengesetzt gerichteten betragsgleichen Feld nach oben steigen und maß die zugehörigen konstanten Geschwindigkeiten $\vec{v}_{sink}$ und $\vec{v}_{steig}$. Hieraus konnte er die Tröpfchenladung ermitteln.

Hinweis:
Die Formel für das Stokessche Gesetz $F_R = 6 \cdot \pi \cdot \eta \cdot r \cdot v$ finden Sie in der Formelsammlung auf Seite 29 / 11.6. Sie brauchen diese Formel im weiteren Verlauf des Grundkurses an keiner Stelle mehr. Ein Auswendiglernen ist also nicht erforderlich! Es ist auch nicht nötig, sich mit dem Begriff Viskosität ($\eta$) näher vertraut zu machen!

## 21. Rechenaufgabe zum Millikan-Versuch

**a)**

$$F_R = F_G$$

$$\left.\begin{array}{l} 6 \cdot \pi \cdot \eta \cdot r \cdot v = m \cdot g \Rightarrow (6 \cdot \pi \cdot \eta \cdot v)^3 \cdot r^3 = m^3 \cdot g^3 \\ m = \rho \cdot V = \rho \cdot \frac{4}{3} \cdot r^3 \cdot \pi \Rightarrow r^3 = \frac{3 \cdot m}{4 \cdot \rho \cdot \pi} \end{array}\right\} \Rightarrow$$

$$\Rightarrow \frac{(6 \cdot \pi \cdot \eta \cdot v)^3 \cdot 3 \cdot m}{4 \cdot \rho \cdot \pi} = m^3 \cdot g^3$$

$$\Rightarrow m^2 = \frac{(6 \cdot \pi \cdot \eta \cdot v)^3 \cdot 3}{4 \cdot \rho \cdot \pi \cdot g^3} = \frac{162 \cdot \pi^2 \cdot \eta^3 \cdot v^3}{\rho \cdot g^3}$$

$$\Rightarrow m = \sqrt{\frac{162 \cdot \pi^2 \cdot \eta^3 \cdot v^3}{\rho \cdot g^3}} = \sqrt{\frac{162 \cdot \pi^2}{\rho} \cdot \left(\frac{\eta \cdot v}{g}\right)^3} =$$

$$= \sqrt{\frac{162 \cdot \pi^2}{881 \frac{kg}{m^3}} \cdot \left(\frac{1{,}855 \cdot 10^{-5} \frac{N \cdot s}{m^2} \cdot \frac{4{,}2 \cdot 10^{-3}}{60} \frac{m}{s}}{9{,}81 \frac{m}{s^2}}\right)^3} = 2{,}1 \cdot 10^{-15}\ kg$$

**b)** $F_{elektrisch} = F_G$

$$q \cdot E = m \cdot g$$

$$q \cdot \frac{U}{d} = m \cdot g$$

$$\Rightarrow U = \frac{m \cdot g \cdot d}{q} = \frac{m \cdot g \cdot d}{3 \cdot e} = \frac{2{,}1 \cdot 10^{-15}\ \text{kg} \cdot 9{,}81\,\frac{\text{m}}{\text{s}^2} \cdot 2{,}5 \cdot 10^{-3}\ \text{m}}{3 \cdot 1{,}6 \cdot 10^{-19}\ \text{C}} = 107{,}3\ \text{V}$$

**22. "Freier Fall"**

**a)** Das Elektron ist ein Körper der Masse m, der nur unter dem Einfluß einer konstanten elektrischen Kraft aus der Ruhe heraus eine konstante Beschleunigung parallel zu den Feldlinien des homogenen elektrischen Feldes erfährt. Beim freien Fall erfährt ein Körper nur unter dem Einfluß der konstanten Schwerkraft aus der Ruhe heraus eine konstante Beschleunigung parallel zu den Feldlinien des an der Oberfläche praktisch homogenen Schwerefeldes der Erde.

**b)** $F_{Beschl} = F_{elektrisch}$

$$m \cdot a = e \cdot E = e \cdot \frac{U}{d}$$

$$\Rightarrow a = \frac{e}{m} \cdot \frac{U}{d} = 1{,}76 \cdot 10^{11}\ \frac{\text{C}}{\text{kg}} \cdot \frac{1{,}5 \cdot 10^{3}\ \text{V}}{6 \cdot 10^{-2}\ \text{m}} = 4{,}4 \cdot 10^{15}\ \frac{\text{m}}{\text{s}^2}$$

**c)** $x = \frac{1}{2} \cdot a \cdot t^2 \Rightarrow t = \sqrt{\frac{2 \cdot x}{a}} = \sqrt{\frac{2 \cdot 4 \cdot 10^{-2}\ \text{m}}{4{,}4 \cdot 10^{15}\ \frac{\text{m}}{\text{s}^2}}} = 4{,}3 \cdot 10^{-9}\ \text{s}$

**d)** $v = a \cdot t \Rightarrow t = \frac{v}{a} = \frac{2{,}0 \cdot 10^{7}\ \frac{\text{m}}{\text{s}}}{4{,}4 \cdot 10^{15}\ \frac{\text{m}}{\text{s}^2}} = 4{,}5 \cdot 10^{-9}\ \text{s}$

In dieser Zeit legt das Elektron den Weg

$$x = \frac{1}{2} \cdot a \cdot t^2 = \frac{1}{2} \cdot 4{,}4 \cdot 10^{15}\ \frac{\text{m}}{\text{s}^2} \cdot (4{,}5 \cdot 10^{-9}\ \text{s})^2 = 4{,}5 \cdot 10^{-2}\ \text{m}$$

zurück. Der Plattenabstand von 6 cm reicht also aus!

**e)** $v^2 = 2 \cdot a \cdot x \Rightarrow v = \sqrt{2 \cdot a \cdot x} = \sqrt{2 \cdot 4{,}4 \cdot 10^{15}\ \frac{\text{m}}{\text{s}^2} \cdot 2{,}8 \cdot 10^{-2}\ \text{m}} = 1{,}6 \cdot 10^{7}\ \frac{\text{m}}{\text{s}}$

Hinweis:

Alle für diese Aufgabe benötigten Formeln finden Sie in Ihrer Formelsammlung unter 2.1.2 auf S. 9, die numerischen Daten fürs Elektron in Tabelle T18 auf Seite 85!

## 23. Anwendung des Energiesatzes beim "Freien Fall"

**a)** Beim Durchlaufen der Spannung U verrichtet das elektrische Feld am Elektron die Beschleunigungsarbeit $W = e \cdot U$ (vgl. Hinweis 5 zu Aufgabe 5). Sie ist gleich der kinetischen Energie, die das Elektron am Ende der Beschleunigungsstrecke besitzt. Es gilt also:

$$E_{kin} = E_{pot,\,elektr.}$$

$$\frac{1}{2} \cdot m \cdot v^2 = e \cdot U \Rightarrow v^2 = 2 \cdot \frac{e}{m} \cdot U \Rightarrow v = \sqrt{2 \cdot \frac{e}{m} \cdot U}$$

**b)** $E_{kin} = E_{pot}$

$$\frac{1}{2} \cdot m \cdot v^2 = m \cdot g \cdot h \Rightarrow v^2 = 2 \cdot g \cdot h \Rightarrow v = \sqrt{2 \cdot g \cdot h}$$

**c)** $E_{kin} = E_{pot,\,elektr.}$

$$\frac{1}{2} \cdot m \cdot v^2 = e \cdot U \Rightarrow U = \frac{1}{2} \cdot \frac{m}{e} \cdot v^2 = \frac{1}{2} \cdot \frac{9{,}1 \cdot 10^{-31}\ \text{kg}}{1{,}6 \cdot 10^{-19}\ \text{C}} \cdot \left(3 \cdot 10^7\ \frac{\text{m}}{\text{s}}\right)^2 = 2{,}6\ \text{kV}$$

**d)** Proton: $\frac{1}{2} \cdot m_p \cdot v_p^2 = e \cdot U_p \quad (1)$

Elektron: $\frac{1}{2} \cdot m_e \cdot v_e^2 = e \cdot U_e \quad (2)$

$$\left.\begin{matrix} (1) \\ (2) \end{matrix}\right\} \xRightarrow[v_p = v_e]{(1):(2)} \frac{m_p}{m_e} = \frac{U_p}{U_e}$$

Die Beschleunigungsspannungen verhalten sich also wie die Massen der beschleunigten Teilchen. Setzt man die Zahlenwerte ein, so ergibt sich

$$U_p : U_e = 1836 : 1$$

Hinweis:
Die in a hergeleitete Beziehung finden Sie in der Formelsammlung auf Seite 53 / 1.3.2.

## 24. Elektronenvolt

**a)** Wird ein Teilchen mit der Ladung e in einem elektrischen Feld zwischen zwei Punkten verschoben, zwischen denen die Spannung $U = 1\ \text{V}$ besteht, so ändert sich seine Energie um den Betrag

$$e \cdot U = 1{,}6 \cdot 10^{-19}\ \text{C} \cdot 1\ \text{V} = 1{,}6 \cdot 10^{-19}\ \text{J}.$$

Dieser Energiebetrag wird als 1 Elektronenvolt (1 eV) bezeichnet.

Insbesonders ist 1 eV der Zuwachs an kinetischer Energie, den ein Teilchen, das die Ladung 1 e trägt, beim Durchlaufen der Spannung 1 V erhält.

**b)** Nach der Definition sind beim Elektron und beim Proton, die jeweils eine Elementarladung tragen, U = 4 kV nötig, beim Alphateilchen dagegen U = 2 kV, da es zwei Elementarladungen trägt.

**c)** eV in Joule: eV-Wert mit $1{,}6 \cdot 10^{-19}$ multiplizieren ergibt J-Wert

Joule in eV: J-Wert durch $1{,}6 \cdot 10^{-19}$ dividieren ergibt eV-Wert

$$3{,}7\ \text{eV} = 3{,}7 \cdot 1{,}6 \cdot 10^{-19}\ \text{J} = 5{,}9 \cdot 10^{-19}\ \text{J}$$

$$3{,}7\ \text{J} = \frac{3{,}7}{1{,}6 \cdot 10^{-19}}\ \text{eV} = 2{,}3 \cdot 10^{19}\ \text{eV}$$

**d)** Neben der bequemen Berechnung von Beschleunigungsspannungen, wie in b, gestattet es die Energieeinheit eV, die in der Atom- und Kernphysik üblicherweise auftretenden Energien überschaubar darzustellen.

## 25. Überlegungsaufgabe zum "Freien Fall"

*Rechnerische Begründung:*

Gravitationsfeld: $F_{\text{Beschl}} = F_{\text{Gravitation}}$

$$m \cdot a = G \cdot \frac{m \cdot M}{R^2} \Rightarrow a = \frac{G \cdot M}{R^2}$$

Die Beschleunigung $\vec{a}$, die ein Körper der Masse m im oberflächennahen Gravitationsfeld der Erde erfährt, hängt also nicht von seiner Masse, sondern nur von der Gravitationskonstanten G, der Erdmasse M und dem Erdradius R ab. Sie ist demnach für alle Körper gleich.

Elektrisches Feld: $F_{\text{Beschl}} = F_{\text{elektrisch}}$

$$m \cdot a = q \cdot E \Rightarrow a = \frac{q}{m} \cdot E$$

Die Beschleunigung $\vec{a}$, die ein Teilchen der Masse m mit der Ladung q im homogenen elektrischen Feld erfährt, hängt also nicht nur von der elektrischen Feldstärke $\vec{E}$, sondern auch von den Teilchengrößen m und q ab. Sie ist daher nicht für alle Teilchen gleich!

*Physikalische Argumentation:*

Im Gravitationsfeld ist die Gewichtskraft des Körpers die beschleunigende Kraft. Diese ist um so größer, je größer die Masse m des Körpers ist. Da aber eine größere Masse eine größere Kraft benötigt, um auf eine bestimmte Geschwindigkeit beschleunigt zu werden, ist es plausibel, daß die Beschleunigung eines Körpers im Gravitationsfeld masseunabhängig ist.

Im elektrischen Feld wird die Größe der beschleunigenden Kraft durch die Ladung q des Teilchens, nicht aber durch seine Masse m bestimmt. Da aber eine größere Masse eine größere Kraft benötigt, um auf eine bestimmte Geschwindigkeit beschleunigt zu werden, erfährt von zwei Teilchen gleicher Ladung, aber unterschiedlicher Masse, das masseärmere im elektrischen Feld die größere Beschleunigung.

## 26. "Senkrechter Wurf nach oben und unten" mit allgemeinen Größen

**a)** Beim senkrechten Wurf nach oben (nach unten) erfährt ein Körper der Masse m nur durch die konstante Schwerkraft der Erde eine konstante Beschleunigung parallel zu den Feldlinien des an der Erdoberfläche praktisch homogenen Schwerefeldes der Erde entgegen der Richtung (in Richtung) seiner Anfangsgeschwindigkeit $\vec{v}_0$.
Das Elektron ist ein Körper der Masse m, der nur unter dem Einfluß einer konstanten elektrischen Kraft eine konstante Beschleunigung parallel zu den Feldlinien des homogenen elektrischen Feldes im Fall I entgegengesetzt (im Fall II in Richtung) seiner Anfangsgeschwindigkeit $\vec{v}_0$ erfährt.

Fall I: Elektron wird abgebremst

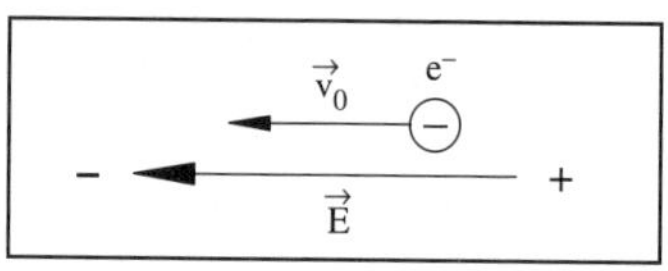


Fall II: Elektron wird beschleunigt

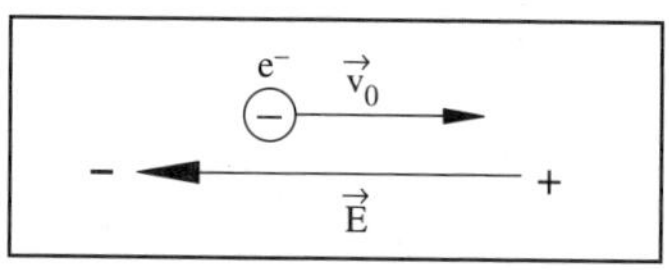


Fall I entspricht also dem senkrechten Wurf nach oben, Fall II dem senkrechten Wurf nach unten!

**b)** Für den Betrag a der Beschleunigung ergibt sich für beidc Fälle wie in Aufgabe 22b: $a = \frac{e}{m} \cdot E$. Nach den Bewegungsgleichungen der Mechanik (siehe FS. S. 9 / 2.1.2) gilt dann:

Fall I (senkrechter Wurf nach oben): $v(t) = v_0 - \frac{e}{m} \cdot E \cdot t$

$$x(t) = v_0 \cdot t - \frac{1}{2} \cdot \frac{e}{m} \cdot E \cdot t^2$$

Fall II (senkrechter Wurf nach unten): $v(t) = v_0 + \frac{e}{m} \cdot E \cdot t$

$$x(t) = v_0 \cdot t + \frac{1}{2} \cdot \frac{e}{m} \cdot E \cdot t^2$$

**c)** Im Fall I (Fall II) nimmt die kinetische Energie des Elektrons um $e \cdot U$ ab (zu). (Vgl. Hinweis 5 zu Aufgabe 5). Bezeichnet v jeweils den Betrag der Endgeschwindigkeit, so gilt nach dem Energiesatz:

Fall I: $\frac{1}{2} \cdot m \cdot v_0 - \frac{1}{2} \cdot m \cdot v^2 = e \cdot U \Rightarrow \frac{1}{2} \cdot m \cdot v^2 = \frac{1}{2} \cdot m \cdot {v_0}^2 - e \cdot U \Rightarrow$

$\Rightarrow$ $v = \sqrt{{v_0}^2 - 2 \cdot \frac{e}{m} \cdot U}$

Fall II: $\frac{1}{2} \cdot m \cdot v^2 - \frac{1}{2} \cdot m \cdot {v_0}^2 = e \cdot U \Rightarrow \frac{1}{2} \cdot m \cdot v^2 = \frac{1}{2} \cdot m \cdot {v_0}^2 + e \cdot U \Rightarrow$

$\Rightarrow$ $v = \sqrt{{v_0}^2 + 2 \cdot \frac{e}{m} \cdot U}$

## 27. Rechenaufgabe zu einer Kombination von senkrechtem Wurf nach oben und unten

**a)** Das Elektron wird von $P_1$ nach $P_2$ beschleunigt. Es liegt also der senkrechte Wurf nach unten vor:

Energiesatz: $\frac{1}{2} \cdot m \cdot v_2^2 - \frac{1}{2} \cdot m \cdot v_1^2 = e \cdot U \Rightarrow v_2 = \sqrt{v_1^2 + 2 \cdot \frac{e}{m} \cdot U} =$

$$= \sqrt{(8{,}0 \cdot 10^6\ \tfrac{m}{s})^2 + 2 \cdot 1{,}76 \cdot 10^{11}\ \tfrac{C}{kg} \cdot 500\ V} = 1{,}5 \cdot 10^7\ \tfrac{m}{s}$$

**b)**

$$\left.\begin{array}{l} v_2 = v_1 + a \cdot t \Rightarrow t = \frac{v_2 - v_1}{a} \\ m \cdot a = e \cdot \frac{U}{d_1} \Rightarrow a = \frac{e}{m} \cdot \frac{U}{d_1} \end{array}\right\} \Rightarrow t = \frac{(v_2 - v_1) \cdot d_1}{\frac{e}{m} \cdot U} \Rightarrow$$

$$\Rightarrow t = \frac{(1{,}5 \cdot 10^7\ \frac{m}{s} - 8{,}0 \cdot 10^6\ \frac{m}{s}) \cdot 2{,}5 \cdot 10^{-2}\ m}{1{,}76 \cdot 10^{11}\ \frac{C}{kg} \cdot 500\ V} = 2{,}0 \cdot 10^{-9}\ s$$

**c)** Von $P_2$ nach $P_3$ wird das Elektron abgebremst. Da der Betrag der Spannung zwischen $P_2$ und $P_3$ genau so groß ist wie zwischen $P_1$ und $P_2$, verliert das Elektron von $P_2$ nach $P_3$ genau den Energiebetrag, den es von $P_1$ nach $P_2$ gewonnen hat. Unabhängig von den unterschiedlichen Wegstrecken $d_1$, $d_2$, kann man daher sagen, daß $v_3 = v_1 = 8{,}0 \cdot 10^6\ \frac{m}{s}$.

**d)** Jetzt wird das Elektron zwischen $P_2$ und $P_3$ beschleunigt. Nach dem Energiesatz gilt:

$$\frac{1}{2} \cdot m \cdot (v_3')^2 - \frac{1}{2} \cdot m \cdot v_2^2 = e \cdot U \Rightarrow$$

$$v_3' = \sqrt{v_2^2 + 2 \cdot \frac{e}{m} \cdot U} = \sqrt{\left(1{,}5 \cdot 10^7\ \frac{m}{s}\right)^2 + 2 \cdot 1{,}76 \cdot 10^{11}\ \frac{C}{kg} \cdot 500\ V} =$$

$$= 2{,}0 \cdot 10^7\ \frac{m}{s}$$

## 28. Bewegung eines Elektrons im elektrischen Längsfeld

**a)** Mit x wird die Strecke bezeichnet, die das Elektron zurücklegt, bis es auf $v = 0\ \frac{m}{s}$ abgebremst ist.

$$\left.\begin{aligned} &\text{FS. S. 9/2.1.2: } \left| v^2 - v_0^2 \right| = |2 \cdot a \cdot x| \\ &m \cdot a = e \cdot \frac{U}{d} \quad \Rightarrow \quad a = \frac{e}{m} \cdot \frac{U}{d} \end{aligned}\right\} \overset{v=0\ \frac{m}{s}}{\Rightarrow} v_0^2 = 2 \cdot \frac{e}{m} \cdot \frac{U}{d} \cdot x \Rightarrow$$

$$\Rightarrow x = \frac{v_0^2 \cdot d}{2 \cdot \frac{e}{m} \cdot U} = \frac{(8{,}4 \cdot 10^6\ \frac{m}{s})^2 \cdot 0{,}10\ m}{2 \cdot 1{,}76 \cdot 10^{11}\ \frac{C}{kg} \cdot 2000\ V} = 1{,}0 \cdot 10^{-2}\ m = 1\ cm$$

Das Elektron ist also noch 6 cm – 1 cm = 5 cm von der negativen Platte entfernt.

**b)** Nach dem Ergebnis aus Teilaufgabe a steht dem Elektron für die Beschleunigung auf die positive Platte eine Beschleunigungsstrecke von 5 cm zur Verfügung.

$$\left.\begin{aligned} &\text{FS. S. 9/2.1.2: } \left| v^2 - v_0^2 \right| = |2 \cdot a \cdot x| \\ &m \cdot a = e \cdot \frac{U}{d} \quad \Rightarrow \quad a = \frac{e}{m} \cdot \frac{U}{d} \end{aligned}\right\} \overset{v_0=0\ \frac{m}{s}}{\Rightarrow} v^2 = 2 \frac{e}{m} \cdot \frac{U}{d} \cdot x \Rightarrow$$

$$\Rightarrow v = \sqrt{2 \cdot \frac{e}{m} \cdot \frac{U}{d} \cdot x} = \sqrt{2 \cdot 1{,}76 \cdot 10^{11}\ \frac{C}{kg} \cdot \frac{2000\ V}{0{,}10\ m} \cdot 5 \cdot 10^{-2}\ m} =$$

$$= 1{,}9 \cdot 10^7\ \frac{m}{s}$$

c) Ein Körper der Masse m wird vom Punkt A aus, $h_0$ vom Boden entfernt, mit dem Anfangsgeschwindigkeitsbetrag $v_0$ senkrecht nach oben geworfen, erreicht in B den höchsten Punkt (Geschwindigkeit $0\,\frac{m}{s}$) und fällt anschließend frei, bis er im Punkt C auf dem Boden aufschlägt.

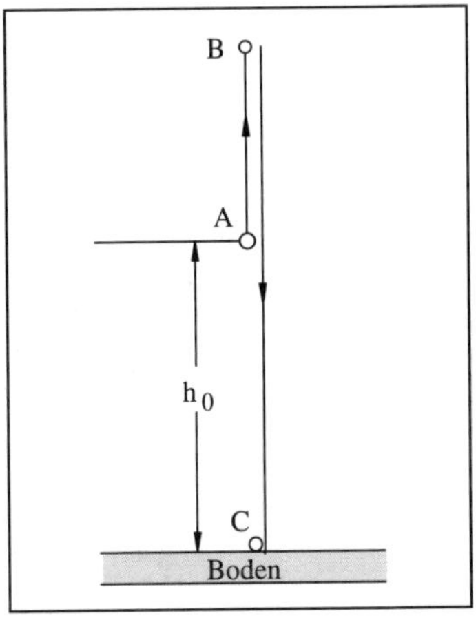


## 29. Bewegung geladener Teilchen im homogenen elektrischen Querfeld

**a)** Der waagrechte Wurf ist die Überlagerung einer geradlinigen gleichförmigen Bewegung in der Horizontalen und eines Freien Falls in der Vertikalen. Im Plattenzwischenraum liegen für das geladene Teilchen in y-Richtung die Voraussetzungen für den Freien Fall vor, während in x-Richtung keine Kraft auf das Teilchen wirkt, also die Voraussetzung für eine geradlinige gleichförmige Bewegung mit der Geschwindigkeit $\vec{v}_0$ gegeben ist.

**b)**

| | **x-Richtung** | **y-Richtung** |
|---|---|---|
| Beschleunigung in | $a_x = 0\,\frac{m}{s^2}$ | $m \cdot a_y = q \cdot \frac{U}{d}$ <br> $a_y = \frac{q}{m} \cdot \frac{U}{d}$ |
| Weg in | $x = v_0 \cdot t$ | $y = \frac{1}{2} \cdot a_y \cdot t^2$ <br> $= \frac{1}{2} \cdot \frac{q}{m} \cdot \frac{U}{d} \cdot t^2$ |

Eliminierung von t:

$$\left.\begin{array}{l} x = v_0 \cdot t \Rightarrow t = \frac{x}{v_0} \\ y = \frac{1}{2} \cdot \frac{q}{m} \cdot \frac{U}{d} \cdot t^2 \end{array}\right\} \Rightarrow y(x) = \frac{1}{2} \cdot \frac{q}{m} \cdot \frac{U}{d} \cdot \frac{x^2}{v_0^2}$$

Mit $C = \frac{1}{2} \cdot \frac{q}{m} \cdot \frac{U}{d} \cdot \frac{1}{v_0^2}$ gilt: $y(x) = C \cdot x^2$. Die Bahnkurve ist also eine Parabel mit Scheitel im Koordinatenursprung!

**c)** b bezeichne den Abstand des Teilchens von der x-Achse am Ende des Kondensators.

1. Möglichkeit (Lösung unter Zuhilfenahme der Bahngleichung):

$$\left.\begin{aligned} y(x) &= \frac{1}{2} \cdot \frac{q}{m} \cdot \frac{U}{d} \cdot \frac{x^2}{v_0^2} \\ b &= y(\ell) \end{aligned}\right\} \Rightarrow b = \frac{1}{2} \cdot \frac{q}{m} \cdot \frac{U}{d} \cdot \frac{\ell^2}{v_0^2}$$

2. Möglichkeit (Lösung ohne Verwendung der Bahngleichung):

$$y(t) = \frac{1}{2} \cdot a_y \cdot t^2 = \frac{1}{2} \cdot \frac{q}{m} \cdot \frac{U}{d} \cdot t^2$$

Für die Strecke $\ell$ benötigt das Teilchen die Zeit

$$t_F = \frac{\ell}{v_0} \quad \Bigg\} \Rightarrow$$

$$\Rightarrow b = y(t_F) = \frac{1}{2} \cdot \frac{q}{m} \cdot \frac{U}{d} \cdot \frac{\ell^2}{{v_0}^2}$$

**d)** Geschwindigkeitsbetrag des Teilchens am Kondensatorende

$$\left.\begin{aligned} &\text{in x – Richtung: } v_x = v_0 \\ &\text{in y – Richtung: } v_y = a_y \cdot t_F \; (t_F \text{ wie bei Teilaufgabe c)}) \\ &\qquad\qquad = \frac{q}{m} \cdot \frac{U}{d} \cdot \frac{\ell}{v_0} \end{aligned}\right\} \xrightarrow{\text{vgl. Skizze}}$$

$$\Rightarrow v_{ges} = \sqrt{{v_0}^2 + {v_y}^2(t_F)} = \sqrt{{v_0}^2 + \left(\frac{q}{m} \cdot \frac{U}{d} \cdot \frac{\ell}{v_0}\right)^2}$$

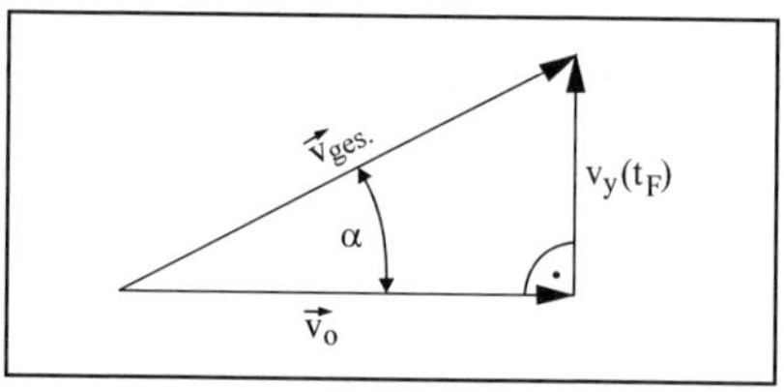


**e)** 1. Möglichkeit (Lösung unter Zuhilfenahme der Bahngleichung):
Idee: Die Tangente an die Bahnkurve im Punkt ($\ell$ /?) schließt mit der x-Achse den gesuchten Winkel α ein. Nach der Differentialrechnung gilt dann:

$$\left.\begin{array}{l}\tan\alpha = y'(\ell) \\ y(x) = \frac{1}{2}\cdot\frac{q}{m}\cdot\frac{U}{d}\cdot\frac{x^2}{v_0{}^2}\end{array}\right\} \Rightarrow \tan\alpha = \frac{q}{m}\cdot\frac{U}{d}\cdot\frac{\ell}{v_0{}^2}$$

2. Möglichkeit (Lösung ohne Verwendung der Bahngleichung):

Idee: Der gesuchte Winkel $\alpha$ ist der von $\vec{v}_{ges}$ und $\vec{v}_0$ eingeschlossene Winkel (vgl. Skizze bei Teilaufgabe d):

$$\tan\alpha = \frac{v_y(t_F)}{v_0} = \frac{\frac{q}{m}\cdot\frac{U}{d}\cdot\frac{\ell}{v_0}}{v_0} = \frac{q\cdot U\cdot \ell}{m\cdot d\cdot v_0{}^2}$$

Sind für die allgemeinen Größen numerische Werte gegeben, so finden Sie den Wert für $\alpha$ mit dem Taschenrechner, indem Sie zunächst den Zahlenwert von $\frac{q\cdot U\cdot \ell}{m\cdot d\cdot v_0{}^2}$ berechnen und dann die $TAN^{-1}$ oder INVTAN- oder ARCTAN-Tasten, je nach Taschenrechnertyp, drücken (TR vorher auf Gradanzeige stellen!).

## 30. Ist eine Teilchenidentifizierung im Querfeld möglich?

a) (1) Entsprechend nebenstehender Skizze gilt:

$a = y_1 + y_2$

(2) Wie in Aufgabe 29 c erhält man:

$$y_1 = \frac{1}{2}\cdot\frac{q}{m}\cdot\frac{U_Q}{d}\cdot\frac{\ell_1{}^2}{v_0{}^2}$$

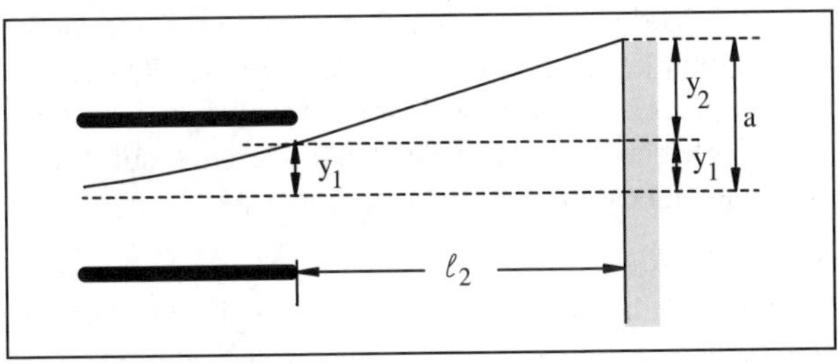


(3) Berechnung von $y_2$:

$t_2$ bezeichne die Zeit, die das Teilchen vom Kondensatorende bis zum Schirm benötigt. Da es sich hinter dem Kondensator in x-Richtung mit dem konstanten Geschwindigkeitsbetrag $v_x = v_0$ und in y-Richtung mit dem konstanten Geschwindigkeitsbetrag $v_y = \frac{q}{m} \frac{U_Q}{d} \cdot \frac{\ell_1}{v_0}$ (Herleitung wie in Aufgabe 29 d) bewegt, gilt:

$$\left.\begin{array}{l} y_2 = v_y \cdot t_2 = \frac{q}{m} \cdot \frac{U_Q}{d} \cdot \frac{\ell_1}{v_0} \cdot t_2 \\ t_2 = \frac{\ell_2}{v_x} = \frac{\ell_2}{v_0} \end{array}\right\} \Rightarrow y_2 = \frac{q}{m} \cdot \frac{U_Q}{d} \cdot \frac{\ell_1}{v_0} \cdot \frac{\ell_2}{v_0} = \frac{q \cdot U_Q \cdot \ell_1 \cdot \ell_2}{m \cdot d \cdot {v_0}^2}$$

(1), (2), (3): $a = \frac{1}{2} \cdot \frac{q}{m} \cdot \frac{U_Q}{d} \cdot \frac{{\ell_1}^2}{{v_0}^2} + \frac{q}{m} \cdot \frac{U_Q}{d} \cdot \frac{\ell_1 \cdot \ell_2}{{v_0}^2} =$

$$= \frac{q \cdot U_Q \cdot \ell_1}{m \cdot d \cdot {v_0}^2} \cdot \left(\frac{\ell_1}{2} + \ell_2\right)$$

Energiesatz im Längsfeld:

$$\frac{1}{2} \cdot m \cdot {v_0}^2 = q \cdot U_L \Rightarrow {v_0}^2 = 2 \cdot \frac{q}{m} \cdot U_L \qquad \Rightarrow$$

$$\Rightarrow a = \frac{q \cdot U_Q \cdot \ell_1}{m \cdot d \cdot 2 \cdot \frac{q}{m} \cdot U_L} \cdot \left(\frac{\ell_1}{2} + \ell_2\right) = \frac{\ell_1 \cdot U_Q}{2 \cdot d \cdot U_L}\left(\frac{\ell_1}{2} + \ell_2\right)$$

**b)** Warum ist a unabhängig vom Ladungsbetrag q und der Masse m des Teilchens? Betrachtet werden zwei Teilchen mit den Ladungsbeträgen $q_1$, $q_2$ und den Massen $m_1$, $m_2$.

**1. Fall:** $q_1 > q_2$ und $m_1 = m_2$
Auf Teilchen 1 wirkt im Längsfeld eine größere elektrische Kraft. Es hat daher nach Verlassen des Längsfelds einen größeren Geschwindigkeitsbetrag $v_0$ und benötigt daher zum Passieren des Querfelds eine kürzere Zeit. Die größere elektrische Kraft auf Teilchen 1 im Querfeld bewirkt daher die gleiche Ablenkung wie bei Teilchen 2, auf das im Querfeld eine kleinere elektrische Kraft länger einwirkt.

**2. Fall:** $q_1 = q_2$ und $m_1 > m_2$
Auf beide Teilchen wirkt im Längsfeld die gleiche elektrische Kraft. Das massereichere Teilchen 1 erhält daher wegen der größeren Trägheit im Längsfeld einen kleineren Geschwindigkeitsbetrag $v_0$ und benötigt so zum Passieren des Querfelds länger als Teilchen 2.
Da im Querfeld auf beide Teilchen die gleiche elektrische Kraft wirkt, erfährt das massereichere Teilchen 1 auch dort aufgrund der größeren

Trägheit eine kleinere Beschleunigung. Da es sich aber länger im Querfeld aufhält, ist seine Ablenkung hinter dem Querfeld genauso groß wie die Ablenkung des masseärmeren Teilchens 2, das im Querfeld eine größere Beschleunigung in kürzerer Zeit erfährt.

Mit der vorliegenden Anordnung eines elektrischen Längs- und eines elektrischen Querfelds, läßt sich die spezifische Ladung von Teilchen nicht bestimmen. Eine Identifizierung der Teilchenart ist damit nicht möglich!

## 31. Rechenaufgabe zum waagrechten Wurf

**a)** Für die Ablenkung der Protonen am Kondensatorende gilt wie in Aufgabe 29 c: $y = \frac{1}{2} \cdot \frac{q}{m} \cdot \frac{U_Q}{d} \cdot \frac{\ell^2}{{v_0}^2}$

Energiesatz im Längsfeld:

$\frac{1}{2} \cdot m \cdot {v_0}^2 = q \cdot U_L \Rightarrow {v_0}^2 = 2 \cdot \frac{q}{m} \cdot U_L$ $\Bigg\} \Rightarrow$

$$\Rightarrow y = \frac{1}{2} \cdot \frac{q}{m} \cdot \frac{U_Q}{d} \cdot \frac{\ell^2}{2 \cdot \frac{q}{m} \cdot U_L} = \frac{1}{4} \cdot \frac{U_Q \cdot \ell^2}{U_L \cdot d}$$

1. Fall: a: + und b: – $\Rightarrow$ Protonen werden nach unten abgelenkt. $\Rightarrow$ Bedingung für Nichtauftreffen auf einer Kondensatorplatte: $y \leq 3{,}0$ cm

$$\Rightarrow \frac{1}{4} \cdot \frac{U_Q}{U_L} \cdot \frac{\ell^2}{d} \leq 3{,}0 \text{ cm} \Rightarrow U_Q \leq \frac{3{,}0 \text{ cm} \cdot 4 \cdot U_L \cdot d}{\ell^2}$$

$$\Rightarrow U_Q \leq \frac{3{,}0 \cdot 10^{-2} \text{ m} \cdot 4 \cdot 6000 \text{ V} \cdot 9{,}0 \cdot 10^{-2} \text{ m}}{(8{,}0 \cdot 10^{-2} \text{ m})^2} = 1{,}0 \cdot 10^4 \text{ V}$$

2. Fall: a: – und b: + $\Rightarrow$ Protonen werden nach oben abgelenkt. $\Rightarrow$ Bedingung für Nichtauftreffen auf einer Kondensatorplatte: $y \leq 6{,}0$ cm

$$\Rightarrow U_Q \leq \frac{6{,}0 \cdot 10^{-2} \text{ m} \cdot 4 \cdot 6000 \text{ V} \cdot 9{,}0 \cdot 10^{-2} \text{ m}}{(8{,}0 \cdot 10^{-2} \text{ m})^2} = 2{,}0 \cdot 10^4 \text{ V}$$

**b)** Aufgabe 29 b: $y = \frac{1}{2} \cdot \frac{q}{m} \cdot \frac{U_Q}{d} \cdot \frac{x^2}{v_0{}^2}$

Energiesatz im Längsfeld:

$\frac{1}{2} \cdot m \cdot v_0{}^2 = q \cdot U_L \Rightarrow v_0{}^2 = 2 \cdot \frac{q}{m} \cdot U_L$ $\Bigg\} \Rightarrow$

$$\Rightarrow y = \frac{1}{2} \cdot \frac{q}{m} \cdot \frac{U_Q}{d} \frac{x^2}{2 \cdot \frac{q}{m} \cdot U_L} = \frac{1}{4} \frac{U_Q}{U_L} \cdot \frac{x^2}{d}$$

Die Gleichung der Bahnkurve ist also unabhängig von q und m.

**c)** $\left.\begin{array}{l} \tan\alpha = y'(\ell) \\ y'(x) = \frac{1}{2} \cdot \frac{U_Q}{U_L} \cdot \frac{x}{d} \end{array}\right\} \Rightarrow \tan\alpha = \frac{1}{2} \cdot \frac{U_Q}{U_L} \cdot \frac{\ell}{d} \Rightarrow$

$$\Rightarrow \tan\alpha = \frac{1}{2} \cdot \frac{8000\,\text{V}}{6000\,\text{V}} \cdot \frac{8{,}0 \cdot 10^{-2}\,\text{m}}{9{,}0 \cdot 10^{-2}\,\text{m}} = 0{,}593 \Rightarrow \alpha = 30{,}7^\circ$$

**d)** Die Austrittsgeschwindigkeit hängt von der spezifischen Ladung $\frac{q}{m}$ ab! Zur Begründung kann man wie bei Aufgabe 30 b argumentieren oder rechnen:

Aufgabe 29 d: $v_{ges} = \sqrt{v_0{}^2 + \left(\frac{q}{m} \cdot \frac{U_Q}{d} \cdot \frac{\ell}{v_0}\right)^2}$

Energiesatz im Längsfeld:

$\frac{1}{2} \cdot m \cdot v_0{}^2 = q \cdot U_L \Rightarrow v_0{}^2 = 2 \cdot \frac{q}{m} \cdot U_L$ $\Bigg\} \Rightarrow$

$$v_{ges} = \sqrt{2 \cdot \frac{q}{m} \cdot U_L + \left(\frac{q}{m}\right)^2 \cdot \left(\frac{U_Q \cdot \ell}{d}\right)^2 \cdot \frac{1}{2 \cdot \frac{q}{m} \cdot U_L}} =$$

$$= \sqrt{2 \cdot \frac{q}{m} \cdot U_L + \frac{q}{m} \cdot \frac{U_Q{}^2 \cdot \ell^2}{2 \cdot U_L \cdot d^2}}$$

## 32. Der Begriff des "magnetischen Feldes"

**a)** In der Umgebung von Permanentmagneten oder von stromdurchflossenen Leitern wirken auf ferromagnetische Körper, stromdurchflossene Leiter oder bewegte Ladungen Kräfte, die keine elektrischen Kräfte sind. In einem Raum, in dem solche Kräfte wirken, besteht ein magnetisches Feld.

**b)** Magnetische Feldlinien sind gedachte Linien in eincm Magnetfeld, längs derer sich ein gedachter, real nicht existierender, magnetischer Mono-Nordpol nur unter dem Einfluß magnetischer Kräfte bewegen würde.

**c)** Magnetische Feldlinien sind in sich geschlossene Linien ohne Anfangs- und Endpunkt, während elektrische Feldlinien bei einer positiven Ladung beginnen und bei einer negativen Ladung enden.

Hinweis:
In Aufgabe 43 werden die Unterschiede zwischen elektrischem und magnetischem Feld und zwischen elektrischer Kraft und magnetischer Kraft deutlich.

## 33. Wichtige magnetische Felder von Permanentmagneten

**a)** Feldlinienbild eines Stabmagneten

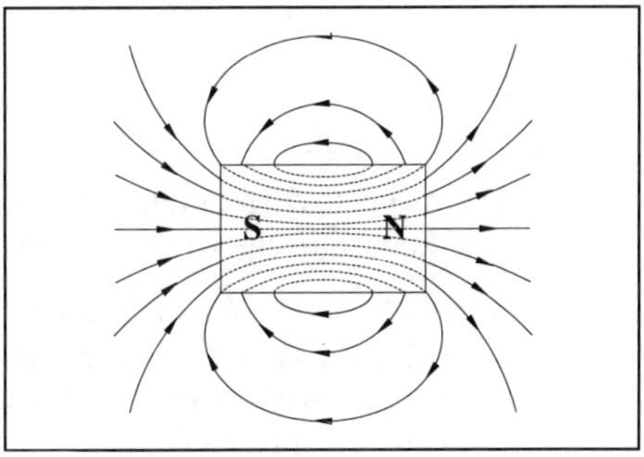


**b)** Feldlinienbild eines Hufeisenmagneten

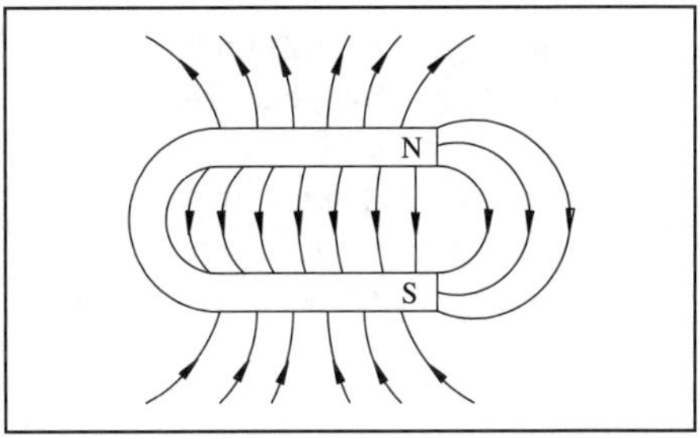


**c)** Man legt über den Magnet ein Blatt Papier und bestreut es dünn mit Eisenfeilicht. Die kleinen Eisenspäne werden im Magnetfeld zu kleinen Magneten, die sich dann, wenn man auf das Papier leicht klopft, kettenförmig längs der Feldlinien aufreihen.

Hinweis:
Beim Stabmagneten wurden die Feldlinien im Inneren des Magneten gestrichelt gezeichnet, um daran zu erinnern, daß magnetische Feldlinien in sich geschlossen sind! Sie beginnen **auf keinen Fall** am Nord- oder enden am Südpol!

## 34. Wichtige magnetische Felder von stromdurchflossenen Leitern

**a)** Bei beiden Abbildungen steht der gerade Leiter senkrecht auf der Zeichenebene. Die technische Richtung des Stroms ist bei
- Abb. 1: in die Zeichenebene hinein (Symbol x), bei
- Abb. 2: aus der Zeichenebene heraus (Symbol •)

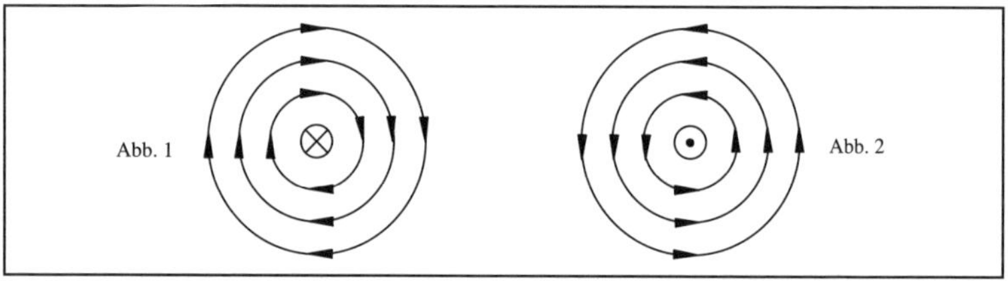


Die magnetischen Feldlinien eines geraden stromdurchflossenen Leiters sind konzentrische Kreise in Ebenen senkrecht zum Leiter.

*Regel für die Feldlinienrichtung:*
Umfaßt man mit den gekrümmten Fingern der rechten Hand den Leiter so, daß der ausgestreckte Daumen in die technische Stromrichtung zeigt, so deuten die Fingerspitzen der anderen Finger in Feldlinienrichtung.

**b)** Im Inneren der Zylinderspule liegt ein homogenes Magnetfeld vor. Das Feld außerhalb der Spule ähnelt dem Magnetfeld eines Stabmagneten.

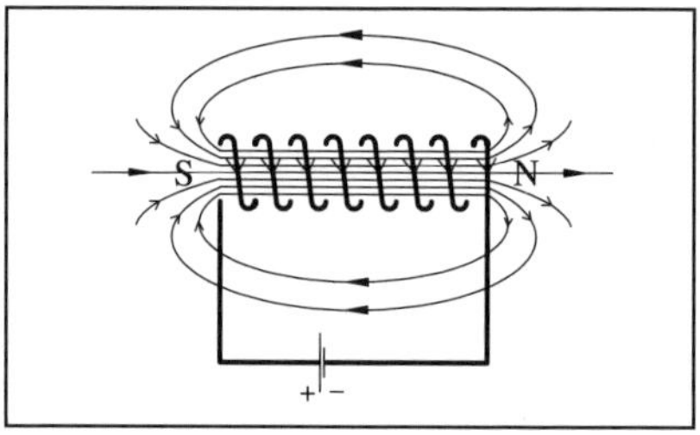


*Regel für die Feldlinienrichtung:*
Umfaßt man mit den gekrümmten Fingern der rechten Hand die Spule so, daß die Fingerspitzen in die technische Stromrichtung zeigen, so deutet der ausgestreckte Daumen auf das Spulenende, an dem sich der Nordpol befindet. Die Feldlinienrichtung ergibt sich daraus, daß Feldlinien außerhalb der Spule vom Nord- zum Südpol verlaufen.

Hinweis:
Die Polungsregel für Zylinderspulen begegnet Ihnen wieder bei Aufgaben zur elektromagnetischen Induktion. Sie müssen diese Regel sicher anwenden können (vgl. Aufgaben 71–75)!

## 35. Kräfte auf stromdurchflossene Leiter im Magnetfeld

Wird ein gerader Leiter in einem homogenen Magnetfeld von einem Strom senkrecht zur Feldrichtung durchflossen, so wirkt auf ihn eine magnetische Kraft, die senkrecht zur Feldrichtung und senkrecht zur Stromrichtung steht. Spreizt man Daumen, Zeige- und Mittelfinger der rechten Hand so ab, daß sie paarweise aufeinander senkrecht stehen und deutet der Daumen in die technische Stromrichtung, der Zeigefinger in Richtung des Magnetfelds, so deutet der Mittelfinger in Richtung der magnetischen Kraft.
Ist die Richtung des Stroms durch den Leiter parallel zur Richtung des Magnetfelds, so wirkt keine magnetische Kraft auf ihn!

**a)** Der Leiter bewegt sich nach rechts in Richtung $\vec{F}$.

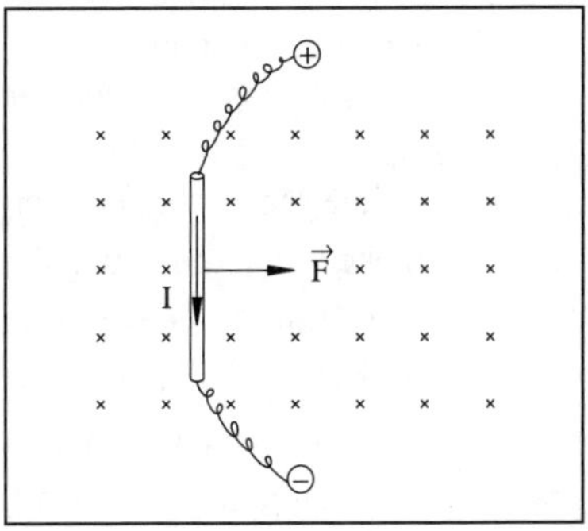


**b)** Da Strom- und Feldrichtung parallel sind, wirkt auf den Leiter keine magnetische Kraft. Er behält seine Richtung bei.

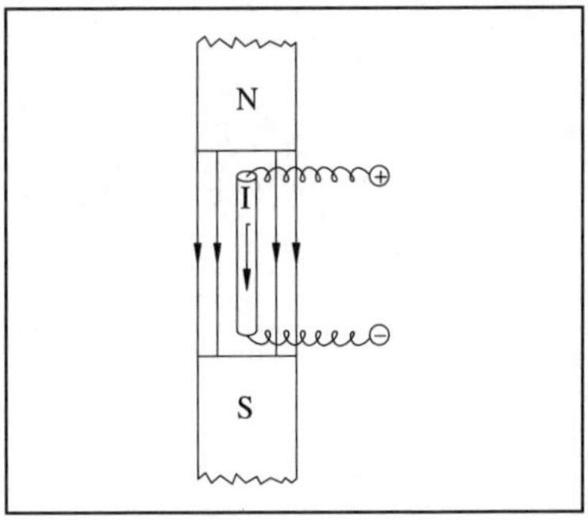

**c)** $\vec{F}_1$ und $\vec{F}_3$ sind betragsgleich. Sie heben sich in ihrer Wirkung auf den Leiter gegenseitig auf. Der Leiterrahmen wird also von $\vec{F}_2$ ins Magnetfeld gezogen.

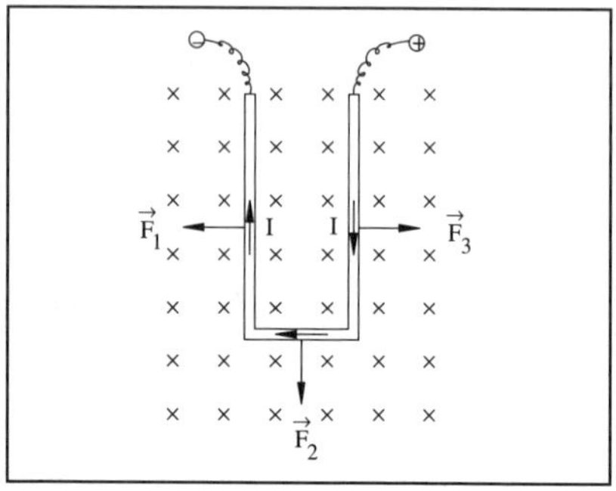


**d)** $\vec{F}_1$ und $\vec{F}_4$ sind betragsgleich und heben sich in ihrer Wirkung auf den Leiter gegenseitig auf. Das gleiche gilt für $\vec{F}_2$ und $\vec{F}_3$. Der Leiter ändert seine Lage also nicht.

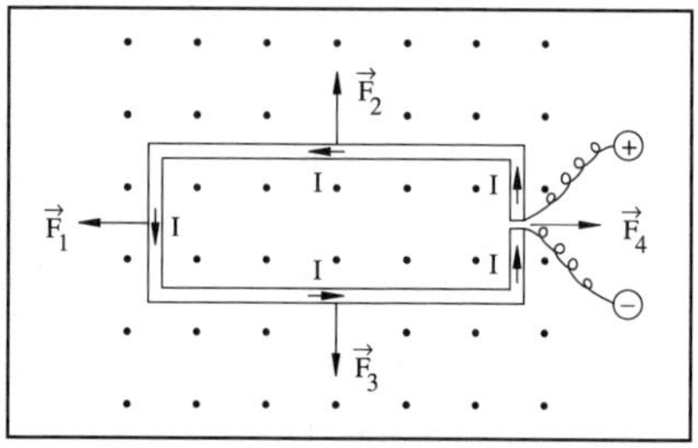


**e)** Auf sie senkrechten Leiterstücke wirkt keine magnetische Kraft, da sie parallel zur Feldrichtung stehen. $\vec{F}_1$ und $\vec{F}_2$ bewirken eine Drehung um a in der angegebenen Drehrichtung.

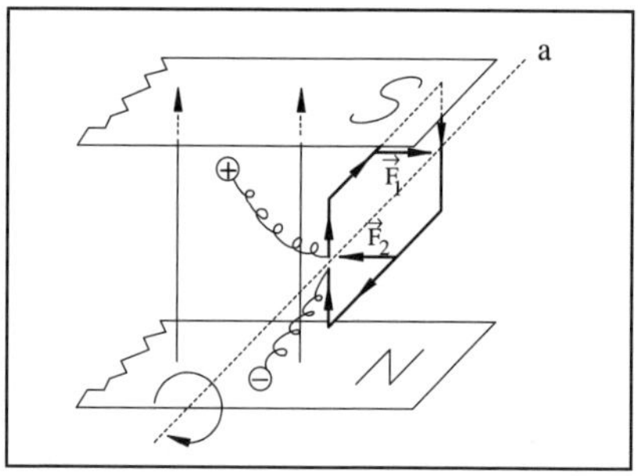


**f)** Gleiche Situation wie bei d: Der Leiter behält seine Lage bei.

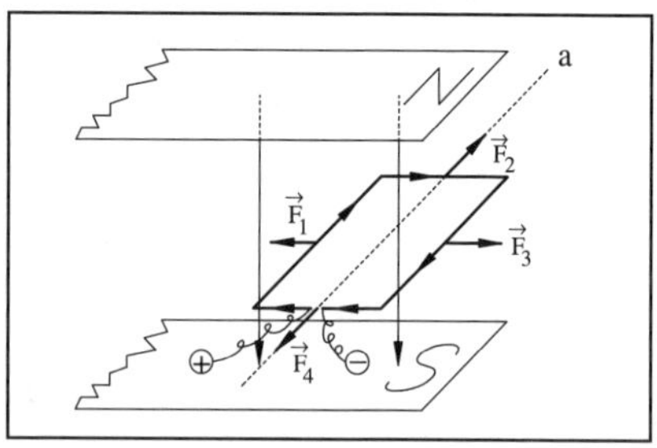

## 36. Kräfte zwischen parallelen stromdurchflossenen Leitern

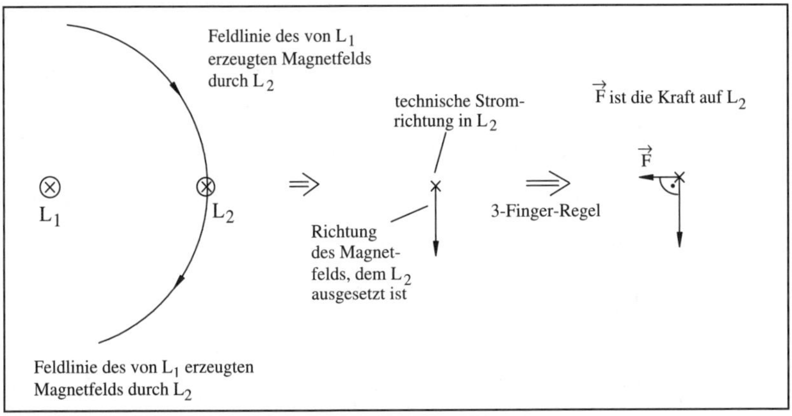


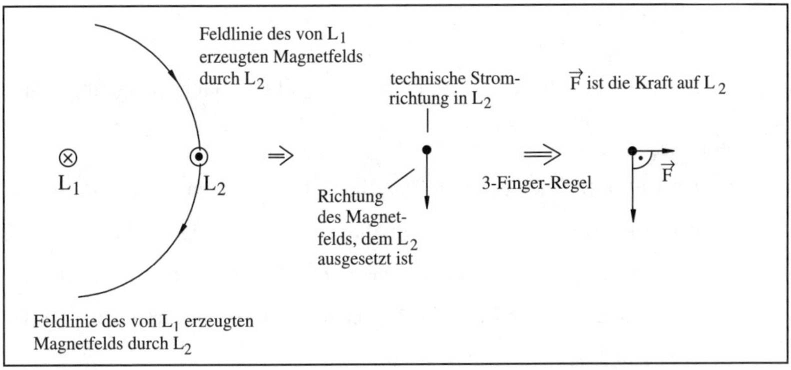


## 37. Definition der magnetischen Flußdichte $\vec{B}$

**a)** Aus vielen Versuchen weiß man: Wird ein gerader Leiter der Länge $\ell$ senkrecht zu den Feldlinien in einem homogenen Magnetfeld von einem konstanten Strom der Stärke I durchflossen, so wirkt auf ihn eine magnetische Kraft $\vec{F}$, für deren Betrag F gilt: $F \sim I$ und $F \sim \ell$.

**b)** $\left.\begin{matrix} F \sim I \\ F \sim \ell \end{matrix}\right\} \Rightarrow F \sim I \cdot \ell \Rightarrow \frac{F}{I \cdot \ell} = \text{konst.}$

Die Proportionalitätskonstante $\frac{F}{I \cdot \ell}$ = konst. hängt nicht mehr von I oder $\ell$ ab, sondern nur noch von der Stärke des magnetischen Feldes am Ort des Leiters. Sie eignet sich daher zur quantitativen Beschreibung des Magnetfelds.

Der Betrag der magnetischen Flußdichte $\vec{B}$ ist definiert als $B = \frac{F}{I \cdot \ell}$. Die Richtung von $\vec{B}$ ist so festgelegt, daß sie mit der Richtung der magnetischen Feldlinien übereinstimmt.

**c)** $$\left.\begin{array}{l} [B] = \left[\frac{F}{I \cdot \ell}\right] = \frac{N}{A \cdot m} \\ \frac{V}{m} = \frac{N}{C} \text{ (vgl. Hinweis 2 zu Aufgabe 7)} \Rightarrow N = \frac{V \cdot C}{m} \end{array}\right\} \Rightarrow$$

$$\Rightarrow [B] = \frac{V \cdot C}{A \cdot m \cdot m} = \frac{V \cdot A \cdot s}{A \cdot m \cdot m} = \frac{V \cdot s}{m^2}$$

Die zusammengesetzte Benennung $\frac{V \cdot s}{m^2}$ heißt auch Tesla, abgekürzt T.

Hinweise:

1. Übersehen Sie nicht, daß die Beziehung $B = \frac{F}{I \cdot \ell}$ mehr als nur Definitionsgleichung für B ist. Nach einer geringfügigen Umformung erhalten Sie $F = B \cdot I \cdot \ell$ und können damit bei gegebenem B, I und $\ell$ den Betrag der Kraft auf einen stromdurchflossenen Leiter im Magnetfeld berechnen! Sie finden $F = B \cdot I \cdot \ell$ in der Formelsammlung auf S. 43 / 3.7.
2. In Aufgabe 68 c erfahren Sie, warum die Feldgröße $\vec{B}$ den Namen Flußdichte erhält.

## 38. Die Lorentzkraft

**a)** Im Zeitintervall $\Delta t$ haben gerade die Ladungsträger die Querschnittsfläche A durchsetzt, die sich in einem Zylinder der Grundfläche A und der Höhe $v \cdot \Delta t$ befinden. Das sind $v \cdot \Delta t \cdot A \cdot n$ Ladungsträger. Da jeder dieser Ladungsträger den Ladungsbetrag q transportiert, hat in $\Delta t$ ein Gesamtladungsbetrag von $v \cdot \Delta t \cdot A \cdot n \cdot q$ die Querschnittsfläche A passiert.

Es gilt also:

$$I = \frac{v \cdot \Delta t \cdot A \cdot n \cdot q}{\Delta t} = v \cdot A \cdot n \cdot q$$

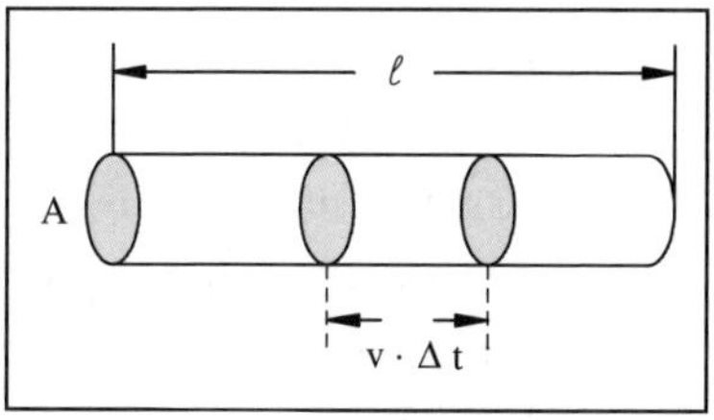


**b)** Definition von B: $B = \frac{F}{I \cdot \ell} \Rightarrow F = B \cdot I \cdot \ell$

Ergebnis aus Teilaufgabe a: $I = v \cdot A \cdot n \cdot q$ $\Big\} \Rightarrow$

$\Rightarrow F = B \cdot v \cdot A \cdot n \cdot q \cdot \ell$

$V := A \cdot \ell$ ist das Volumen des Leiterstüc ks der Län ge $\ell$ $\Big\} \Rightarrow$

$\Rightarrow F = B \cdot v \cdot V \cdot n \cdot q$

Definition von n: $n = \frac{N}{V}$ $\Big\} \Rightarrow F = B \cdot v \cdot N \cdot q = N \cdot q \cdot v \cdot B$

**c)** Da auf N Ladungsträger eine Kraft vom Betrag $F = N \cdot q \cdot v \cdot B$ wirkt, muß ein Ladungsträger die Kraft $F = q \cdot v \cdot B$ erfahren.

Hinweise:

1. Bewegt sich ein Teilchen, das eine Ladung vom Betrag q trägt, mit einer Geschwindigkeit vom Betrag v senkrecht zu den Feldlinien durch ein homogenes Magnetfeld der Kraftflußdichte $\vec{B}$, so wirkt auf das Teilchen die Lorentzkraft $\vec{F}$ mit dem Betrag $F = q \cdot v \cdot B$.
   Die Richtung von $\vec{F}$ erhält man nach folgender Regel: Spreizt man Daumen, Zeige- und Mittelfinger der rechten Hand so ab, daß sie paarweise aufeinander senkrecht stehen und deutet der Daumen in Richtung $\vec{v}$, der Zeigefinger in Richtung $\vec{B}$, so deutet der Mittelfinger in Richtung von $\vec{F}$, wenn die Ladung positiv ist. Eine negative Ladung erfährt die Lorentzkraft in die Gegenrichtung.
2. Ist $\vec{v} \parallel \vec{B}$, so ist $\vec{F} = 0$.
3. Ist $0° < \alpha := \sphericalangle(\vec{v}; \vec{B}) < 90°$, so gilt für den Betrag F der Lorentzkraft:

   $$F = q \cdot v \cdot B \cdot \sin\alpha .$$

Man kann dann nämlich $\vec{v}$ in eine Komponente $\vec{v}_P$ parallel zu $\vec{B}$ und eine Komponente $\vec{v}_s$ senkrecht zu $\vec{B}$ zerlegen. Nur $\vec{v}_s$ "erzeugt" eine Lorentzkraft:

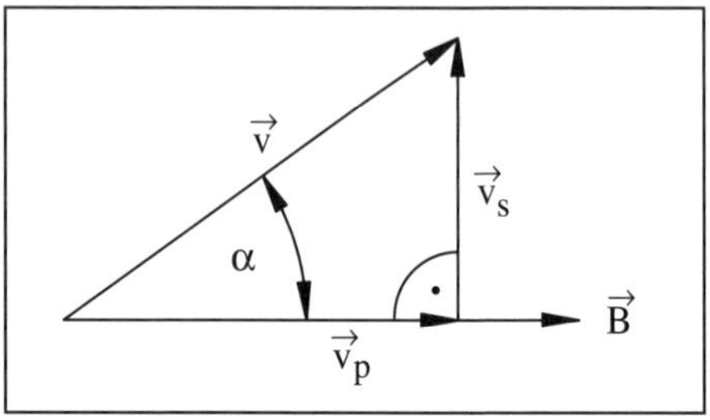


$$\left.\begin{array}{l} F = q \cdot v_s \cdot B \\ \sin\alpha = \frac{v_s}{v} \Rightarrow v_s = v \cdot \sin\alpha \end{array}\right\} \Rightarrow F = q \cdot v \cdot B \cdot \sin\alpha$$

4. Unabhängig davon, wie groß $\sphericalangle(\vec{v};\vec{B})$, steht die Lorentzkraft $\vec{F}$ stets senkrecht auf $\vec{v}$ und auf $\vec{B}$!

5. Sie finden F = q · v · B in der Formelsammlung auf S. 53 / 1.4.

## 39. Rechenaufgaben zur Lorentzkraft

Da Elektron und Proton den gleichen Ladungsbetrag und den gleichen Geschwindigkeitsbetrag besitzen, ist der Betrag der Lorentzkraft bei beiden Teilchen auch gleich.

| | $\sphericalangle(\vec{v};\vec{B})$ | **Betrag der Lorentzkraft** | **Kraftrichtung** |
|---|---|---|---|
| **a)** | $\sphericalangle(\vec{v};\vec{B}) = 90°$ | $F = q \cdot v \cdot B = 1{,}6 \cdot 10^{-19}\,C \cdot 5{,}0 \cdot 10^{6}\,\frac{m}{s} \cdot 2{,}5 \cdot 10^{-3}\,T = 2{,}0 \cdot 10^{-15}\,N$ | 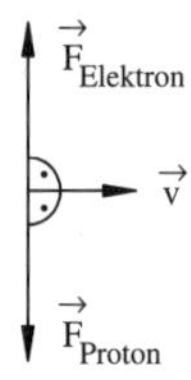  |
| **b)** | $\sphericalangle(\vec{v};\vec{B}) = 90°$ Lassen Sie sich nicht bluffen! | $F = 2{,}0 \cdot 10^{-15}\,N$ analog a) | 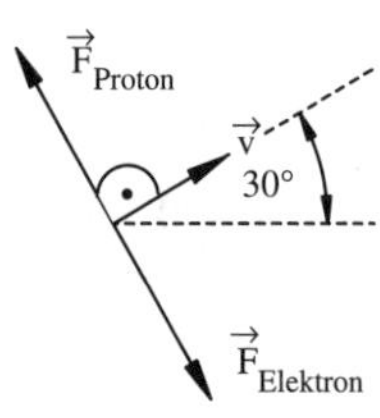  |

| | $\sphericalangle(\vec{v};\vec{B})$ | **Betrag der Lorentzkraft** | **Kraftrichtung** |
|---|---|---|---|
| **c)** | $\sphericalangle(\vec{v};\vec{B}) = 120°$ | Nach Hinweis 3 zu Aufgabe 38: $F = q \cdot v \cdot B \cdot \sin 120° \overset{a)}{=}$ $= 2{,}0 \cdot 10^{-15}\ \text{N} \cdot \sin 120° =$ $= 1{,}7 \cdot 10^{-15}\ \text{N}$ | 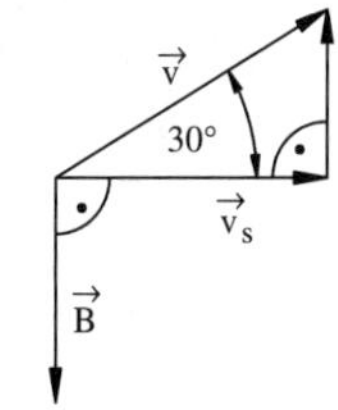  $\vec{F}_{Proton}$: senkrecht zur Zeichenebene (ZE), in die ZE hinein. $\vec{F}_{Elektron}$: senkrecht zur ZE aus der ZE heraus. |
| **d)** | $\sphericalangle(\vec{v};\vec{B}) = 60°$ | Nach Hinweis 3 zu Aufgabe 38: $F = q \cdot v \cdot B \cdot \sin 60° \overset{a)}{=}$ $= 2{,}0 \cdot 10^{-15}\ \text{N} \cdot \sin 60° =$ $= 1{,}7 \cdot 10^{-15}\ \text{N}$ | 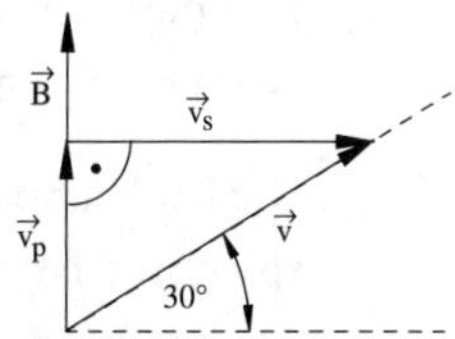  $\vec{F}_{Proton}$: senkrecht zur ZE aus der ZE heraus. $\vec{F}_{Elektron}$: senkrecht zur ZE in die ZE hinein. |
| **e)** | $\vec{v} \parallel \vec{B}$ | $F = 0\ \text{N}$ | – |
| **f)** | $\sphericalangle(\vec{v};\vec{B}) = 90°$ | $F = 2{,}0 \cdot 10^{-15}\ \text{N}$ analog a | $\vec{F}_{Proton}$: senkrecht zur ZE aus der ZE heraus. $\vec{F}_{Elektron}$: senkrecht zur ZE in die ZE hinein. |

## 40. Zylinderspulen

**a)** Der Betrag B der magnetischen Flußdichte im Inneren einer langgestreckten Zylinderspule der Länge $\ell$ mit N Wicklungen, die von einem Strom der Stärke I durchflossen wird, ist:

$$B = \mu_0 \cdot \frac{I \cdot N}{\ell},$$

wobei $\mu_0 = 4 \cdot \pi \cdot 10^{-7} \frac{V \cdot s}{A \cdot m}$ magnetische Feldkonstante genannt wird.

**b)** Diese Beziehung gilt exakt nur dann, wenn die Zylinderspule unendlich lang ist. In der Praxis gilt diese Bedingung als erfüllt, wenn $\ell > 10 \cdot R$, wobei $\ell$ die Spulenlänge und R der Radius der Spulenquerschnittsfläche sind.

**c)** In zwei Spulen mit rechteckigem Querschnitt A, die in der gleichen Richtung jeweils vom gleichen Strom der Stärke $I_0$ durchflossen werden, herrscht im Inneren jeder Spule das gleiche Magnetfeld $\vec{B}$.

Die beiden Spulen lassen sich entsprechend nebenstehender Skizzen durch eine einzige Spule ersetzen, durch die ein Strom der Stärke $I_0$ fließt, ohne daß sich der Betrag von $\vec{B}_0$ im Inneren ändert. (Die Feldliniendichte hat sich ja nicht geändert.) Der Betrag der magnetischen Flußdichte in der Spule mit der Querschnittsfläche $2 \cdot A$ ist ebenso groß wie in einer Spule vom Querschnitt A.

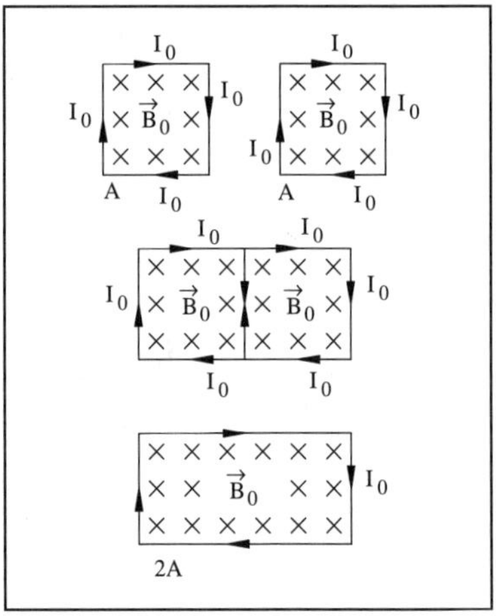


Hinweise:

1. Die Bedeutung der Beziehung $B = \mu_0 \cdot \frac{I \cdot N}{\ell}$ liegt analog zur Beziehung $E = \frac{U}{d}$ (vgl. Aufgabe 7) darin, daß der Betrag der Feldgröße $\vec{B}$ des homogenen Magnetfelds einer langgestreckten Zylinderspule aus den bequem meßbaren Größen I, N, $\ell$ berechnet werden kann. Ohne diese Beziehung müßte man zur

Bestimmung von B nach der Definition $B = \frac{F}{I \cdot \ell}$ die Kraft auf einen stromdurchflossenen Leiter der Länge $\ell$ messen, was wesentlich aufwendiger ist.

2. In manchen Aufgaben ist von der "Windungsdichte" n die Rede. Darunter versteht man den Quotienten $n = \frac{N}{\ell}$.
3. N ist eine benennungslose Größe!
4. Leider steht die Beziehung $B = \mu_0 \cdot \frac{I \cdot N}{\ell}$ nicht in der Formelsammlung. Sie müssen diese Formel auswendig lernen!

## 41. Zwei Rechenaufgaben zum Magnetfeld einer Zylinderspule

**a)** Die Aufgabe läßt sich rasch ohne Verwendung der Zahlenwerte für N, I und $\mu_0$ lösen! Der Index L bzw. K wird für die lange bzw. kurze Spule verwendet.

$$\frac{B_L - B_K}{B_L} = \frac{\mu_0 \cdot \frac{I \cdot N}{\ell_L} - \mu_0 \cdot \frac{I \cdot N}{\ell_K}}{\mu_0 \cdot \frac{I \cdot N}{\ell_L}} = \frac{\frac{1}{\ell_L} - \frac{1}{\ell_K}}{\frac{1}{\ell_L}} \quad \begin{matrix} \cdot \ell_L \\ = \\ \cdot \ell_L \end{matrix} \quad 1 - \frac{\ell_L}{\ell_K} =$$

$$= 1 - \frac{80\ \text{cm}}{70\ \text{cm}} = -0{,}143$$

Das Minuszeichen bedeutet, daß $B_K$ größer als $B_L$ ist. Die Flußdichte nimmt demnach um 14,3 % zu!

**b)** Sie müssen sich zunächst an die Formel $R = \rho \cdot \frac{\ell}{A}$ (vgl. FS. S. 36 / 1.2.2) erinnern, die es gestattet, den Widerstand R eines Drahtes der Länge $\ell$ vom Querschnitt A zu berechnen. Den Wert des spezifischen Widerstands $\rho$ für Kupfer finden Sie in Tabelle T 10 der Formelsammlung auf Seite 78.

$$R = \rho \cdot \frac{\ell}{A} = 0{,}017 \cdot 10^{-6}\ \Omega \cdot \text{m} \cdot \frac{250\ \text{m}}{10^{-6}\ \text{m}^2} = 4{,}25\ \Omega$$

$$I = \frac{U}{R} = \frac{100\ \text{V}}{4{,}25\ \Omega} = 23{,}5\ \text{A}$$

Aufgabe 40: $B = \mu_0 \cdot \frac{I \cdot N}{\ell} = 4 \cdot \pi \cdot 10^{-7}\ \frac{\text{V} \cdot \text{s}}{\text{A} \cdot \text{m}} \cdot \frac{23{,}5\ \text{A} \cdot 800}{1{,}00\ \text{m}} =$

$$= 2{,}4 \cdot 10^{-2}\ \text{T} = 24\ \text{mT}$$

## 42. Messung der magnetischen Flußdichte des Erdmagnetfelds mittels einer Zylinderspule

**a)** $\tan\alpha = \frac{B_{H,Erde}}{B_{Spule}} \Rightarrow B_{H,Erde} = B_{Spule} \cdot \tan\alpha$

Aufgabe 40: $B_{Spule} = \mu_0 \cdot \frac{I \cdot N}{\ell}$ $\Bigg\} \Rightarrow$

$\Rightarrow B_{H,Erde} = \mu_0 \cdot \frac{I \cdot N}{\ell} \cdot \tan\alpha \Rightarrow$

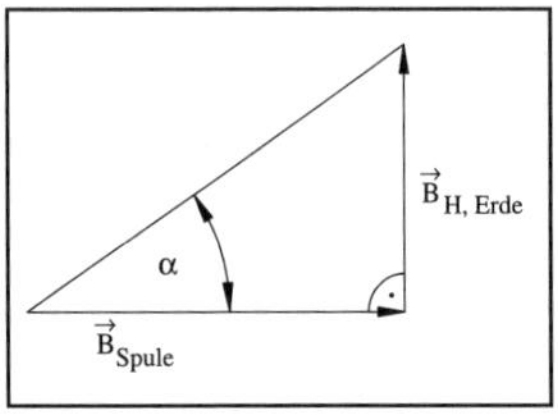


$$\Rightarrow B_{H,Erde} = 4 \cdot \pi \cdot 10^{-7}\ \frac{V \cdot s}{A \cdot m}\ \frac{23{,}9 \cdot 10^{-3}\ A \cdot 800}{0{,}80 \cdot m} \cdot \tan 34{,}5° = 2{,}06 \cdot 10^{-5}\ T$$

**b)** $\cos\beta = \frac{B_{H,Erde}}{B_{Erde}} \Rightarrow B_{Erde} = \frac{B_{H,Erde}}{\cos\beta} \Rightarrow$

$\Rightarrow B_{Erde} = \frac{2{,}06 \cdot 10^{-5}\ T}{\cos 63{,}9°} = 4{,}7 \cdot 10^{-5}\ T$

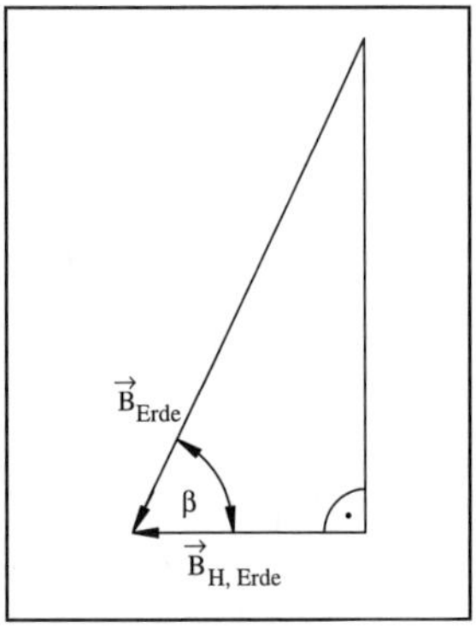


## 43. Vergleich zwischen elektrischem und magnetischem Feld

| | Elektrisches Feld | Magnetisches Feld |
|---|---|---|
| a) | Die Ursache für das Feld | |
| | sind ruhende elektrische Ladungen | sind bewegte elektrische Ladungen. Dies gilt auch für das Magnetfeld von Permanentmagneten, das seine Ursache letztlich in der Bewegung der Elektronen um die Atomkerne hat. |
| b) | $F = q \cdot E$ | F = 0. Die Lorentzkraft auf ruhende Ladungen ist Null! |

| | Elektrisches Feld | Magnetisches Feld |
|---|---|---|
| c) | $F = q \cdot E$, unabhängig von Betrag und Richtung von $\vec{v}$ ! | $F = q \cdot v \cdot B \cdot \sin\alpha$, wobei $\alpha = \sphericalangle(\vec{v}; \vec{B})$<br>Spezialfälle sind:<br>$\alpha = 0° \quad \Rightarrow \vec{v} \parallel \vec{B} \quad \Rightarrow F = 0$<br>$\alpha = 90° \quad \Rightarrow \vec{v} \perp \vec{B} \quad \Rightarrow F = q \cdot v \cdot B$ |
| d) | $\vec{F} \uparrow\uparrow \vec{E}$ falls $q > 0$<br>$\vec{F} \uparrow\downarrow \vec{E}$ falls $q < 0$ | Stets gilt: $\vec{F} \perp \vec{B}$ und $\vec{F} \perp \vec{v}$, wobei<br>falls $q > 0$ falls $q < 0$<br>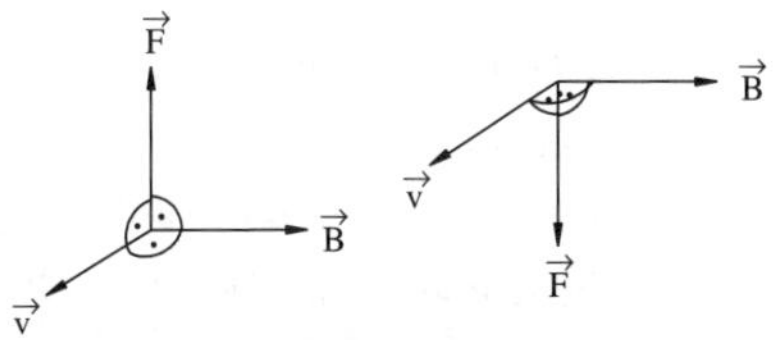<br> |
| e) | Elektrische Feldlinien beginnen und enden stets an elektrischen Ladungen. Sie sind niemals in sich geschlossen. Andernfalls wäre der Energiesatz verletzt (vgl. Aufgabe 2 c).<br><br>Die Quellen des elektrischen Feldes sind die elektrischen Ladungen. Das elektrische Feld ist ein Quellenfeld! | Magnetische Feldlinien sind stets in sich geschlossen. Sie besitzen weder einen Anfangs- noch einen Endpunkt.<br>Dies würde ebenso wie im Fall des elektrischen Felds den Energiesatz verletzen, wenn es *einzelne* magnetische Nord- oder Südpole gäbe: Dann könnte ein Monopol vom Magnetfeld selbst auf einer Feldlinie "im Kreis" herumgeführt werden, wobei das Feld selbst Arbeit verrichtet, ohne daß sich sonst im System etwas ändert. Es gibt aber keine magnetischen Einzelpole.<br>Das Magnetfeld besitzt somit keine Quellen. Es ist ein quellenfreies Feld. |
| f) | Zwischen den Platten eines Plattenkondensators besteht ein homogenes Feld. | Im Inneren einer langgestreckten, stromdurchflossenen Zylinderspule besteht ein homogenes Feld. |
| g) | Wegen $E = \frac{U}{d}$ erhält man den Betrag der elektrischen Feldstärke durch eine Spannungs- und eine Längenmessung. | Wegen $B = \mu_0 \cdot \frac{I \cdot N}{\ell}$ erhält man den Betrag der magnetischen Flußdichte durch eine Stromstärkemessung, eine Längenmessung und durchs Abzählen der Wicklungen. |

## 44. Bahnformen im homogenen Magnetfeld

**a)** $\sphericalangle(\vec{v};\vec{B}) = 0°$:

Das Teilchen bewegt sich auf einer Geraden parallel zu den Feldlinien mit konstanter Geschwindigkeit $\vec{v}$.

*Begründung:*

Wenn $\sphericalangle(\vec{v};\vec{B}) = 0°$, ist die Lorentzkraft auf das Teilchen 0.

**b)** $\sphericalangle(\vec{v};\vec{B}) = 90°$:

Das Teilchen durchläuft mit dem konstanten Geschwindigkeitsbetrag v eine Kreisbahn in einer Ebene senkrecht zu $\vec{B}$.

*Begründung:*

Für die Lorentzkraft gilt stets $\vec{F}_{Lorentz} \perp \vec{B}$. Da $\vec{B}$ in einem homogenen Feld überall im Feld gleich ist und $\vec{v} \perp \vec{B}$, ist die von $\vec{v}$ und $\vec{F}_{Lorentz}$ aufgespannte Ebene überall im Feld gleich. Das bedeutet aber, daß das Teilchen eine ebene Bewegung ausführt.

Weiter gilt für die Lorentzkraft stets $\vec{F}_{Lorentz} \perp \vec{v}$. Die Lorentzkraft verrichtet am Teilchen also keine Arbeit (vgl. Hinweis zu Aufgabe 6). Da das Teilchen Energie nur in Form von kinetischer Energie besitzt, ändert sich demnach der Betrag v der Teilchengeschwindigkeit unter dem Einfluß der Lorentzkraft nicht. Da im Fall $\vec{v} \perp \vec{B}$ der Betrag der Lorentzkraft aber $F_{Lorentz} = q \cdot v \cdot B$ ist, ändert sich dann auch der Betrag der Lorentzkraft auf das Teilchen nicht.

Es liegt also eine ebene Bewegung vor, bei der eine betragsmäßig konstante Kraft stets senkrecht zur Geschwindigkeitsrichtung am Teilchen angreift. Die einzige Bewegung, die diese Kriterien erfüllt, ist eine Kreisbewegung.

**c)** $0° < \sphericalangle(\vec{v};\vec{B}) < 90°$:

Das Teilchen bewegt sich dann auf einer Schraubenlinie, deren Achse parallel zu den Feldlinien verläuft.

*Begründung:*

Man zerlegt den Geschwindigkeitsvektor $\vec{v}$ in eine Komponente $\vec{v}_p$ parallel zu $\vec{B}$ und eine Komponente $\vec{v}_s$ senkrecht zu $\vec{B}$.

Wegen $\vec{v}_s$ bewegt sich das Teilchen nach b auf einer Kreisbahn in einer Ebene, auf der der Vektor $\vec{B}$ senkrecht steht.
Wegen $\vec{v}_p$ bewegt sich das Teilchen nach a auf einer Geraden parallel zu $\vec{B}$ mit konstanter Geschwindigkeit.
Die Gesamtbewegung des Teilchens ergibt sich durch eine Überlagerung dieser Einzelbewegungen als Bewegung auf einer Schraubenlinie, deren Achse parallel zu $\vec{B}$ ist.

## 45. Quantitative Überlegungen zur Kreisbahnbewegung

**a)** Kräftebilanz:

$$F_{Lorentz} = F_{Zentral}$$
$$q \cdot v \cdot B = \frac{m \cdot v^2}{r} \Rightarrow$$
$$\Rightarrow \quad r = \frac{m \cdot v^2}{q \cdot v \cdot B} = \frac{m \cdot v}{q \cdot B}$$

**b)** Je größer der Betrag der Flußdichte $\vec{B}$ ist, desto kleiner ist r.
Je größer der Betrag der Teilchengeschwindigkeit $\vec{v}$ ist, desto größer ist r.
Je größer die Teilchenmasse m ist, desto größer ist r.
Je größer der Ladungsbetrag q ist, desto kleiner ist r.

**c)** Der in der Zeit T mit konstantem Geschwindigkeitsbetrag v zurückgelegte Weg ist $v \cdot T$. Dieser Weg ist andererseits der Umfang einer Kreises vom Radius r, also $2 \cdot r \cdot \pi$. Es gilt also:

$$\left.\begin{array}{l} v \cdot T = 2 \cdot r \cdot \pi \\ a): r = \frac{m \cdot v}{q \cdot B} \end{array}\right\} \Rightarrow v \cdot T = 2 \cdot \frac{m \cdot v}{q \cdot B} \cdot \pi \Rightarrow T = \frac{2 \cdot m \cdot \pi}{q \cdot B}$$

**d)** Für alle Teilchen mit gleicher spezifischer Ladung $\frac{q}{m}$ ist die Umlaufsdauer T unabhängig vom Betrag der Teilchengeschwindigkeit $\vec{v}$ ! Ein Teilchen mit größerem Geschwindigkeitsbetrag durchläuft eine Kreisbahn mit größerem Radius, also einen längeren Weg. Es benötigt wegen der größeren Geschwindigkeit dafür aber die gleiche Zeit, wie ein Teilchen, das mit kleinerer Geschwindigkeit eine Kreisbahn mit kleinerem Radius, also einen kürzeren Weg zurücklegt.

## 46. Zeichnen von Kreisbahnen

Nach Aufgabe 45 a gilt für den Bahnradius: $r = \frac{m \cdot v}{q \cdot B}$. Wegen $r_1 = 3$ cm gilt:

$$r_2 = \frac{m_2 \cdot v_2}{q_2 \cdot B} = \frac{m_1 \cdot 2 \cdot v_1}{q_1 \cdot B} = 2 \cdot \frac{m_1 \cdot v_1}{q_1 \cdot B} = 2 \cdot r_1 = 2 \cdot 3\,\text{cm} = 6\,\text{cm}$$

$$r_3 = \frac{m_3 \cdot v_3}{q_3 \cdot B} = \frac{m_1 \cdot v_1}{2 \cdot q_1 \cdot B} = \frac{1}{2} \cdot \frac{m_1 \cdot v_1}{q_1 \cdot B} = \frac{1}{2} \cdot r_1 = \frac{1}{2} \cdot 3\,\text{cm} = 1{,}5\,\text{cm}$$

$$r_4 = \frac{m_4 \cdot v_4}{q_4 \cdot B} = \frac{2 \cdot m_1 \cdot 0{,}75 \cdot v_1}{q_1 \cdot B} = 1{,}5 \cdot \frac{m_1 \cdot v_1}{q_1 \cdot B} = 1{,}5 \cdot r_1 = 1{,}5 \cdot 3\,\text{cm} = 4{,}5\,\text{cm}$$

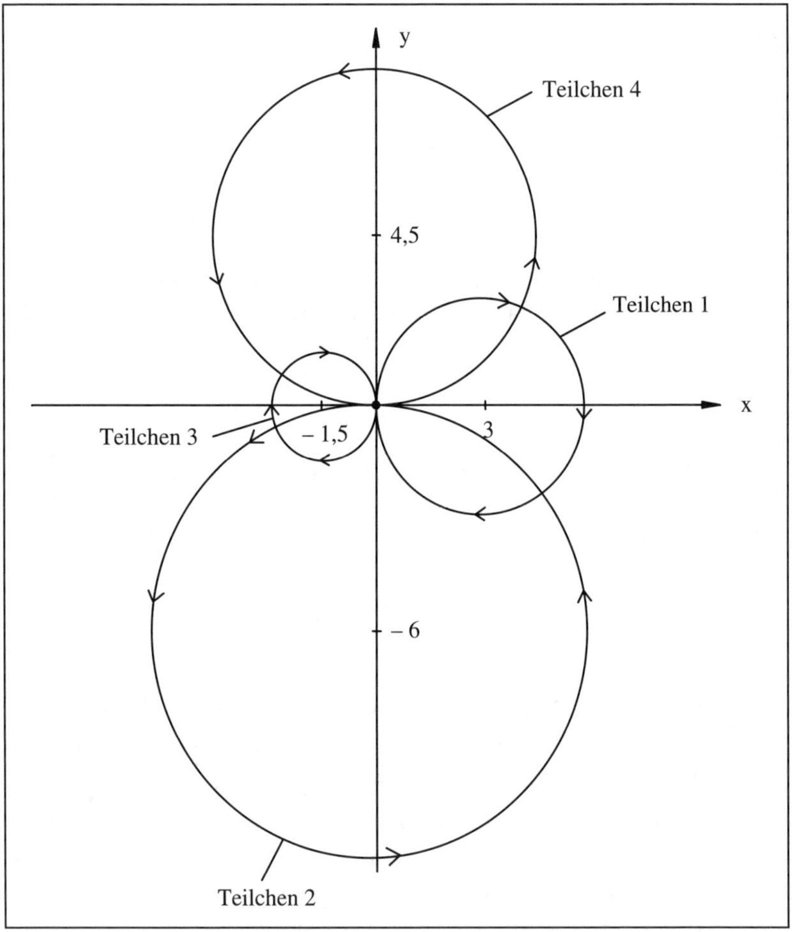

**47. Bewegung längs einer Schraubenlinie (1. Rechenaufgabe)**

**a)** Da $0° < \sphericalangle(\vec{v};\vec{B}) = 45° < 90°$ ist die Bahn des Elektrons nach Aufgabe 44 c eine Schraubenlinie, deren Achse parallel zur y-Achse des Koordinatensystems verläuft.

**b)** Entsprechend nebenstehender Skizze gilt für die Beträge der Komponenten $\vec{v}_s$ bzw. $\vec{v}_p$ der Elektronengeschwindigkeit $\vec{v}$ senkrecht bzw. parallel zum Vektor $\vec{B}$ der Flußdichte:

$$v_s = v_p = v_0 = 3{,}9 \cdot 10^6 \ \frac{m}{s}$$

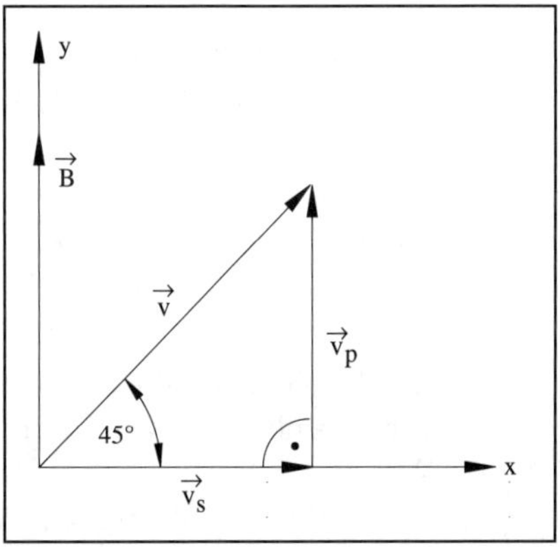


Kreisbahnbedingung: $F_{Lorentz} = F_{Zentral}$

$$e \cdot v_s \cdot B = \frac{m \cdot v_s^2}{r} \Rightarrow r = \frac{m \cdot v_s}{e \cdot B} = \frac{v_s}{\frac{e}{m} \cdot B}$$

$$= \frac{3{,}9 \cdot 10^6 \ \frac{m}{s}}{1{,}76 \cdot 10^{11} \frac{C}{kg} \cdot 1{,}5 \cdot 10^{-3} \ T} = 1{,}5 \cdot 10^{-2} \ m$$

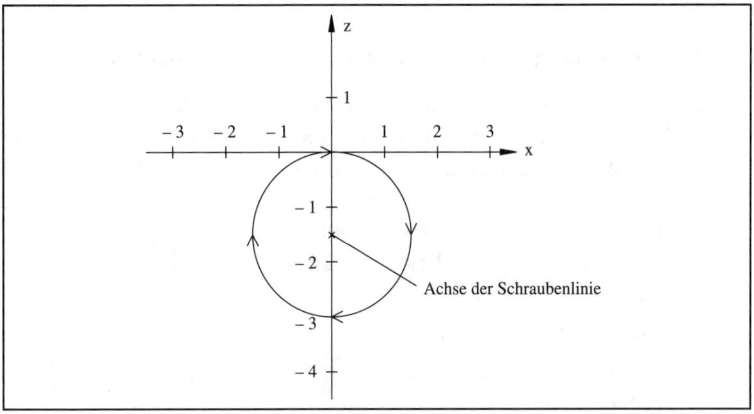

**c)** Für einen Umlauf benötigt das Elektron die Zeit T:

$$v_s \cdot T = 2 \cdot r \cdot \pi \Rightarrow T = \frac{2 \cdot r \cdot \pi}{v_s} = \frac{2 \cdot 1{,}5 \cdot 10^{-2}\ \text{m} \cdot \pi}{3{,}9 \cdot 10^6\ \frac{\text{m}}{\text{s}}} = 2{,}4 \cdot 10^{-8}\ \text{s}$$

Das Elektron berührt also $2{,}4 \cdot 10^{-8}$ s nach seinem Eintritt ins Magnetfeld zum erstenmal wieder die y-Achse.

**d)** Während der Zeit T legt es in y-Richtung die Strecke

$$y = v_p \cdot T = 3{,}9 \cdot 10^6\ \frac{\text{m}}{\text{s}} \cdot 2{,}4 \cdot 10^{-8}\ \text{s} = 9{,}4 \cdot 10^{-2}\ \text{m}$$

zurück.

**e)** Für den Betrag der Gesamtgeschwindigkeit $v_{ges}$ gilt:

$$v_{ges} = \sqrt{{v_0}^2 + {v_0}^2} = \sqrt{2{v_0}^2} = v_0 \cdot \sqrt{2}$$

Da der Geschwindigkeitsbetrag des Elektrons beim Durchlaufen der Schraubenlinie konstant bleibt, gilt für den in der Zeit T zurückgelegten Weg s:

$$s = v_{ges} \cdot T = v_0 \cdot \sqrt{2} \cdot T = 3{,}9 \cdot 10^6\ \frac{\text{m}}{\text{s}} \cdot \sqrt{2} \cdot 2{,}4 \cdot 10^{-8}\ \text{s} = 0{,}13\ \text{m}$$

**f)** Nach dem Durchlaufen einer Windung hat sich das Elektron nach Teilaufgabe d $9{,}4 \cdot 10^{-2}$ m in y-Richtung fortbewegt.

Wegen $\frac{0{,}47\ \text{m}}{9{,}4 \cdot 10^{-2}\ \text{m}} = 5$ hat das Elektron 5 Windungen der Schraubenlinie durchlaufen.

## 48. Bewegung längs einer Schraubenlinie (2. Rechenaufgabe)

**a)** Unter der Ganghöhe einer Schraubenlinie versteht man die Strecke h, die das Teilchen, nach Durchlaufen einer Windung, parallel zur Schraubenachse zurückgelegt hat.

**b)** Mit $\vec{v}_s$ bzw. $\vec{v}_p$ werden die Komponenten der Geschwindigkeit $\vec{v}$ senkrecht bzw. parallel zur Richtung des Magnetfelds bezeichnet.

T bezeichne die Zeitdauer, die ein Elektron zum Durchlaufen einer Windung benötigt.

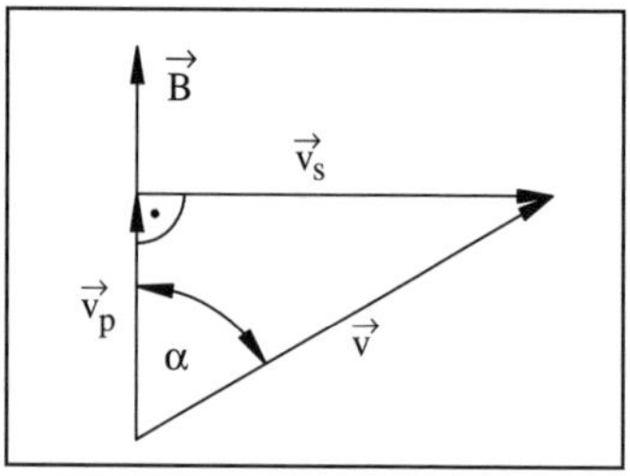

$$\left.\begin{array}{l} h = v_p \cdot T \\ \cos\alpha = \frac{v_p}{v} \Rightarrow v_p = v \cdot \cos\alpha \end{array}\right\} \Rightarrow h = v \cdot \cos\alpha \cdot T \quad (*)$$

Wie bei Aufgabe 45 erhält man: $T = \frac{2 \cdot \pi \cdot m}{B \cdot e} \quad (**)$

(*) und (**): $h = v \cdot \cos\alpha \cdot \frac{2 \cdot \pi \cdot m}{B \cdot e} \Rightarrow \cos\alpha = \frac{h \cdot B \cdot e}{v \cdot 2 \cdot \pi \cdot m} = \frac{h \cdot B \cdot \frac{e}{m}}{2 \cdot v \cdot \pi}$

$$\Rightarrow \cos\alpha = \frac{12{,}9 \cdot 10^{-2}\,\text{m} \cdot 2{,}5 \cdot 10^{-3}\,\text{T} \cdot 1{,}76 \cdot 10^{11}\,\frac{\text{C}}{\text{kg}}}{2 \cdot 1{,}8 \cdot 10^{7}\,\frac{\text{m}}{\text{s}} \cdot \pi} = 0{,}50$$

$$\Rightarrow \alpha = 60°$$

**c)** Kreisbahnbedingung:

$$\left.\begin{array}{l} F_{Lorentz} = F_{Zentral} \\ B \cdot e \cdot v_s = \frac{m \cdot v_s^2}{r} \Rightarrow r = \frac{m \cdot v_s}{B \cdot e} \\ \sin\alpha = \frac{v_s}{v} \Rightarrow v_s = v \cdot \sin\alpha \end{array}\right\} \Rightarrow r = \frac{m \cdot v \cdot \sin\alpha}{B \cdot e} = \frac{v \cdot \sin\alpha}{B \cdot \frac{e}{m}} \Rightarrow$$

$$\Rightarrow r = \frac{1{,}8 \cdot 10^{7}\,\frac{\text{m}}{\text{s}} \cdot \sin 60°}{2{,}5 \cdot 10^{-3}\,\text{T} \cdot 1{,}76 \cdot 10^{11}\,\frac{\text{C}}{\text{kg}}} = 3{,}5 \cdot 10^{-2}\,\text{m}$$

## 49. Ablenkwinkel im Magnetfeld

Hinweis:
Bei der Lösung dieser geometrischen Probleme ist ein Satz der Elementargeometrie nützlich, der auch bei einigen der noch kommenden Aufgaben gute Dienste leistet. Sie sollten diesen Satz beherrschen.
Er lautet: Winkel, deren Schenkel paarweise aufeinander senkrecht stehen, sind entweder kongruent (siehe Abb. 1) oder ergänzen sich auf 180° (siehe Abb. 2). Bei Physikaufgaben begegnet Ihnen stets nur die in Abb. 1 dargestellte Situation:

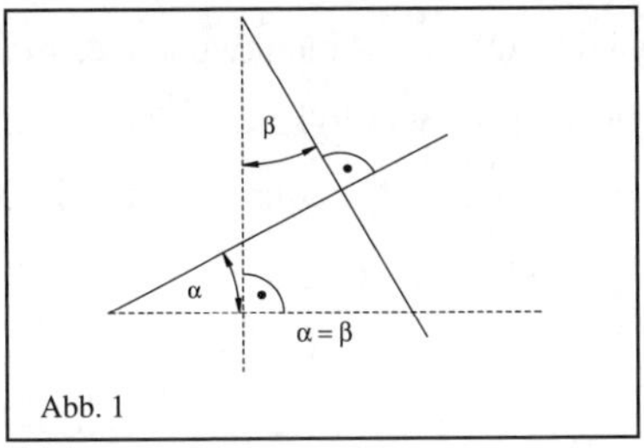

Abb. 1

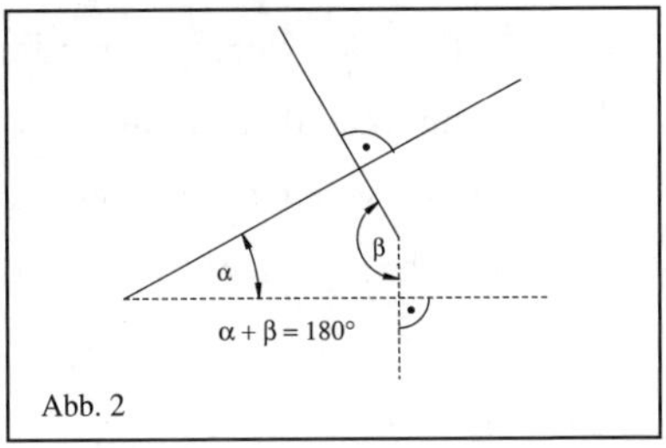

Abb. 2

**a)**

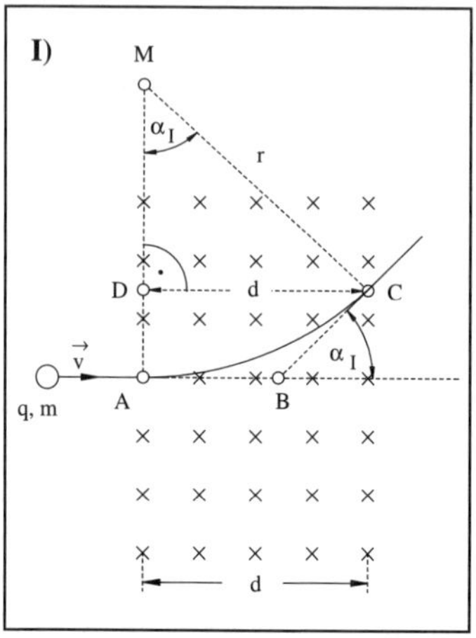


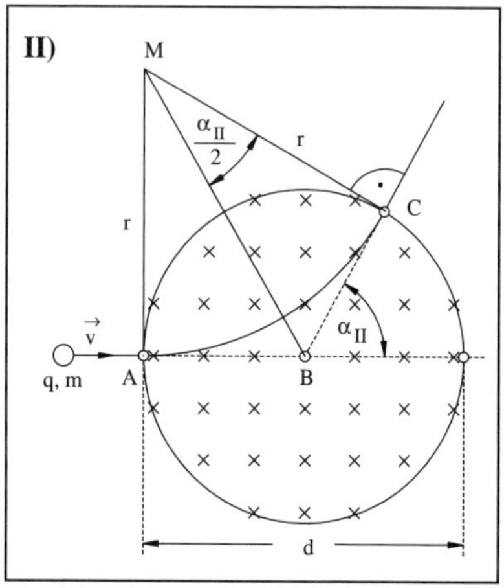


$$\left.\begin{array}{l} MA \perp AB \\ MC \perp BC \end{array}\right\} \overset{\text{Hinweis}}{\Rightarrow} \sphericalangle\, AMC = \alpha_I$$

$$\Delta MDC: \sin\alpha_I = \frac{d}{r} \quad (*)$$

$$\left.\begin{array}{l} MA \perp AB \\ MC \perp BC \end{array}\right\} \overset{\text{Hinweis}}{\Rightarrow} \sphericalangle\, AMC = \alpha_{II}$$

Wegen $\overline{AB} = \overline{BC} = \frac{d}{2}$ ist dann $\sphericalangle\, BMC = \frac{\alpha_{II}}{2}$

$$\Delta BCM: \tan\frac{\alpha_{II}}{2} = \frac{\frac{d}{2}}{r} = \frac{d}{2 \cdot r} \quad (**)$$

Kreisbahnbedingung:

$$F_{Lorentz} = F_{Zentral}$$

$$q \cdot v \cdot B = \frac{m \cdot v^2}{r} \quad \Rightarrow r = \frac{m \cdot v}{q \cdot B}$$

Eingesetzt in (*): $\sin\alpha_I = \dfrac{d}{\frac{m \cdot v}{q \cdot B}} = \dfrac{q \cdot B \cdot d}{m \cdot v}$

Eingesetzt in (**): $\tan\dfrac{\alpha_{II}}{2} = \dfrac{d}{2 \cdot \frac{m \cdot v}{q \cdot B}} = \dfrac{q \cdot B \cdot d}{2 \cdot m \cdot v}$

**b)** Mittels der Versuchsanordnung läßt sich der Ablenkwinkel $\alpha$ messen. Kennt man den Betrag v der Teilchengeschwindigkeit, so kann man mit den hergeleiteten Beziehungen die spezifische Ladung $\frac{q}{m}$ der Teilchen berechnen. (Identifizierung der Teilchenart!)

## 50. Wiensches Geschwindigkeitsfilter

**a)** Die Lorentzkraft auf das Elektron muß parallel, aber entgegengesetzt zur elektrischen Kraft auf das Elektron, also nach unten, gerichtet sein. Dies ist dann erfüllt, wenn die Feldlinien des Magnetfelds senkrecht zur Zeichenebene, in die Zeichenebene hinein verlaufen.

**b)** Sind die Beträge der elektrischen Kraft $\vec{F}_{\text{elektrisch}}$ und der Lorentzkraft $\vec{F}_{\text{Lorentz}}$ gleich, so ist die Gesamtkraft auf das Elektron Null, es kann die Anordnung unabgelenkt passieren:

$$F_{\text{elektrisch}} = F_{\text{Lorentz}}$$

$$\left.\begin{array}{l} e \cdot E = e \cdot v \cdot B \Rightarrow B = \frac{E}{v} \\ E = \frac{U}{d} \end{array}\right\} \Rightarrow B = \frac{U}{v \cdot d} = \frac{1{,}0 \cdot 10^3\,\text{V}}{2{,}0 \cdot 10^7\,\frac{\text{m}}{\text{s}} \cdot 4{,}0 \cdot 10^{-2}\,\text{m}} = 1{,}25 \cdot 10^{-3}\,\text{T}$$

**$c_{1)}$** $v_1 > v \Rightarrow F_{\text{Lorentz}} > F_{\text{elektrisch}} \Rightarrow$ Elektron wird nach unten abgelenkt!

**$c_{2)}$** $v_1 < v \Rightarrow F_{\text{Lorentz}} < F_{\text{elektrisch}} \Rightarrow$ Elektron wird nach oben abgelenkt!

**d)** Auf ein Proton wirkt $\vec{F}_{\text{elektrisch}}$ nach unten und $\vec{F}_{\text{Lorentz}}$ nach oben. Hat die magnetische Flußdichte $\vec{B}$ den in b berechneten Betrag, so gilt auch für ein Proton $F_{\text{elektrisch}} = F_{\text{Lorentz}}$; es kann die Anordnung also unabgelenkt passieren.

**e)** Bei vorgegebenem E und B kann ein geladenes Teilchen unabhängig von seiner Ladung und seiner Masse die Anordnung nur dann unabgelenkt passieren, wenn es den Geschwindigkeitsbetrag $v = \frac{E}{B}$ besitzt. Teilchen mit größerem oder kleinerem Geschwindigkeitsbetrag treten durch die Blende $B_2$ nicht aus (vgl. Teilaufgabe c).

Man kann daher mit dieser Versuchsanordnung aus einem Strahl geladener Teilchen mit unterschiedlichen Geschwindigkeitsbeträgen durch geeignete Wahl von E und B diejenigen Teilchen herausfiltern, die einen ganz bestimmten Geschwindigkeitsbetrag, nämlich $v = \frac{E}{B}$, besitzen!

## 51. Halleffekt

**a)** Wird ein gerader, stromdurchflossener Leiterstreifen senkrecht zur Stromrichtung von einem Magnetfeld durchsetzt, so tritt zwischen zwei exakt gegenüberliegenden Anschlußstellen eine Spannung auf. Man nennt diese Erscheinung Halleffekt und die auftretende Spannung Hallspannung.

**b)**

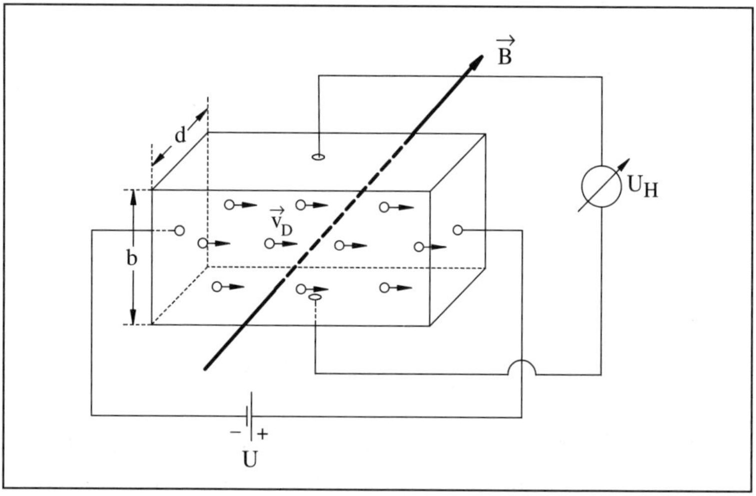


Unter dem Einfluß der angelegten Spannung U bewegen sich die Elektronen mit der konstanten Driftgeschwindigkeit $\vec{v}_D$ im Leiterband in der eingezeichneten Richtung. Aufgrund ihres Geschwindigkeitsbetrages $v_D$ erfahren sie im Magnetfeld die Lorentzkraft $\vec{F}_{Lorentz}$. Diese lenkt sie, wenn die Verhältnisse wie in obiger Skizze liegen, nach unten ab. So entsteht an der unteren Leiterbegrenzung ein Überschuß, an der oberen ein Mangel an Elektronen. Dieses Konzentrationsgefälle von Ladungsträgern erzeugt im Leiter ein elektrisches Feld $\vec{E}_H$, dessen Feldkraft auf die Elektronen parallel, aber entgegengesetzt zu $\vec{F}_{Lorentz}$ wirkt. Hat sich das Konzentrationsgefälle so stark ausgebildet, daß $F_{elektrisch} = F_{Lorentz}$, werden neu durchströmende Elektronen nicht mehr abgelenkt (vgl. Wien-Filter).

Dann gilt: $F_{elektrisch} = F_{Lorentz}$

$$\left.\begin{array}{l} e \cdot E_H = e \cdot v_D \cdot B \Rightarrow \quad E_H = v_D \cdot B \\ \qquad\qquad\qquad\qquad\quad E_H = \frac{U_H}{b} \end{array}\right\} \Rightarrow \frac{U_H}{b} = v_D \cdot B \Rightarrow$$

$$\Rightarrow U_H = v_D \cdot B \cdot b$$

**c)** Aus der Beziehung $U_H = v_D \cdot B \cdot b$ läßt sich die in der Formelsammlung auf Seite 43 / 3.8 angegebene Beziehung

$$U_H = \frac{1}{n \cdot e} \cdot \frac{I \cdot B}{d}$$

(I = Stromstärke des Stroms durch den Leiterstreifen, n = Anzahl der Elektronen pro Volumeneinheit, e = Elementarladung, d = Dicke des Leiterstreifens, B = Flußdichte des Magnetfelds, das den Leiterstreifen durchsetzt) herleiten. (Diese Herleitung braucht ein Grundkurskollegiat nicht zu beherrschen!) Da die Größen n, d des Leiterstreifens normalerweise bekannt sind, kann der Betrag der Flußdichte $\vec{B}$ des Magnetfelds nach Messung der Hallspannung $U_H$ und der Stromstärke I aus

$$U_H = \frac{1}{n \cdot e} \cdot \frac{I \cdot B}{d} \Rightarrow B = \frac{U_H \cdot n \cdot e \cdot d}{I}$$

berechnet werden.

**d)** Um große Hallspannungen zu erhalten, sollten $n \cdot e$ und d möglichst klein sein!

## 52. Wirkungsweise eines MHD-Generators

**a)** Auf die geladenen Teilchen wirkt im Magnetfeld die Lorentzkraft. Diese lenkt negativ geladene Teilchen zur unteren Platte, positiv geladene zur oberen Platte ab. Zwischen den beiden Platten baut sich so ein elektrisches Feld auf, dessen Feldkraft auf die geladenen Teilchen parallel, aber entgegengesetzt zur Lorentzkraft gerichtet ist. Wenn die beiden Kräfte betragsgleich sind, werden neu einströmende Teilchen nicht mehr abgelenkt, die Spannung zwischen den beiden Platten hat einen konstanten Wert U erreicht.

**b)** $F_{elektrisch} = F_{Lorentz}$

$$\left.\begin{array}{l} q \cdot E = q \cdot v \cdot B \Rightarrow \quad E = v \cdot B \\ \qquad\qquad\qquad\qquad\; E = \frac{U}{d} \end{array}\right\} \Rightarrow \frac{U}{d} = v \cdot B \Rightarrow U = v \cdot B \cdot d$$

## 53. Bestimmung der spezifischen Ladung von Elektronen mit dem Fadenstrahlrohr

**a)** In einer sonst gut evakuierten Glasröhre befindet sich Wasserstoffgas sehr geringen Drucks (wenige Pascal). In die Glasröhre sind entsprechend der Skizze eine Glühkathode K und eine Anode A mit Loch eingeschmolzen. Glühelektrisch bei K freigesetzte Elektronen werden durch die Spannung $U_B$ zwischen K und A beschleunigt und treten hinter A senkrecht zu den Feldlinien in ein homogenes Magnetfeld der Flußdichte $\vec{B}$ ein.

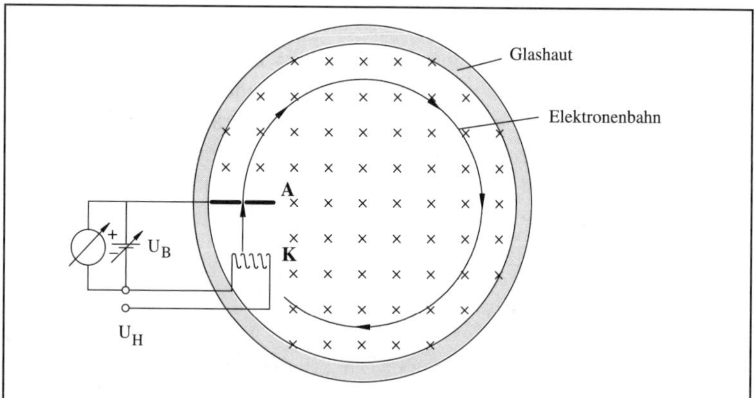


$U_H$ : Heizspannung (ca. 6 V) $U_B$ : Beschleunigungsspannung (100 V – 300 V)

Dort regen Sie die Wasserstoffatome an, die bei der Rückkehr in den Grundzustand Licht aussenden. So wird die Kreisbahn der Elektronen sichtbar.
Gemessen werden der Betrag der Beschleunigungsspannung $U_B$ mit einem Voltmeter, der Betrag der Flußdichte $\vec{B}$ des Magnetfelds, z. B. mit einer Hallsonde, und der Radius r der Elektronenbahn mit einem Spiegelmaßstab.

**b)** Energiesatz im elektrischen Feld zwischen K und A:

$$e \cdot U_B = \frac{1}{2} \cdot m \cdot v^2 \Rightarrow v^2 = 2 \cdot \frac{e}{m} \cdot U_B$$

Kräftebilanz im Magnetfeld: $F_{zentral} = F_{Lorentz}$

$$\frac{m \cdot v^2}{r} = e \cdot v \cdot B \Rightarrow v = \frac{e}{m} \cdot B \cdot r \Rightarrow v^2 = \left(\frac{e}{m}\right)^2 \cdot B^2 \cdot r^2$$

$\Rightarrow$

$$\Rightarrow \left(\frac{e}{m}\right)^2 \cdot B^2 \cdot r^2 = 2 \cdot \frac{e}{m} \cdot U_B \Rightarrow$$

$$\Rightarrow \quad \frac{e}{m} \cdot B^2 \cdot r^2 = 2 \cdot U_B \quad \Rightarrow$$

$$\Rightarrow \quad \frac{e}{m} = \frac{2 \cdot U_B}{B^2 \cdot r^2}$$

## 54. Bestimmung der spezifischen Ladung von Ionen nach der Methode von Bainbridge

**a)** Kräftebilanz im Magnetfeld $\vec{B}_1$: $F_{zentral} = F_{Lorentz}$

$$\frac{m \cdot v^2}{r} = q \cdot B_1 \cdot v \Rightarrow v = \frac{B_1 \cdot q \cdot r}{m} \quad (*)$$

Kräftebilanz im Wienfilter: $F_{elektrisch} = F_{Lorentz}$

$$q \cdot E_0 = q \cdot B_0 \cdot v \Rightarrow v = \frac{E_0}{B_0} \quad (**)$$

(*) und (**): $\left.\begin{array}{l} \frac{E_0}{B_0} = \frac{B_1 \cdot q \cdot r}{m} \Rightarrow \frac{q}{m} = \frac{E_0}{B_0 \cdot B_1 \cdot r} \\ r = \frac{d}{2} \end{array}\right\} \Rightarrow$

$$\Rightarrow \frac{q}{m} = \frac{2 \cdot E_0}{B_0 \cdot B_1 \cdot d}$$

**b)** Bleiben $E_0$, $B_0$, $B_1$ unverändert, so ist d um so kleiner, je größer $\frac{q}{m}$. Ionen unterschiedlicher spezifischer Ladung treffen an verschiedenen Stellen des Registrierschirms auf. Ist q bekannt, so läßt sich die Masse der Ionen durch Messung von d bestimmen.

Hinweis:
Eine Vorrichtung zur Bestimmung der Masse von Ionen heißt Massenspektrograph oder Massenspektrometer.

## 55. Bestimmung der spezifischen Ladung von Elektronen mittels Wienfilters und homogenen elektrischen Längsfelds

**a)** Energiesatz im elektrischen Längsfeld: $E_{kin} = E_{pot,elektr.}$

$$\frac{1}{2} \cdot m \cdot v^2 = e \cdot U \Rightarrow v^2 = 2 \cdot \frac{e}{m} \cdot U \quad (*)$$

Kräftebilanz im Wienfilter: $F_{elektrisch} = F_{Lorentz}$

$$\left.\begin{aligned} e \cdot E = e \cdot B \cdot v \Rightarrow \quad v = \frac{E}{B} \\ E = \frac{U}{d} \end{aligned}\right\} \Rightarrow v = \frac{U}{B \cdot d} \Rightarrow v^2 = \frac{U^2}{B^2 \cdot d^2} \quad (**)$$

(*) und (**): $2 \cdot \frac{e}{m} \cdot U = \frac{U^2}{B^2 \cdot d^2} \Rightarrow \frac{e}{m} = \frac{U}{2 \cdot d^2 \cdot B^2}$

**b)** Bei unveränderlicher, bekannter Flußdichte $\vec{B}$ steigert man die Spannung U bei Null beginnend so lange, bis im Punkt P der Elektronenstrahl beobachtet werden kann. Man mißt die Spannung U und erhält $\frac{e}{m}$ nach der in a hergeleiteten Beziehung, da ja B und d bekannt sind.

## 56. Bestimmung der spezifischen Ladung von Elektronen nach der Methode von Kirchner

**a)** Beträgt die Flugzeit des Elektrons zwischen den beiden Kondensatoren gerade ein ganzzahliges Vielfaches der halben Periodendauer $\frac{T}{2}$ der Wechselspannung, so kann es $C_2$ spannungsfrei durchfliegen, wenn es auch $C_1$ spannungsfrei passiert hat.

Dann gilt:

$$\left.\begin{aligned} \ell = v \cdot \frac{T}{2} \cdot n \Rightarrow \quad v = \frac{2 \cdot \ell}{T \cdot n} \\ \frac{1}{T} = f \end{aligned}\right\} \Rightarrow v = \frac{2 \cdot \ell \cdot f}{n}$$

**b)** Energiesatz im elektrischen Längsfeld: $E_{kin} = E_{pot,elektr.}$

$$\left.\begin{aligned} \frac{1}{2} \cdot m \cdot v^2 = e \cdot U \Rightarrow v^2 = 2 \cdot \frac{e}{m} \cdot U \\ \text{nach a}: v = \frac{2 \cdot \ell \cdot f}{n} \Rightarrow v^2 = \frac{4 \cdot \ell^2 \cdot f^2}{n^2} \end{aligned}\right\} \Rightarrow 2 \cdot \frac{e}{m} \cdot U = \frac{4 \cdot \ell^2 \cdot f^2}{n^2}$$

$$\Rightarrow \frac{e}{m} = \frac{2 \cdot \ell^2 \cdot f^2}{n^2 \cdot U}$$

## 57. Klassisches Zyklotron

**a)** Zwei halbkreisförmige, durch einen Schlitz voneinander getrennte und gegeneinander isolierte Metalldosen $D_1$, $D_2$, die sog. Duanden, die an den einander zugewandten Seiten offen sind, werden von einem starken homogenen Magnetfeld senkrecht durchsetzt.

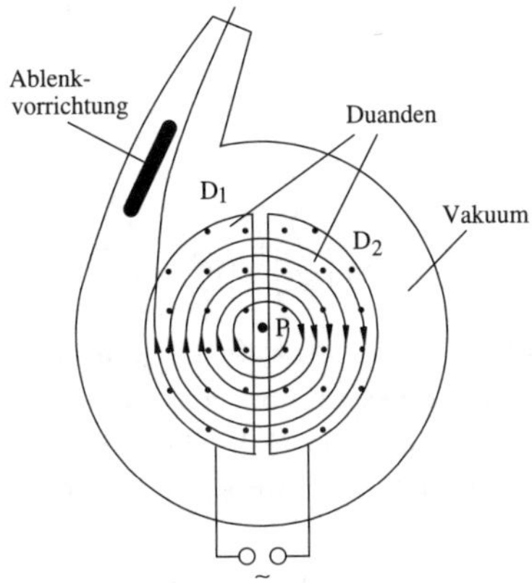


Eine an die Duanden angelegte, hochfrequente Wechselspannung erzeugt ein elektrisches Feld nur im Duandenzwischenraum, nicht aber im Inneren der Duanden.

Geladene Teilchen, die im Punkt P freigesetzt werden, beschreiben unter dem Einfluß des Magnetfelds in jedem Duanden einen Halbkreis und werden jedesmal, wenn sie den Duandenzwischenraum durchqueren, durch das elektrische Feld beschleunigt. Mit zunehmender Teilchengeschwindigkeit werden die Bahnradien größer. Hat ein Teilchen die gewünschte Geschwindigkeit erreicht, so kann es durch die Ablenkvorrichtung aus dem Zyklotron herausgeführt werden.

**b)** Das Zyklotron kann nur dann mit Wechselspannungen konstanter Frequenz f betrieben werden, wenn die Teilchen unabhängig von ihrer größer werdenden Geschwindigkeit immer die gleiche Zeit zum Durchfliegen eines Duanden benötigen. Nur so finden sie das elektrische Feld im Spalt zwischen den Duanden immer in der richtigen Polung vor.

Wie in Aufgabe 45 c zeigt man, daß für die Umlaufsdauer T eines geladenen Teilchens im Magnetfeld gilt:

$$T = \frac{2 \cdot m \cdot \pi}{B \cdot q}$$

Die Umlaufsdauer hängt also nicht von der Geschwindigkeit des Teilchens ab. Die Frequenz f der Wechselspannung ist dann so zu wählen, daß

$$f = \frac{1}{T} = \frac{B \cdot q}{2 \cdot m \cdot \pi}$$

**c)** Kräftebilanz im Magnetfeld: $F_{Lorentz} = F_{Zentral}$

$$\left.\begin{aligned} q\cdot B\cdot v=\frac{m\cdot v^2}{r} \Rightarrow v=\frac{q}{m}\cdot B\cdot r \Rightarrow v^2=\left(\frac{q}{m}\right)^2\cdot B^2\cdot r^2 \\ E_{kin}=\frac{1}{2}\cdot m\cdot v^2 \end{aligned}\right\}\Rightarrow$$

$$\Rightarrow E_{kin}=\frac{1}{2}\cdot m\cdot\left(\frac{q}{m}\right)^2\cdot B^2\cdot r^2=\frac{1}{2}\cdot\frac{q^2}{m}\cdot B^2\cdot r^2$$

Bemerkenswert ist daran, daß die kinetische Energie unabhängig von der Beschleunigungsspannung zwischen den Duanden nur vom Bahnradius abhängt. Durch die Höhe der Beschleunigungsspannung wird nur die Zahl der Umläufe bis zum Erreichen des Bahnradius r bestimmt.

**d)** Bei einem Umlauf wird das Teilchen zweimal durch die Spannung $U_B$ beschleunigt, erhält daher den Energiezuwachs $E = 2 \cdot q \cdot U_B$. Bezeichnet N die Anzahl der Umläufe bis zum Erreichen der kinetischen Energie $E_{kin}$, so gilt:

$$N=\frac{E_{kin}}{2\cdot q\cdot U_B}=\frac{\frac{1}{2}\cdot\frac{q^2}{m}\cdot B^2\cdot r^2}{2\cdot q\cdot U_B}=\frac{1}{4}\cdot\frac{q}{m}\cdot\frac{B^2\cdot r^2}{U_B}$$

## 58. Relativistische Masse

**a)** Aufgrund zahlreicher Versuche weiß man, daß die Lichtgeschwindigkeit c im Vakuum für alle Körper eine Grenzgeschwindigkeit ist, die kein Körper erreichen oder gar überschreiten kann.

**b)** Eine konstante Kraft $\vec{F}$ soll an einem Körper K so angreifen, daß sie an K nur Beschleunigungsarbeit verrichtet. Je länger $\vec{F}$ auf K einwirkt, desto größer wird K's kinetische Energie $\frac{1}{2}\cdot m\cdot v^2$. Wäre m eine geschwindigkeitsunabhängige, konstante Größe, so könnte bei hinreichend langer Krafteinwirkung $v > c$ werden.

Auch wenn die Formel $E_{kin}=\frac{1}{2}\cdot m\cdot v^2$ für große Geschwindigkeiten nicht mehr angewendet werden darf, legt diese Argumentation dennoch nahe, daß m mit zunehmender Geschwindigkeit "irgendwie" größer werden muß.

**c)** Aufgrund zahlreicher Versuche weiß man, daß die Masse eines Körpers mit wachsender Geschwindigkeit zunimmt. Die Masse m, die der Körper bei der Geschwindigkeit v besitzt, heißt relativistische Masse. Die Ruhemasse $m_0$ ist die Masse des Körpers bei v = 0.
Es gilt:

$$m = \frac{m_0}{\sqrt{1-\frac{v^2}{c^2}}}$$

**d)** $v = 0{,}1 \cdot c \Rightarrow m = \frac{m_0}{\sqrt{1-\frac{(0{,}1\cdot c)^2}{c^2}}} = \frac{m_0}{\sqrt{1-0{,}1^2}} = 1{,}005 \cdot m_0$

Analog erhält man folgende Werte:

| v | $0{,}1 \cdot c$ | $0{,}2 \cdot c$ | $0{,}3 \cdot c$ | $0{,}4 \cdot c$ | $0{,}5 \cdot c$ | $0{,}6 \cdot c$ | $0{,}7 \cdot c$ | $0{,}8 \cdot c$ | $0{,}9 \cdot c$ |
|---|---|---|---|---|---|---|---|---|---|
| m | $1{,}005 \cdot m_0$ | $1{,}02 \cdot m_0$ | $1{,}05 \cdot m_0$ | $1{,}09 \cdot m_0$ | $1{,}15 \cdot m_0$ | $1{,}25 \cdot m_0$ | $1{,}40 \cdot m_0$ | $1{,}67 \cdot m_0$ | $2{,}29 \cdot m_0$ |

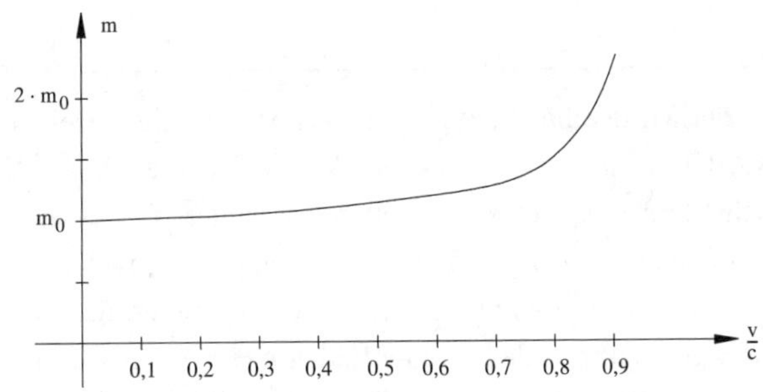


**e)** $\frac{m-m_0}{m_0} > 0{,}01 \Leftrightarrow \frac{m}{m_0} - 1 > 0{,}01 \Leftrightarrow \frac{m}{m_0} > 1{,}01 \Leftrightarrow$

$$\Leftrightarrow \frac{\frac{m_0}{\sqrt{1-\frac{v^2}{c^2}}}}{m_0} > 1{,}01 \Leftrightarrow \frac{1}{\sqrt{1-\frac{v^2}{c^2}}} > 1{,}01 \Leftrightarrow \sqrt{1-\frac{v^2}{c^2}} < \frac{1}{1{,}01}$$

$$\Leftrightarrow 1-\frac{v^2}{c^2} < \frac{1}{1{,}01^2} \Leftrightarrow 1-\frac{1}{1{,}01^2} < \frac{v^2}{c^2} \Leftrightarrow$$

$$\Leftrightarrow v^2 > \left(1-\frac{1}{1{,}01^2}\right)c^2 \Leftrightarrow v > \sqrt{1-\frac{1}{1{,}01^2}} \cdot c$$

$$\Leftrightarrow v > 0{,}14c$$

**f)** Wenn $v > 0{,}1 \cdot c$, wenn also die Teilchengeschwindigkeit mehr als 10 % der Vakuumlichtgeschwindigkeit beträgt, muß für die Teilchenmasse die relativistische Masse verwendet werden.

## 59. Bucherer-Versuch

**a)**

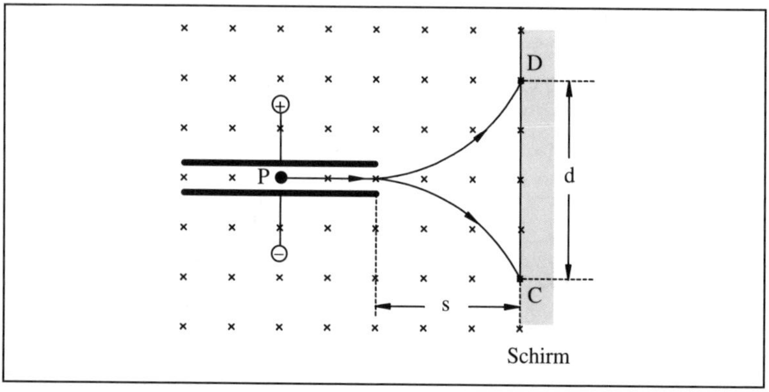


In der Mitte eines Plattenkondensators (Betrag der elektrischen Feldstärke: E) befindet sich ein radioaktives Präparat P, das Elektronen unterschiedlicher Geschwindigkeiten aussendet. Der Kondensator ist in ein homogenes Magnetfeld der Flußdichte $\vec{B}$ eingebettet. Nur Elektronen mit einer bestimmten Geschwindigkeit können das Wienfilter verlassen und gelangen in das Magnetfeld hinter dem Kondensator. Dort treffen sie nach Durchlaufen eines Teils einer Kreisbahn im Punkt C auf einen Registrierschirm.
Polt man bei unveränderten Beträgen E und B das elektrische und magnetische Feld um, so gelangen sie in D auf den Schirm. Aus dem Abstand d der beiden Auftreffpunkte und dem Abstand s des Schirms vom Plattenkondensator läßt sich der Kreisbahnradius r bestimmen.

**b)** Kräftebilanz im Wienfilter: $F_{elektrisch} = F_{Lorentz}$

$$e \cdot E = e \cdot B \cdot v \Rightarrow v = \frac{E}{B} \quad (*)$$

Kräftebilanz im Magnetfeld: $F_{zentral} = F_{Lorentz}$

$$\frac{m \cdot v^2}{r} = e \cdot B \cdot v \Rightarrow v = \frac{e}{m} \cdot B \cdot r \quad (**)$$

(*) und (**): $\frac{E}{B} = \frac{e}{m} \cdot B \cdot r \Rightarrow \frac{e}{m} = \frac{E}{B^2 \cdot r}$

Δ EDF ist nach dem Thalessatz rechtwinklig.

Höhensatz: $s^2 = \left(2r - \frac{d}{2}\right) \cdot \frac{d}{2}$

$\Rightarrow \quad s^2 = rd - \frac{d^2}{4}$

$\Rightarrow \quad r = \frac{s^2 + \frac{d^2}{4}}{d}$

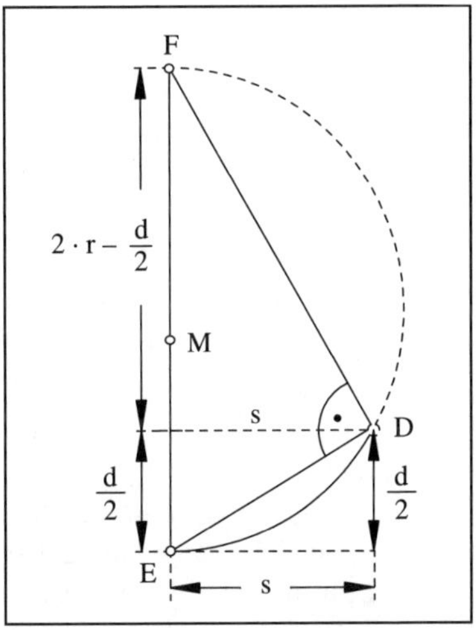


Eingesetzt in die Beziehung für $\frac{e}{m}$ erhält man:

$$\frac{e}{m} = \frac{E \cdot d}{B^2 \cdot \left(s^2 + \frac{d^2}{4}\right)}$$

**c)** Mit den Teilergebnissen $v = \frac{E}{B}$ und $\frac{e}{m} = \frac{E}{B^2 \cdot r}$ aus b erhält beim Einsetzen von $E = 1{,}5 \cdot 10^5\ \frac{V}{m}$; $B = 2{,}5 \cdot 10^{-3}$ T; $r = 13{,}9$ cm:

$$v = \frac{1{,}5 \cdot 10^5\ \frac{V}{m}}{2{,}5 \cdot 10^{-3}\ T} = 6{,}0 \cdot 10^7\ \frac{m}{s}$$

$$\frac{e}{m} = \frac{1{,}5 \cdot 10^5\ \frac{V}{m}}{(2{,}5 \cdot 10^{-3}\ T)^2 \cdot 13{,}9 \cdot 10^{-2}\ m} = 1{,}73 \cdot 10^{11}\ \frac{C}{kg}$$

Analog ergeben sich folgende Werte:

| $v / 10^8\ \frac{m}{s}$ | 0,6 | 0,9 | 1,2 | 1,5 | 1,8 | 2,1 | 2,4 |
|---|---|---|---|---|---|---|---|
| $\frac{e}{m} / 10^{11}\ \frac{C}{kg}$ | 1,73 | 1,67 | 1,61 | 1,53 | 1,41 | 1,26 | 1,06 |

**d)** $\frac{e}{m} = \frac{e}{\frac{m_0}{\sqrt{1-\frac{v^2}{c^2}}}} = \frac{e}{m_0}\sqrt{1-\left(\frac{v}{c}\right)^2} = 1{,}76 \cdot 10^{11}\,\frac{C}{kg}\sqrt{1-\left(\frac{v}{c}\right)^2}$

Für $v = 0{,}6 \cdot 10^8\ \frac{m}{s}$ erhält man:

$$\frac{e}{m} = 1{,}76 \cdot 10^{11}\,\frac{C}{kg}\sqrt{1-\left(\frac{0{,}6 \cdot 10^8\ \frac{m}{s}}{3 \cdot 10^8\ \frac{m}{s}}\right)^2} = 1{,}72 \cdot 10^{11}\,\frac{C}{kg}$$

Analog ergeben sich folgende Werte:

| $v\,/\,10^8\ \frac{m}{s}$ | 0,6 | 0,9 | 1,2 | 1,5 | 1,8 | 2,1 | 2,4 |
|---|---|---|---|---|---|---|---|
| $\frac{e}{m}\,/\,10^{11}\ \frac{C}{kg}$ | 1,72 | 1,68 | 1,61 | 1,52 | 1,41 | 1,26 | 1,06 |

Vergleich: Die in c experimentell bestimmten Werte für die Geschwindigkeitsabhängigkeit der spezifischen Ladung stimmen mit den in d nach Einsteins Formel theoretisch ermittelten Werten überein.

**e)** Die Elektronenladung darf nicht von der Geschwindigkeit abhängen! Sie muß eine relativistisch invariante Größe sein. Andernfalls könnte man die mit wachsender Geschwindigkeit kleiner werdenden Werte für die spezifische Ladung beim Experiment mit einer entsprechenden Änderung der Elektronenladung bei unveränderter Masse erklären.

Hinweis:
Den Nachweis der relativistischen Invarianz der Ladung finden Sie im Fortsetzungsband für die 13. Jahrgangsstufe, Titel-Nr. 94322.

## 60. Relativistische Energie

**a)** Nach der speziellen Relativitätstheorie besteht zwischen der Gesamtenergie E und der relativistischen Masse m eines Körpers der Zusammenhang $E = m \cdot c^2$. E wird auch als relativistische Energie bezeichnet.
Gilt speziell $v = 0$, so besitzt der ruhende Körper die Energie
$E_0 = m_0 \cdot c^2$. $E_0$ heißt Ruheenergie.
Zur Ruheenergie eines Körpers gehören nicht nur die Ruheenergien seiner Teilchen, sondern auch die potentielle Energie der Wechselwirkung zwischen diesen Teilchen oder die aus der Wärmebewegung der Teilchen resultierenden kinetischen Energien.

**b)** Die relativistische kinetische Energie ist die Differenz zwischen der relativistischen Energie E und der Ruheenergie $E_0$ eines Körpers, also

**c)** $E_{kin} = m \cdot c^2 - m_0 \cdot c^2$.

$$\left.\begin{aligned} &E_{kin} = m \cdot c^2 - m_0 \cdot c^2 = \frac{m_0 \cdot c^2}{\sqrt{1-\frac{v^2}{c^2}}} - m_0 \cdot c^2 = m_0 \cdot c^2 \cdot \left( \frac{1}{\sqrt{1-\frac{v^2}{c^2}}} - 1 \right) \\ &v \ll c \Rightarrow \frac{v}{c} \ll 1 \Rightarrow \frac{1}{\sqrt{1-\left(\frac{v}{c}\right)^2}} \approx 1 + \frac{1}{2} \cdot \left(\frac{v}{c}\right)^2 \end{aligned}\right\} \Rightarrow$$

$$\Rightarrow E_{kin} \approx m_0 \cdot c^2 \cdot \left( 1 + \frac{1}{2} \cdot \left(\frac{v}{c}\right)^2 - 1 \right) =$$

$$= \frac{1}{2} \cdot m_0 \cdot c^2 \cdot \left(\frac{v}{c}\right)^2$$

$$= \frac{1}{2} \cdot m_0 \cdot v^2$$

## 61. Relativistische Beschleunigung im homogenen elektrischen Längsfeld

*Energiesatz im Längsfeld (klassischer Ansatz):*

$$E_{pot,elektrisch} = E_{kin}$$

$$e \cdot U = \frac{1}{2} \cdot m_0 \cdot v^2 \Rightarrow \quad v = \sqrt{2 \cdot \frac{e}{m_0} \cdot U} =$$

$$= \sqrt{2 \cdot 1{,}76 \cdot 10^{11}\ \frac{C}{kg} \cdot 3 \cdot 10^5\ V} =$$

$$= 3{,}2 \cdot 10^8\ \frac{m}{s}$$

$v > c$!!! Bereits bei $v > \frac{c}{10}$ ist ein klassischer Ansatz nicht mehr zulässig (vgl. Aufgabe 58 f.)!

*Energiesatz im Längsfeld (relativistischer Ansatz):*

$$E_{pot,\,elektrisch} = E_{kin}$$

$$e \cdot U = m \cdot c^2 - m_0 \cdot c^2 \qquad \Rightarrow \frac{m_0 \cdot c^2}{\sqrt{1-\frac{v^2}{c^2}}} - m_0 \cdot c^2 = e \cdot U \Rightarrow$$

$$\Rightarrow m_0 \cdot c^2 \left( \frac{1}{\sqrt{1-\frac{v^2}{c^2}}} - 1 \right) = e \cdot U \Rightarrow \frac{1}{\sqrt{1-\frac{v^2}{c^2}}} - 1 = \frac{e \cdot U}{m_0 \cdot c^2} \Rightarrow$$

$$\Rightarrow \frac{1}{\sqrt{1-\frac{v^2}{c^2}}}=1+\frac{e\cdot U}{m_0\cdot c^2} \quad \Rightarrow \sqrt{1-\frac{v^2}{c^2}}=\frac{1}{1+\frac{e\cdot U}{m_0\cdot c^2}} \Rightarrow$$

$$\Rightarrow 1-\frac{v^2}{c^2}=\frac{1}{\left(1+\frac{e\cdot U}{m_0\cdot c^2}\right)^2} \quad \Rightarrow \frac{v^2}{c^2}=1-\frac{1}{\left(1+\frac{e\cdot U}{m_0\cdot c^2}\right)^2} \Rightarrow$$

$$\left.\begin{array}{l} \Rightarrow v=\sqrt{1-\frac{1}{\left(1+\frac{e\cdot U}{m_0\cdot c^2}\right)^2}}\cdot c \\ \text{Ruheenergie laut FS.S.85}: m_0c^2=511\,\text{keV} \end{array}\right\}\Rightarrow$$

$$\Rightarrow v=\sqrt{1-\frac{1}{\left(1+\frac{300\,\text{keV}}{511\,\text{keV}}\right)^2}}\cdot c$$

$$\Rightarrow v=0{,}78\cdot c=0{,}78\cdot 3{,}0\cdot 10^8\,\frac{m}{s}=2{,}3\cdot 10^8\,\frac{m}{s}$$

## 62. Relativistische Elektronen im homogenen Magnetfeld (1. Rechenaufgabe)

Wegen $v > \frac{c}{10}$ ist ein relativistischer Ansatz erforderlich.
In der Kräftebilanz $F_{Lorentz} = F_{zentral}$ ist daher $m_0$ durch m zu ersetzen:

$$\left.\begin{array}{r} e\cdot v\cdot B=\frac{m\cdot v^2}{r}\Rightarrow \quad r=\frac{m\cdot v}{B\cdot e} \\ m=\frac{m_0}{\sqrt{1-\frac{v^2}{c^2}}} \end{array}\right\}\Rightarrow r=\frac{m_0\cdot v}{\sqrt{1-\frac{v^2}{c^2}}\cdot B\cdot e}\Rightarrow$$

$$\Rightarrow r=\frac{9{,}1\cdot 10^{-31}\,\text{kg}\cdot 2{,}5\cdot 10^8\,\frac{m}{s}}{\sqrt{1-\frac{(2{,}5\cdot 10^8\,\frac{m}{s})^2}{(3{,}0\cdot 10^8\,\frac{m}{s})^2}}\cdot 45{,}5\cdot 10^{-3}\,\text{T}\cdot 1{,}6\cdot 10^{-19}\,\text{C}}=5{,}7\cdot 10^{-2}\,\text{m}$$

## 63. Relativistische Elektronen im homogenen Magnetfeld (2. Rechenaufgabe)

**a)** Aus den gegebenen Daten kann man nicht unmittelbar ersehen, ob ein relativistischer Ansatz erforderlich ist. Man beginnt, da weniger aufwendig, mit einem klassischen Ansatz:

Kräftebilanz im Magnetfeld: $F_{zentral} = F_{Lorentz}$

$$\frac{m_0 \cdot v^2}{r} = B \cdot e \cdot v \Rightarrow$$

$$v = B \cdot \frac{e}{m_0} \cdot r = 5{,}0 \cdot 10^{-3}\ \text{T} \cdot 1{,}76 \cdot 10^{11}\ \frac{\text{C}}{\text{kg}} \cdot 1{,}00\ \text{m} = 8{,}8 \cdot 10^{8}\ \frac{\text{m}}{\text{s}}$$

Wegen v > c ist ein relativistischer Ansatz erforderlich!

$$\left.\begin{array}{r} \dfrac{m \cdot v^2}{r} = B \cdot e \cdot v \Rightarrow\ m \cdot v = B \cdot e \cdot r \\ m = \dfrac{m_0}{\sqrt{1-\frac{v^2}{c^2}}} \end{array}\right\} \Rightarrow \frac{m_0 \cdot v}{\sqrt{1-\frac{v^2}{c^2}}} = B \cdot e \cdot r \Rightarrow$$

$$\left.\begin{array}{l} \Rightarrow \dfrac{v}{\sqrt{1-\frac{v^2}{c^2}}} = B \cdot \dfrac{e}{m_0} \cdot r \\ \text{Abkürzend}: A := B \cdot \dfrac{e}{m_0} \cdot r \end{array}\right\} \Rightarrow \frac{v}{\sqrt{1-\frac{v^2}{c^2}}} = A \Rightarrow v = A \cdot \sqrt{1-\frac{v^2}{c^2}} \Rightarrow$$

$$\Rightarrow v^2 = A^2\left(1-\frac{v^2}{c^2}\right) \Rightarrow v^2 = A^2 - A^2 \cdot \frac{v^2}{c^2} \Rightarrow v^2 + A^2 \cdot \frac{v^2}{c^2} = A^2$$

$$\Rightarrow v^2\left(1+\frac{A^2}{c^2}\right) = A^2 \Rightarrow v^2 = \frac{A^2}{1+\frac{A^2}{c^2}} \qquad \Rightarrow v = \frac{A}{\sqrt{1+\frac{A^2}{c^2}}}$$

$$\Rightarrow v = \frac{B \cdot \frac{e}{m_0} \cdot r}{\sqrt{1+\left(\frac{B \cdot \frac{e}{m_0} \cdot r}{c}\right)^2}} = \frac{5{,}0 \cdot 10^{-3}\ \text{T} \cdot 1{,}76 \cdot 10^{11}\ \frac{\text{C}}{\text{kg}} \cdot 1{,}00\text{m}}{\sqrt{1+\left(\frac{5{,}0 \cdot 10^{-3}\ \text{T} \cdot 1{,}76 \cdot 10^{11}\ \frac{\text{C}}{\text{kg}} \cdot 1{,}00\text{m}}{3 \cdot 10^{8}\ \frac{\text{m}}{\text{s}}}\right)^2}} = 2{,}84 \cdot 10^{8}\ \frac{\text{m}}{\text{s}}$$

**b)** Der relativistische Impuls p ist das Produkt aus der relativistischen Masse m und der Geschwindigkeit v.

1. Möglichkeit zur Berechnung von p:

$$\left.\begin{array}{l} p = m \cdot v \\ m = \dfrac{m_0}{\sqrt{1-\frac{v^2}{c^2}}} \end{array}\right\} \Rightarrow p = \frac{m_0 \cdot v}{\sqrt{1-\frac{v^2}{c^2}}} \Rightarrow$$

$$\Rightarrow p = \frac{9{,}1 \cdot 10^{-31}\ \text{kg} \cdot 2{,}84 \cdot 10^{8}\ \frac{\text{m}}{\text{s}}}{\sqrt{1-\frac{(2{,}84 \cdot 10^{8}\ \frac{\text{m}}{\text{s}})^2}{(3{,}0 \cdot 10^{8}\ \frac{\text{m}}{\text{s}})^2}}} = 8{,}0 \cdot 10^{-22}\ \text{N} \cdot \text{s}$$

2. Möglichkeit zur Berechnung von p:

$$\frac{m \cdot v^2}{r} = B \cdot e \cdot v \Rightarrow p = m \cdot v = B \cdot e \cdot r =$$

$$= 5,0 \cdot 10^{-3}\ T \cdot 1,6 \cdot 10^{-19}\ C \cdot 1,00\ m =$$

$$= 8,0 \cdot 10^{-22}\ N \cdot s$$

**c)** $$E_{kin} = m \cdot c^2 - m_0 \cdot c^2 = \frac{m_0 \cdot c^2}{\sqrt{1-\frac{v^2}{c^2}}} - m_0 \cdot c^2 =$$

$$= m_0 \cdot c^2 \left( \frac{1}{\sqrt{1-\frac{v^2}{c^2}}} - 1 \right) \overset{FS.S.85}{=} 511\ keV \left( \frac{1}{\sqrt{1-\frac{(2,84 \cdot 10^8\ \frac{m}{s})^2}{(3,0 \cdot 10^8\ \frac{m}{s})^2}}} - 1 \right) =$$

$$= 511\ keV \cdot 2,1 = 1,07 \cdot MeV = 1,7 \cdot 10^{-13}\ J$$

## 64. Wann ist ein relativistischer Ansatz erforderlich?

Ein klassischer Ansatz ist zulässig, wenn $v < \frac{c}{10}$.

Die Schwellwerte sind demnach die kinetischen Energien der Teilchen für $v = \frac{c}{10}$:

| | | |
|---|---|---|
| Elektron: | $E_{kin} = \frac{1}{2} \cdot 9,1 \cdot 10^{-31}\ kg \cdot \left(0,1 \cdot 3 \cdot 10^8\ \frac{m}{s}\right)^2$ | $= 4,1 \cdot 10^{-14}\ J = 2,5\ keV$ |
| Proton: | $E_{kin} = \frac{1}{2} \cdot 1,67 \cdot 10^{-27}\ kg \cdot \left(0,1 \cdot 3 \cdot 10^8\ \frac{m}{s}\right)^2$ | $= 7,5 \cdot 10^{-13}\ J = 4,7\ MeV$ |
| Alphateilchen: | $E_{kin} = \frac{1}{2} \cdot 6,645 \cdot 10^{-27}\ kg \cdot \left(0,1 \cdot 3 \cdot 10^8\ \frac{m}{s}\right)^2$ | $= 3,0 \cdot 10^{-12}\ J = 18,7\ MeV$ |
| Neutron: | $E_{kin} = \frac{1}{2} \cdot 1,67 \cdot 10^{-27}\ kg \cdot \left(0,1 \cdot 3 \cdot 10^8\ \frac{m}{s}\right)^2$ | $= 7,5 \cdot 10^{-13}\ J = 4,7\ MeV$ |

## 65. Relativistisches Zyklotron

**a)** Solange sich die relativistische Massenzunahme nicht bemerkbar macht, kann ein Zyklotron nach Aufgabe 57 mit einer Wechselspannung konstanter Frequenz betrieben werden. Wenn m aber infolge zunehmender

Geschwindigkeit wächst, f aber unverändert bleibt, erreichen die Teilchen aufgrund der längeren Umlaufdauer $T = \frac{2 \cdot m \cdot \pi}{B \cdot q}$ das elektrische Feld im Duandenspalt nicht mehr rechtzeitig in der richtigen Polung und fallen so schnell aus dem Takt.

**b)** Dieses "Aus-dem-Takt-fallen" läßt sich verhindern, wenn man entweder die Flußdichte $\vec{B}$ des Magnetfelds oder die Frequenz der Wechselspannung der sich ändernden Umlaufsdauer anpaßt.

## 66. Zur Physik von Induktionsvorgängen in einem geraden Leiter

Auf die frei beweglichen Elektronen im Leiter wirkt aufgrund ihrer Geschwindigkeit $\vec{v}$ die Lorentzkraft in Richtung $\overrightarrow{AB}$. Bei B entsteht so ein Überschuß, bei A ein Mangel an Elektronen. Dieses Konzentrationsgefälle von Ladungsträgern erzeugt im Leiterinneren ein elektrisches Feld, dessen Feldkraft auf die Elektronen parallel, aber entgegengesetzt zur Lorentzkraft wirkt. Hat sich das Konzentrationsgefälle so stark ausgebildet, daß $F_{elektrisch} = F_{Lorentz}$, so findet keine weitere Verschiebung von Elektronen im Leiter statt, die Spannung zwischen A und B ist konstant.

Kräftebilanz: $F_{elektrisch} = F_{Lorentz}$

$$\left.\begin{aligned} e \cdot E &= e \cdot B \cdot v \\ E &= \frac{U}{\ell} \end{aligned}\right\} \Rightarrow e \cdot \frac{U}{\ell} = e \cdot B \cdot v \Rightarrow U = B \cdot \ell \cdot v$$

Hinweis:
Sie finden $U = B \cdot \ell \cdot v$ in der Formelsammlung auf Seite 41 / 3.1.1 in der leicht variierten Form $B = \frac{U}{\ell \cdot v}$.

## 67. Rechenaufgaben zur Induktion in geraden Leitern

(1) $\vec{v} \perp \vec{B}$ und $\vec{v} \perp \overrightarrow{CD}$ $\Rightarrow$ Spannung wird induziert.

$$U = B \cdot \ell \cdot v = 1{,}0 \cdot 10^{-3}\ \mathrm{T} \cdot 0{,}10\ \mathrm{m} \cdot 1{,}0 \cdot 10^{-2}\ \frac{\mathrm{m}}{\mathrm{s}} = 1{,}0 \cdot 10^{-6}\ \mathrm{V}$$

Ladungsverteilung: C: Elektronenmangel +; D: Elektronenüberschuß –

(2) $\vec{v} \parallel \vec{B} \Rightarrow F_{Lorentz} = 0 \Rightarrow$ Es wird keine Spannung induziert.

(3) $\vec{v} \perp \vec{B}$ und $\vec{v} \perp \overrightarrow{CD} \Rightarrow$ Spannung wird induziert.

$$U = B \cdot \ell \cdot v = 1{,}0 \cdot 10^{-3}\ \mathrm{T} \cdot 0{,}10\ \mathrm{m} \cdot 1{,}0 \cdot 10^{-2}\ \frac{\mathrm{m}}{\mathrm{s}} = 1{,}0 \cdot 10^{-6}\ \mathrm{V}$$

Ladungsverteilung: C: Elektronenmangel +; D: Elektronenüberschuß –

(4) $\vec{v} \perp \vec{B}$ aber $\sphericalangle(\vec{v};\ \overrightarrow{DC}) = 45° \Rightarrow$ Spannung wird induziert.

Für die Lorentzkraft ist jedoch nur die Geschwindigkeitskomponente $v_2 = v \cdot \sin 45°$ relevant. Es gilt also:

$$U = B \cdot \ell \cdot v \cdot \sin 45° \overset{(1)}{=} 1{,}0 \cdot 10^{-6}\ \mathrm{V} \cdot \sin 45° = $$
$$= 7{,}1 \cdot 10^{-7}\ \mathrm{V}$$

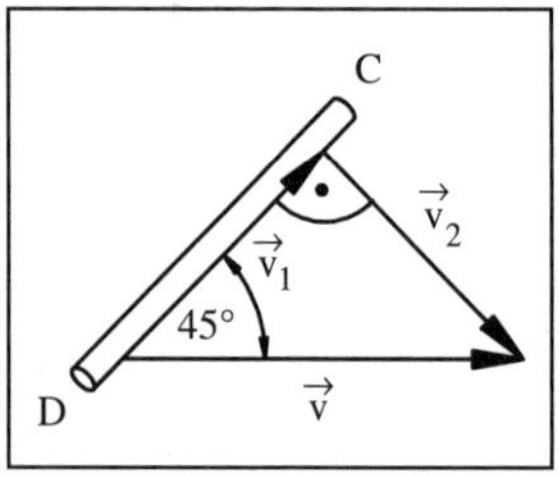


Ladungsverteilung: C: Elektronenüberschuß: –; D: Elektronenmangel: +

(5) $\vec{v} \parallel \vec{B} \Rightarrow F_{Lorentz} = 0 \Rightarrow$ Es wird keine Spannung induziert.

(6) $\vec{v} \perp \vec{B}$ aber $\vec{v} \parallel \overrightarrow{DC} \Rightarrow$ Die Lorentzkraft wirkt nicht in Richtung CD, sondern senkrecht dazu. Zwischen C und D wird keine Spannung induziert.

## 68. Der magnetische Fluß

**a)** Wird eine ebene Leiterschleife der Fläche A so von den Feldlinien eines homogenen Magnetfelds der Flußdichte $\vec{B}$ durchsetzt, daß die Feldlinien senkrecht auf die Fläche A treffen, so versteht man unter dem Fluß des Magnetfelds durch die Leiterschleife das Produkt $\Phi = B \cdot A$. Treffen die Feldlinien nicht senkrecht auf die Fläche A, so zerlegt man den Vektor $\vec{B}$ in eine Komponente $\vec{B}_p$ parallel und in eine Komponente $\vec{B}_s$ senkrecht zu A. Der Fluß des Magnetfelds durch die Leiterschleife ist dann $\Phi = B_s \cdot A$.

Für beliebige, nicht homogene Magnetfelder kann der magnetische Fluß in der Schule nicht definiert werden.

**b)** $[\Phi] = [B \cdot A] = \frac{V \cdot s}{m^2} \cdot m^2 = V \cdot s.$
Die zusammengesetzte Benennung V · s heißt auch Weber, abgekürzt Wb.

**c)** Magnetische Feldlinienbilder sind analog zu elektrischen Feldlinienbildern (vgl. Aufgabe 2) stets so gezeichnet, daß durch eine zur Feldrichtung senkrechte Einheitsfläche nur so viele Feldlinien hindurchgehen, wie der Vektor $\vec{B}$ an dieser Stelle Einheiten besitzt. Φ ist daher ein Maß für die Zahl der Feldlinien, die durch die Fläche A treten (daher die Bezeichnung Fluß), während $\vec{B}$ ein Maß für die Dichte dieses Feldlinienflusses ist (daher die Bezeichnung Flußdichte).

Hinweis:
Die Definition der Größe Φ finden Sie in der Formelsammlung auf S. 41 / 3.2.

## 69. Differentielle und integrale Form des Induktionsgesetzes

**a)** Bezeichnet Φ den magnetischen Fluß durch eine Zylinderspule mit $N_i$ Windungen, so gilt für die in der Spule induzierte Spannung $U_i$:

$$U_i(t) = -N_i \cdot \dot{\Phi}(t)$$

$\dot{\Phi}(t)$ ist dabei die Ableitung $\frac{d\Phi}{dt}$ der Flußfunktion nach der Zeit.

**b)** Aus a ergibt sich:

$$U_i(t) \neq 0 \Leftrightarrow -N_i \cdot \dot{\Phi} \neq 0 \Leftrightarrow \dot{\Phi}(t) \neq 0 \Leftrightarrow \Phi(t) \neq \text{konst.}$$

In der Spule wird demnach genau dann Spannung induziert, wenn sich der magnetische Fluß durch die Spule zeitlich ändert. Wie diese zeitliche Flußänderung zustandekommt, ist unmaßgeblich.

**c)**
$$U_i(t) = -N_i \cdot \dot{\Phi}(t) \Rightarrow$$

$$\Rightarrow \int_{t_1}^{t_2} U_i(t)\,dt = \int_{t_1}^{t_2} \left(-N_i \cdot \dot{\Phi}(t)\right) dt =$$

$$= -N_i \cdot \int_{t_1}^{t_2} \dot{\Phi}(t)dt =$$

$$= -N_i \cdot [\Phi(t)]_{t_1}^{t_2} =$$

$$= -N_i \cdot \left(\Phi(t_2) - \Phi(t_1)\right)$$

Integrale Form:

$$\int_{t_1}^{t_2} U_i(t)dt = -N_i \cdot \left(\Phi(t_2) - \Phi(t_1)\right);$$

$\int_{t_1}^{t_2} U_i(t)dt$ heißt Spannungsstoß.

**d)** Die integrale Form des Induktionsgesetzes ist dann brauchbar, wenn man den Anfangswert $\Phi(t_1)$ und den Endwert $\Phi(t_2)$ des magnetischen Flusses kennt, aber nichts Näheres über den Übergang von $\Phi(t_1)$ nach $\Phi(t_2)$ aussagen kann. Man erhält dann den Spannungsstoß, ohne etwas über den Spannungsverlauf zu erfahren. Da Spannungsstöße direkt meßbar sind, kann man mittels der integralen Form des Induktionsgesetzes Größen, die im Term $-N_i \cdot \left(\Phi(t_2) - \Phi(t_1)\right)$ involviert sind, berechnen (vgl. Aufgaben 77, 78).
Ist der magnetische Fluß durch die Spule als Funktion der Zeit bekannt, so kann man mittels der differentiellen Form des Induktionsgesetzes den zeitlichen Verlauf der Induktionsspannung ermitteln (vgl. Aufgaben 74, 75 ,76).

Hinweis:
Beide Formen des Induktionsgesetzes finden Sie in der Formelsammlung auf Seite 41 / 3.3.1 und 42 / 3.3.2.

## 70. Experimentelle Möglichkeiten, Spannung zu induzieren

Entscheidend dafür, daß Spannung induziert wird, ist nach Aufgabe 69 b eine zeitliche Änderung des magnetischen Flusses durch die Leiterschleife.

*Leiterschleife ist raumfest:*

- 1. Möglichkeit: Ein Stabmagnet nähert sich der Leiterschleife, entfernt sich von der Leiterschleife oder rotiert vor der Leiterschleife so, daß sich der Fluß durch die Leiterschleife ändert.
- 2. Möglichkeit: Ein relativ zur Leiterschleife feststehender Elektromagnet, dessen magnetische Feldlinien die Leiterschleife durchsetzen, wird ein- oder ausgeschaltet, oder die Stromstärke im Elektromagneten wird geändert.
- 3. Möglichkeit: In eine relativ zur Leiterschleife feststehende stromdurchflossene Spule, deren Magnetfeldlinien die Leiterschleife durchsetzen, wird ein Eisenkern geschoben bzw. aus ihr herausgezogen.

*Leiterschleife wird bewegt:*

- 1. Möglichkeit: Die Leiterschleife wird so in ein Magnetfeld gebracht oder aus einem Magnetfeld entfernt, daß sich der Fluß durch die Leiterschleife ändert.
- 2. Möglichkeit: Die Leiterschleife wird in einem Magnetfeld um eine Achse gedreht, die senkrecht auf den Feldlinien steht und parallel zur Fläche der Leiterschleife verläuft.
- 3. Möglichkeit: Die Leiterschleife wird in einem Magnetfeld so zusammengezogen oder erweitert, daß sich die von den Feldlinien durchsetzte Fläche ändert.

## 71. Die Lenzsche Regel

**a)** Die Lenzsche Regel lautet:
Die induzierte Spannung ist stets so gerichtet, daß das Magnetfeld eines durch sie erzeugten Induktionsstroms der Ursache der Induktion entgegenwirkt.

**b)** Die Feldlinien des Stabmagneten durchsetzen die Spule von rechts nach links (vgl. Abb. 1). Beim Nähern des Stabmagneten nimmt die Zahl dieser Feldlinien durch die Spule zu. Diese Zunahme ist die Ursache der Induktion.

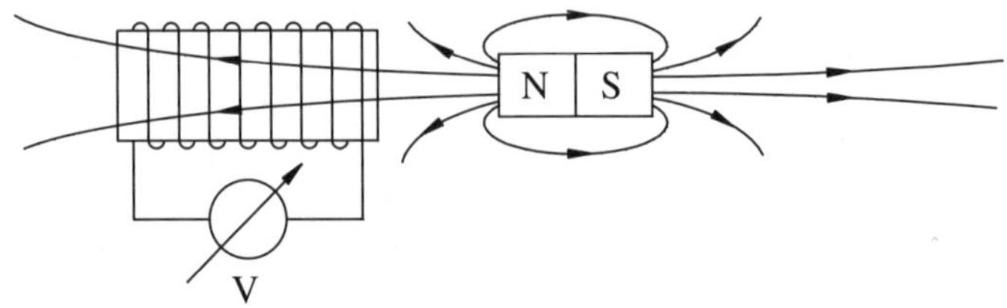


Abb. 1

Nach der Lenzschen Regel ist das vom Induktionsstrom in der Spule erzeugte Magnetfeld so gerichtet, daß es dieser Ursache entgegenwirkt. Seine Feldlinien laufen daher in der Spule von links nach rechts (vgl. Abb. 2).

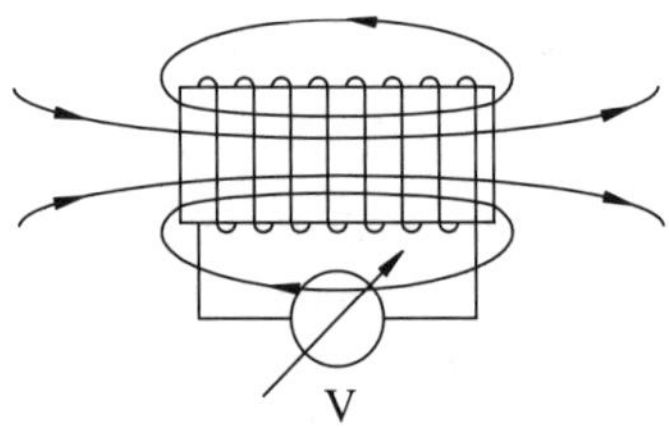


Abb. 2

Nach der Definition der Feldlinienrichtung (vgl. Aufgabe 34 b) hat die Spule am rechten Ende einen Nordpol.
Nach der Polungsregel für Zylinderspulen (vgl. Aufgabe 34 b) ist die technische Richtung des Induktionsstroms wie in Abb. 3.

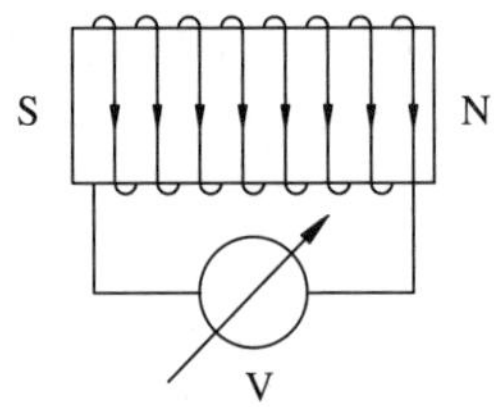


Abb. 3

**c)** Die wesentliche physikalische Aussage der Lenzschen Regel ist darin zu sehen, daß sich gemäß ihr beim Annähern des Stabmagneten gleichnamige Magnetpole gegenüberstehen. So muß nämlich für das Näherbringen des Stabmagneten mechanische Arbeit aufgewendet werden. Diese dem System von außen her zugeführte Energie taucht in Form elektrischer Arbeit wieder auf, die der in der Spule fließende Induktionsstrom verrichtet. Die Lenzsche Regel ist also mehr als nur eine Polungs- oder Vorzeichenregel. Sie ist eine speziell für Induktionsvorgänge formulierte Fassung des Energieerhaltungssatzes.

## 72. Anwendung der Lenzschen Regel (1. Beispiel)

Bei geschlossenem Schalter S ist das von der Leiterschleife I erzeugte Magnetfeld wie in nebenstehender Skizze gepolt. Seine Feldlinien durchsetzen die Leiterschleife II von links nach rechts.

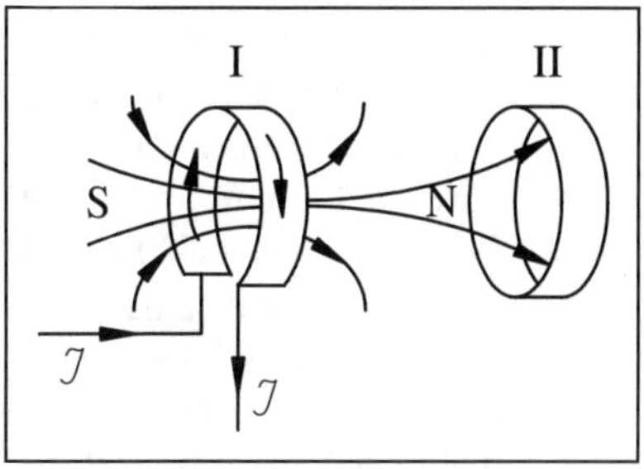


Bei den Versuchen 1 und 4 nimmt die Anzahl dieser Feldlinien durch die Leiterschleife II zu, bei den Versuchen 2 und 3 ab.
Bei einer Zunahme (Abnahme) dieser Feldlinien haben die Feldlinien des vom Induktionsstrom in Leiterschleife II erzeugten Magnetfelds nach der Lenzschen Regel die dazu entgegengesetzte (gleiche) Richtung. So ergibt sich für

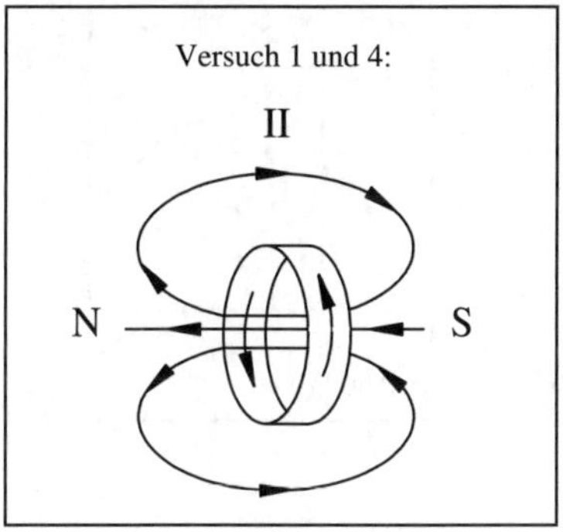


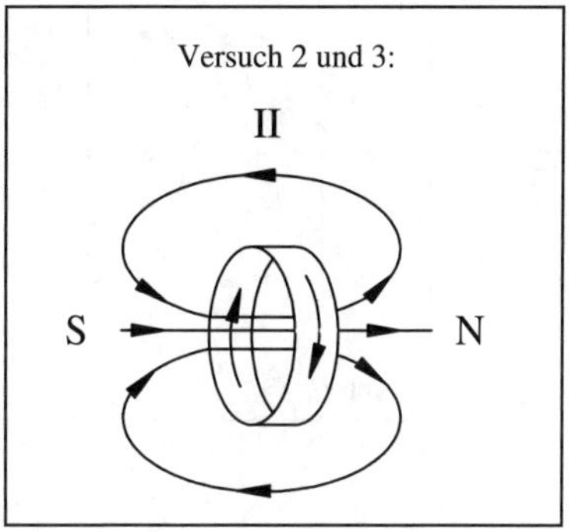


## 73. Anwendung der Lenzschen Regel (2. Beispiel)

**a)** Nach dem Feldlinienverlauf des von einem geraden stromdurchflossenen Leiters erzeugten Magnetfelds (vgl. Aufgabe 34 a) ändert sich der magnetische Fluß durch LS bei den Bewegungen 2 und 3 nicht. Spannung wird nur bei den Bewegungen 1 und 4 induziert.

**b)** Bewegung 1 und 4: Bei beiden Bewegungen durchsetzen die Feldlinien des vom Draht erzeugten Magnetfelds LS senkrecht von oben nach unten (vgl. Abb. 1).

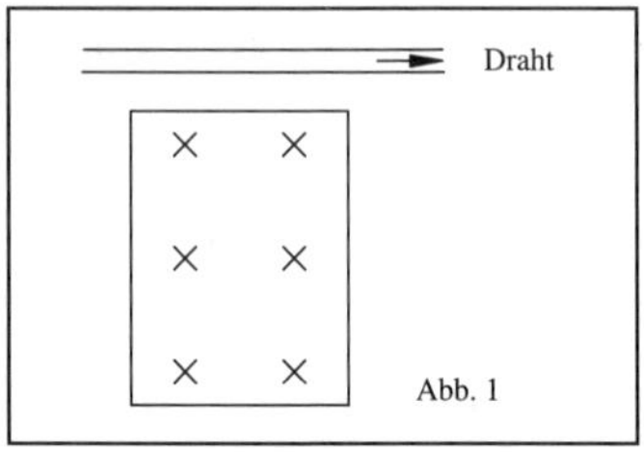

Abb. 1

Ihre Zahl nimmt bei Bewegung 1 zu, bei Bewegung 4 ab. Nach der Lenzschen Regel haben daher die Feldlinien des vom Induktionsstrom in LS erzeugten Magnetfelds bei Bewegung 1 die entgegengesetzte, bei Bewegung 4 die gleiche Richtung wie die Feldlinien in Abb. 1. Bei Bewegung 1 liegt demnach der magnetische Nordpol des Induktionsstrommagnetfeldes oberhalb und der magnetische Südpol unterhalb von LS. Der Induktionsstrom durchfließt LS gegen den Uhrzeigersinn (technische Stromrichtung). Bei Bewegung 4 ist es gerade umgekehrt (vgl. Abb. 2 und 3).

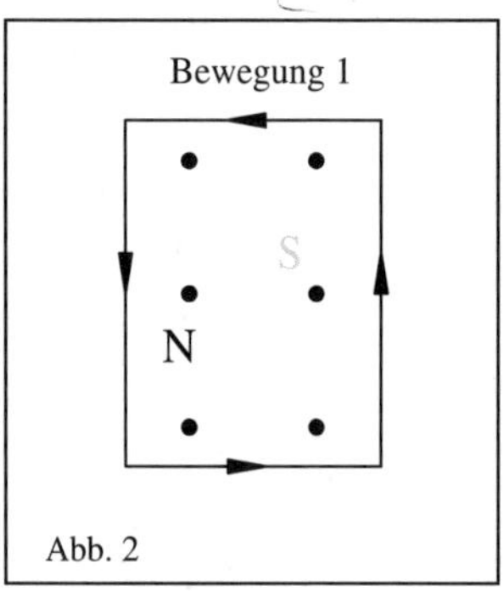

Abb. 2

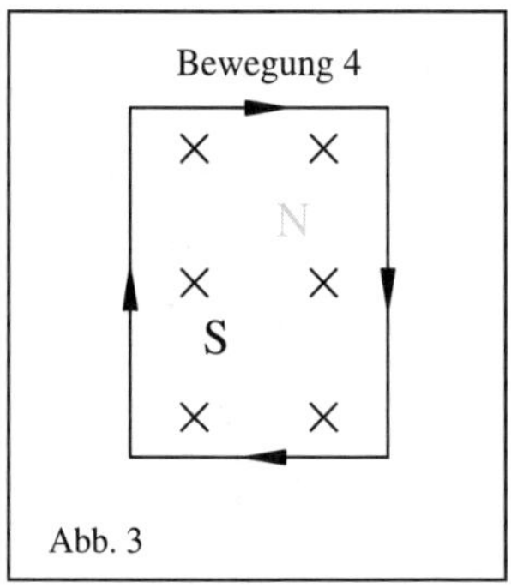

Abb. 3

## 74. Induktion durch Veränderung der Spulenfläche

**a)** Spannung wird so lange induziert, bis die Querstange die Stelle $x_2$ passiert hat.

Da die Querstange für die 6 cm lange Strecke zwischen $x_1$ und $x_2$ bei der Geschwindigkeit $v = 1{,}5\,\frac{\text{cm}}{\text{s}}$ 4 s benötigt, wird Spannung also innerhalb der nächsten 4 s nach dem Start induziert.

*Begründung:*

- 1. Möglichkeit:
  Zwischen $x_1$ und $x_2$ bewegt sich die Querstange als gerader Leiter mit konstanter Geschwindigkeit in einem homogenen Magnetfeld (vgl. Aufgabe 66).

- 2. Möglichkeit:
  Die Feldlinienzahl und damit der magnetische Fluß durch die Fläche des gestrichelten Leiterkreises nimmt zu, wenn sich die Querstange von $x_1$ nach $x_2$ bewegt.

**b)** 1. Möglichkeit:
Die Lorentzkraft treibt Elektronen in der Querstange von A nach B, die technische Richtung des Induktionsstroms in der Querstange geht also von B nach A. Folglich ist die Induktionsspannung so gerichtet, daß sie den Induktionsstrom durch den gestrichelten Leiterkreis gegen den Uhrzeigersinn treibt.

2. Möglichkeit:
Da die Feldlinienzahl durch die Fläche des gestrichelten Leiterkreises zunimmt, ist das vom Induktionsstrom erzeugte Magnetfeld nach der Lenzschen Regel zum vorgegebenen entgegengerichtet. Es tritt also senkrecht aus der Zeichenebene heraus und hat daher seinen Nordpol vor und seinen Südpol hinter der Zeichenebene (vgl. Aufgabe 34 b). Nach der Polungsregel für Zylinderspulen (vgl. Aufgabe 34 b) ist die Induktionsspannung dann so gerichtet, daß sie den Induktionsstrom gegen den Uhrzeigersinn durch den gestrichelten Leiterkreis treibt.

**c)** (1) Für $0\text{ s} \leq t \leq 4\text{ s}$ gilt:

$$\Phi(t) = B \cdot A = B \cdot (b \cdot x_1 + b \cdot v \cdot t) =$$
$$= 2{,}5 \cdot 10^{-3}\ \text{T} \cdot (0{,}100\ \text{m} \cdot 0{,}040\ \text{m} + 0{,}100\ \text{m} \cdot 0{,}015\ \tfrac{\text{m}}{\text{s}} \cdot t) =$$
$$= 1{,}0 \cdot 10^{-5}\ \text{V} \cdot \text{s} + 3{,}75 \cdot 10^{-6}\ \text{V} \cdot t$$

Für $4\text{ s} \leq t \leq 6\text{ s}$ gilt:

$$\Phi(t) = B \cdot b \cdot x_2 = 2{,}5 \cdot 10^{-3}\ \text{T} \cdot 0{,}100\ \text{m} \cdot 0{,}100\ \text{m} = 2{,}5 \cdot 10^{-5}\ \text{V} \cdot \text{s}$$

$$\text{Ergebnis: } \Phi(t) = \begin{cases} 1{,}0 \cdot 10^{-5}\ \text{V} \cdot \text{s} + 3{,}75 \cdot 10^{-6}\ \text{V} \cdot t & \text{für } 0\text{s} \leq t \leq 4\text{s} \\ 2{,}5 \cdot 10^{-5}\ \text{V} \cdot \text{s} & \text{für } 4\text{s} \leq t \leq 6\text{s} \end{cases}$$

*Graph:*

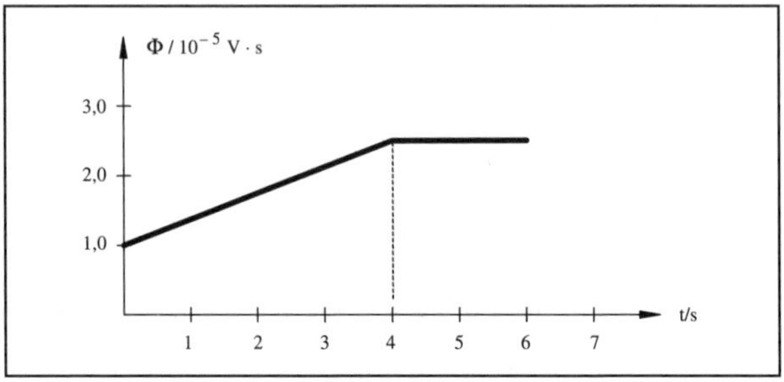


(2) 1. Möglichkeit: In einem geraden Leiter der Länge $\ell$ , der sich mit der konstanten Geschwindigkeit $\vec{v}$ durch ein homogenes Magnetfeld der Flußdichte $\vec{B}$ bewegt, wird an den Leiterenden die Spannung $U = B \cdot \ell \cdot v$ induziert (vgl. FS. S. 41 / 3.1.1), also ergibt sich $U = B \cdot b \cdot v = 2{,}5 \cdot 10^{-3}\ \mathrm{T} \cdot 0{,}100\ \mathrm{m} \cdot 0{,}015\ \frac{\mathrm{m}}{\mathrm{s}} = 3{,}75 \cdot 10^{-6}\ \mathrm{V}$.

2. Möglichkeit: Anwendung der differentiellen Form des Induktionsgesetzes.

$$\left.\begin{array}{ll}\text{Induktionsgesetz:} & U_i(t) = -N_i \cdot \dot{\Phi}(t) \\ \text{nach c (1):} & \dot{\Phi}(t) = \begin{cases} 3{,}75 \cdot 10^{-6}\ \mathrm{V} & \text{für } 0\mathrm{s} \le t \le 4\mathrm{s} \\ 0 & \text{für } 4\mathrm{s} \le t \le 6\mathrm{s} \end{cases} \\ & N_i = 1 \end{array}\right\} \Rightarrow$$

$$\Rightarrow |U_i(t)| = \begin{cases} 3{,}75 \cdot 10^{-6}\ \mathrm{V} & \text{für } 0\mathrm{s} \le t \le 4\mathrm{s} \\ 0\ \mathrm{V} & \text{für } 4\mathrm{s} \le t \le 6\mathrm{s} \end{cases}$$

*Graph:*

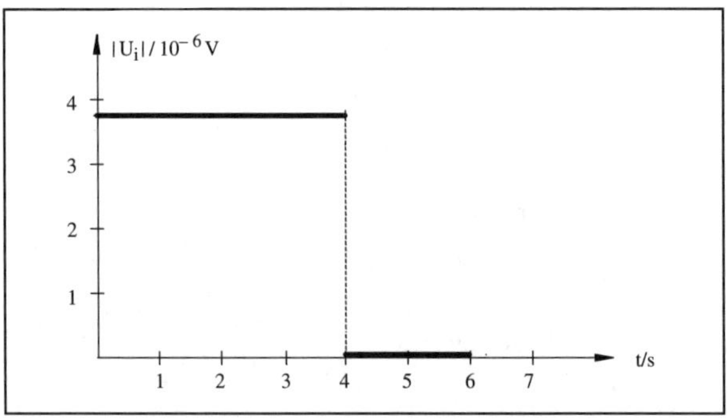

(3) Ohmsches Gesetz: $I = \frac{U}{R} \overset{(2)}{\Rightarrow}$

$$\Rightarrow I_i = \begin{cases} \frac{3{,}75 \cdot 10^{-6}\ \text{V}}{100\ \Omega} = 3{,}75 \cdot 10^{-8}\ \text{A} & \text{für } 0\text{s} \le t \le 4\text{s} \\ 0\,\frac{\text{V}}{\Omega} = 0\ \text{A} & \text{für } 4\text{s} \le t \le 6\text{s} \end{cases}$$

*Graph:*

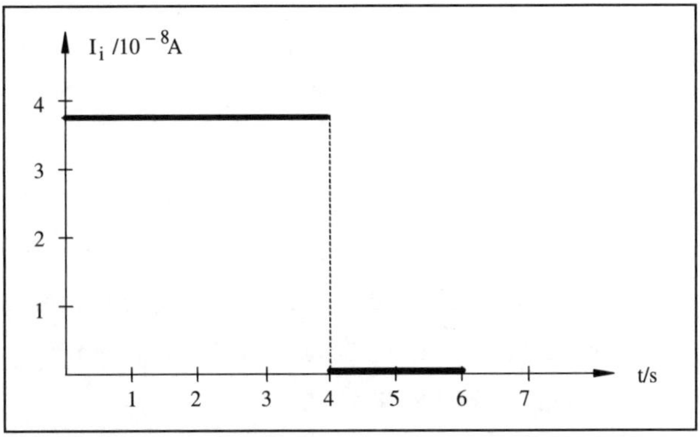


**d)** Da die Querstange vom Induktionsstrom senkrecht zur Magnetfeldrichtung von B nach A durchflossen wird, wirkt auf die Querstange nach FS. S. 43 / 3.7 eine Kraft vom Betrag F

$$F = B \cdot I_i \cdot b = 2{,}5 \cdot 10^{-3}\ \text{T} \cdot 3{,}75 \cdot 10^{-8}\ \text{A} \cdot 0{,}100\,\text{m} = 9{,}375 \cdot 10^{-12}\ \text{N}$$

Nach Aufgabe 35 ist diese Kraft parallel, aber entgegengesetzt zu $\vec{v}$.

**e)** $W_{mech} = F \cdot (x_2 - x_1) = 9{,}375 \cdot 10^{-12}\ \text{N} \cdot 0{,}060\ \text{m} = 5{,}625 \cdot 10^{-13}\ \text{J}$

FS. S. 37 / 1.4.1:

$$W_{elektrisch} = U_i \cdot I_i \cdot t = 3{,}75 \cdot 10^{-6}\ \text{V} \cdot 3{,}75 \cdot 10^{-8}\ \text{A} \cdot 4\ \text{s} = 5{,}625 \cdot 10^{-13}\ \text{J}$$

Die dem System von außen her zugeführte mechanische Arbeit wird im Einklang mit dem Energieerhaltungssatz vollständig in elektrische, vom Induktionsstrom verrichtete Arbeit umgewandelt.

## 75. Induktion in einem Leiterrahmen, der ein Magnetfeld durchquert

**a)** Befindet sich der Leiterrahmen vollständig im Magnetfeld, so beträgt der magnetische Fluß durch ihn:

$$\Phi = B \cdot A = 4{,}0 \cdot 10^{-3}\ \text{T} \cdot 3{,}0 \cdot 10^{-2}\ \text{m} \cdot 2{,}0 \cdot 10^{-2}\ \text{m} = 2{,}4 \cdot 10^{-6}\ \text{V} \cdot \text{s}$$

Da der Fluß während des Magnetfeldein- bzw. -austritts im Leiterrahmen linear zu- bzw. abnimmt, ergibt sich folgendes t-Φ-Diagramm:

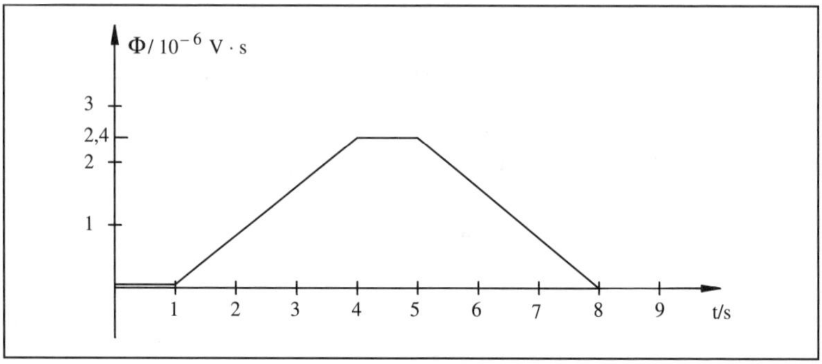


Den Betrag der induzierten Spannung erhält man entweder aus der Steigung der Geradenstücke im t-Φ-Diagramm ($U_i = -N_i \cdot \dot{\Phi} = -\dot{\Phi}$) oder rascher nach FS. S. 41 / 3.1.1:

$$U_i = B \cdot \ell \cdot v = 4{,}0 \cdot 10^{-3}\ \mathrm{T} \cdot 2{,}0 \cdot 10^{-2}\ \mathrm{m} \cdot 1{,}0 \cdot 10^{-2}\ \frac{\mathrm{m}}{\mathrm{s}} = 8{,}0 \cdot 10^{-7}\ \mathrm{V}$$

Beim Eintritt ins Magnetfeld fließt der Induktionsstrom (technische Richtung) nach der Lenzschen Regel oder aufgrund der Richtung der Lorentzkraft auf die Elektronen in den senkrechten Leiterstücken gegen den Uhrzeigersinn durch den Leiterrahmen, beim Austritt im Uhrzeigersinn.

Damit erhält man das t-U-Diagramm:

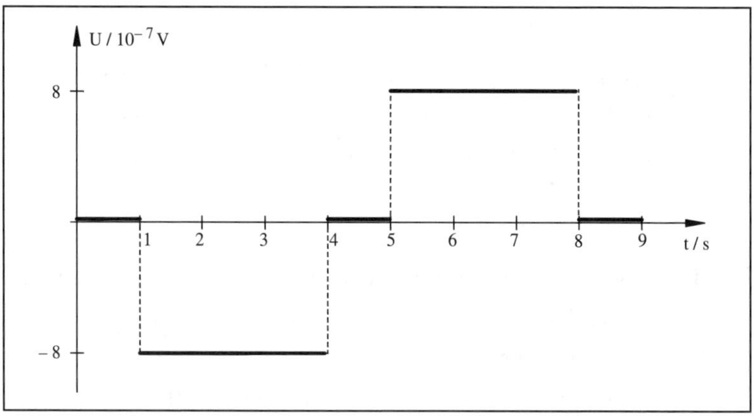

**b)** Nach dem Energieerhaltungssatz ist die insgesamt verrichtete mechanische Arbeit gleich der vom Induktionsstrom verrichteten elektrischen Arbeit. Wegen

$$\left.\begin{array}{ll}\text{FS. S. 37 / 1.4.1:} & W_{\text{elektrisch}} = U \cdot I \cdot t \\ \text{Ohmsches Gesetz:} & I = \frac{U}{R}\end{array}\right\} \Rightarrow$$

$$\Rightarrow W_{\text{elektrisch}} = U \cdot \frac{U}{R} \cdot t = \frac{U^2}{R} \cdot t$$

erhält man mit Hilfe des t-U-Diagramms:

$$W_{\text{elektrisch}} = \frac{U^2}{R} \cdot (3\,\text{s} + 3\,\text{s}) = \frac{(8{,}0 \cdot 10^{-7}\ \text{V})^2 \cdot 6\,\text{s}}{0{,}5\,\Omega} = 7{,}7 \cdot 10^{-12}\ \text{J}$$

Natürlich läßt sich die mechanische Arbeit etwas umständlicher auch elementar berechnen:

$$\left.\begin{array}{l} W_{\text{mech}} = F \cdot s \\ \text{FS. S. 43 / 3.7:} F = B \cdot I \cdot \ell \end{array}\right\} \Rightarrow \left.\begin{array}{l} W_{\text{mech}} = B \cdot I \cdot \ell \cdot s \\ \text{Ohmsches Gesetz:} I = \frac{U}{R} \end{array}\right\} \Rightarrow$$

$$\begin{aligned} \Rightarrow \quad W_{\text{mech}} &= B \cdot \frac{U}{R} \cdot \ell \cdot s \\ &= 4{,}0 \cdot 10^{-3}\ \text{T} \cdot \frac{8{,}0\ 10^{-7}\ \text{V}}{0{,}5\,\Omega} \cdot 2{,}0 \cdot 10^{-2}\ \text{m} \cdot 6{,}0 \cdot 10^{-2}\ \text{m} \\ &= 7{,}7 \cdot 10^{-12}\ \text{J} \end{aligned}$$

## 76. Induktion durch ein zeitlich veränderliches Magnetfeld

$$\left.\begin{array}{l} \left.\begin{array}{r} \Phi = B \cdot A_i \\ \text{Aufgabe 40:} B = \mu_0 \cdot \frac{I \cdot N_F}{\ell_F} \end{array}\right\} \Rightarrow \Phi = \mu_0 \cdot \frac{I \cdot N_F}{\ell_F} \cdot A_i \Rightarrow \dot{\Phi} = \mu_0 \cdot \frac{N_F \cdot A_i}{\ell_F} \cdot \dot{I} \\ \text{FS.S.42/3.3.2:} U_i = -N_i \cdot \dot{\Phi} \end{array}\right\} \Rightarrow$$

$$\begin{aligned} \Rightarrow \quad U_i &= -N_i \cdot \mu_0 \cdot \frac{N_F \cdot A_i}{\ell_F} \cdot \dot{I} = -150 \cdot 4 \cdot \pi \cdot 10^{-7}\ \frac{\text{V} \cdot \text{s}}{\text{A} \cdot \text{m}} \cdot \frac{400 \cdot 16{,}0 \cdot 10^{-4}\ \text{m}^2}{0{,}80\ \text{m}} \cdot \dot{I} \\ &= -1{,}5 \cdot 10^{-4}\ \frac{\text{V} \cdot \text{s}}{\text{A}} \cdot \dot{I} \quad (*) \end{aligned}$$

$\dot{I}$ ist jeweils die Steigung der Geradenstücke im t-I-Diagramm:

$$\underline{\underline{t \in [0;t_1]}}: \dot{I} = \frac{0{,}2\text{ A}}{2\text{ s}} = 0{,}1\,\frac{\text{A}}{\text{s}}$$

$$\overset{(*)}{\Rightarrow} \underline{\underline{U_i}} = -1{,}5 \cdot 10^{-4}\,\frac{\text{V}\cdot\text{s}}{\text{A}} \cdot 0{,}1\,\frac{\text{A}}{\text{s}} = \underline{\underline{-1{,}5 \cdot 10^{-5}\text{ V}}}$$

$$\underline{\underline{t \in [t_1;t_2]}}: \dot{I} = \frac{-0{,}2\text{ A}}{4\text{ s}} = -5{,}0 \cdot 10^{-2}\,\frac{\text{A}}{\text{s}}$$

$$\overset{(*)}{\Rightarrow} \underline{\underline{U_i}} = -1{,}5 \cdot 10^{-4}\,\frac{\text{V}\cdot\text{s}}{\text{A}} \cdot \left(-5{,}0 \cdot 10^{-2}\,\frac{\text{A}}{\text{s}}\right) = \underline{\underline{7{,}5 \cdot 10^{-6}\text{ V}}}$$

Damit erhält man das t-$U_i$-Diagramm:

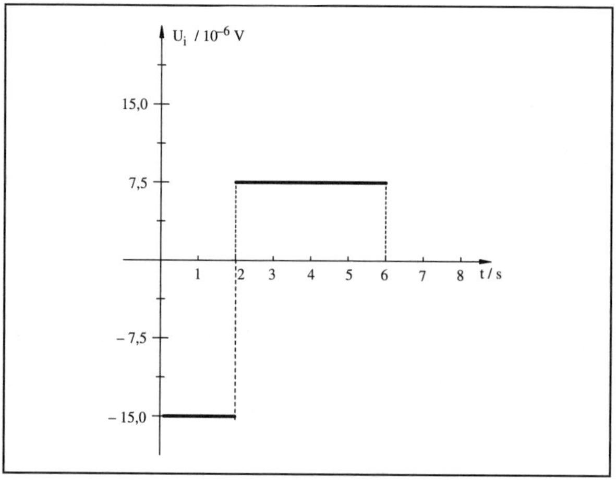


## 77. $\mu_0$-Bestimmung durch Spannungsstoßmessung

Bezeichnen $t_1$ einen Zeitpunkt vor und $t_2$ einen Zeitpunkt nach dem Abschalten des Feldspulenstroms, so gilt nach der integralen Form des Induktionsgesetzes:

$$\int_{t_1}^{t_2} U_i(t)dt = -N_i \cdot (\Phi(t_2) - \Phi(t_1)) \overset{\Phi(t_2)=0}{=} N_i \cdot \Phi(t_1) =$$

$$= N_i \cdot B \cdot A_i \overset{\text{Aufgabe 40}}{=} N_i \cdot \mu_0 \frac{I \cdot N_F}{\ell_F} \cdot A_i \Rightarrow$$

$$\Rightarrow \mu_0 = \frac{\int_{t_1}^{t_2} U_i(t)dt \cdot \ell_F}{N_i \cdot I \cdot N_F \cdot A_i} = \frac{5{,}6 \cdot 10^{-4}\,V \cdot s \cdot 0{,}80\,m}{150 \cdot 4{,}0A \cdot 1000 \cdot 6 \cdot 10^{-4}\,m^2}$$
$$= 1{,}24 \cdot 10^{-6} \frac{V \cdot s}{A \cdot m}$$

Hinweis:

Beachten Sie, daß in dieser Aufgabe "weit mehr steckt" als nur die Möglichkeit, $\mu_0$ bestimmen zu können:
Sind nämlich auf der rechten Seite der Gleichung

$$\int_{t_1}^{t_2} U_i(t) \cdot dt = N_i \cdot \mu_0 \cdot \frac{I_F \cdot N_F}{\ell_F} \cdot A_i$$

alle Größen bis auf eine bekannt, so kann man die Gleichung nach dieser Unbekannten auflösen. Man findet so $N_i$ oder $N_F$ oder $\ell_F$ oder $A_i$, wenn man den Spannungsstoß mißt, der z. B. beim Abschalten des Feldspulenstroms in der Induktionsspule entsteht.

## 78. Bestimmung der Flußdichte B des Erdmagnetfelds

Man stellt die Spule so auf, daß ihre Querschnittsfläche von den Feldlinien senkrecht durchsetzt wird. Dann schwenkt man sie rasch um 180° so, daß sie wieder senkrecht vom Erdmagnetfeld durchsetzt wird und mißt den dabei auftretenden Spannungsstoß

$$\int_{t_1}^{t_2} U_i(t)dt \, .$$

Die durch das Schwenken herbeigeführte Änderung des magnetischen Flusses durch die Spule beträgt:

$$\Phi_2 - \Phi_1 = B \cdot A_i - (-B \cdot A_i) = 2 \cdot B \cdot A_i$$

Aus der integralen Form des Induktionsgesetzes erhält man

$$\left| \int_{t_1}^{t_2} U_i(t)dt \right| = N_i \cdot 2 \cdot B \cdot A_i \Rightarrow B = \frac{\left| \int_{t_1}^{t_2} U_i(t)dt \right|}{2 \cdot N_i \cdot A_i}$$

## 79. Erzeugung einer sinusförmigen Wechselspannung

**a)** Aufgrund der Rotation ändert sich der Flächeninhalt des Leiterrahmens, der von Feldlinien des Magnetfelds durchsetzt wird und damit der magnetische Fluß durch den Leiterrahmen periodisch. Eine Flußänderung bewirkt nach dem Induktionsgesetz aber stets eine Induktionsspannung. Während der ersten Vierteldrehung nimmt der Fluß durch den Leiterrahmen ab. Nach der Lenzschen Regel hat das vom Induktionsstrom erzeugte Magnetfeld die in der Skizze (vgl. Abb. 1) dargestellte Richtung. Die Feldlinien des vom Induktionsstrom erzeugten Feldes sind gestrichelt. Nach der Polungsregel für Spulen (vgl. Aufgabe 34) ist demnach die Induktionsspannung so gerichtet, daß sie den Induktionsstrom im Uhrzeigersinn durch den Leiterrahmen treibt (vgl. Abb. 2).

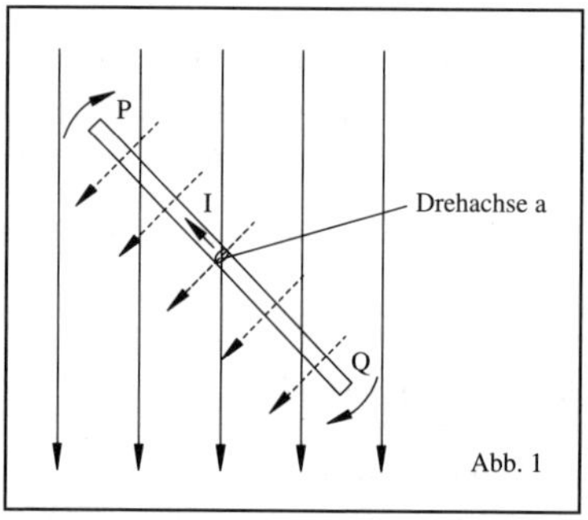

Abb. 1

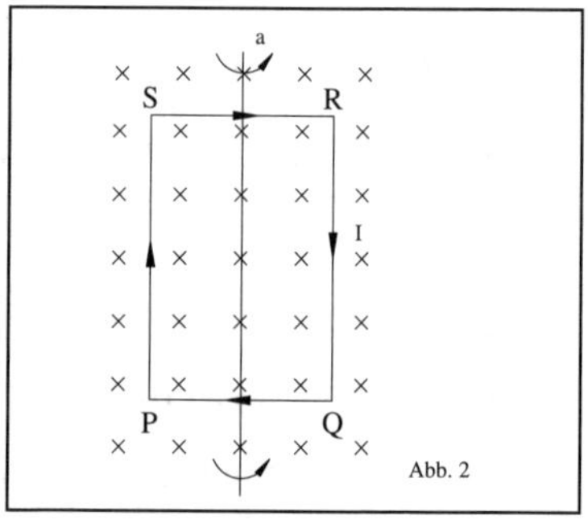

Abb. 2

**b)** Aufstellen der Flußfunktion:

Für die vom Feld durchsetzte Fläche A(φ) gilt nach nebenstehender Skizze:

$$\cos\varphi = \frac{A(\varphi)}{A} \Rightarrow A(\varphi) = A \cdot \cos\varphi$$

$$\left.\begin{array}{r}\Rightarrow \Phi(\varphi) = B \cdot A(\varphi) = B \cdot A \cdot \cos\varphi \\ \varphi = \omega \cdot t\end{array}\right\} \Rightarrow$$

$$\Rightarrow \Phi(t) = B \cdot A \cdot \cos\omega \cdot t$$

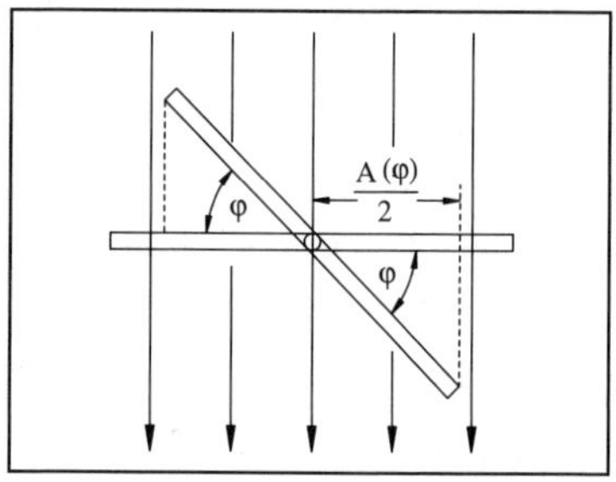


Aufstellen der Spannungsfunktion:

$$\left.\begin{array}{l}\dot{\Phi}(t) = B \cdot A \cdot (-\omega \cdot \sin\omega \cdot t) \\ \text{FS. S. 42/3.3.2 } U_i = -N_i \cdot \dot{\Phi}\end{array}\right\} \overset{N_i = 1}{\Rightarrow} U_i = B \cdot A \cdot \omega \cdot \sin\omega \cdot t$$

**c)**

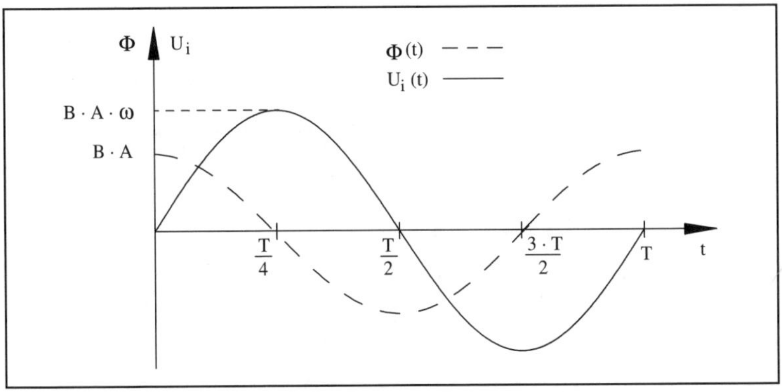


**d)** Der Betrag der induzierten Spannung $U_i$ ist wegen $U_i = -\dot{\Phi}$ dann maximal, wenn $\dot{\Phi}$, also die *Änderung* der Flußfunktion, maximal ist. Dies ist dort der Fall, wo die Flußfunktion die größten Steigungsbeträge hat, also bei den Nulldurchgängen des Flusses.
Umgekehrt ist dort, wo die Flußfunktion dem Betrage nach die größten Werte hat, die Flußänderung Null. Also besitzt dort die Induktionsspannung den Wert Null.

## 80. Rotationsfrequenz

**a)** Die induzierte Spannung läßt sich wie in Aufgabe 79 herleiten. Man erhält so für den Scheitelwert $U_0$ der Wechselspannung:

$$\left.\begin{aligned} U_0 &= N_i \cdot B \cdot A \cdot \omega \\ \omega &= 2 \cdot \pi \cdot f \end{aligned}\right\} \Rightarrow \quad U_0 = N_i \cdot B \cdot A \cdot 2 \cdot \pi \cdot f \Rightarrow$$

$$\Rightarrow \quad f = \frac{U_0}{N_i \cdot B \cdot A \cdot 2 \cdot \pi} \Rightarrow$$

$$\Rightarrow \quad f = \frac{4{,}0 \cdot 10^{-3}\,\text{V}}{10 \cdot 2{,}5 \cdot 10^{-3}\,\text{T} \cdot 15{,}0 \cdot 10^{-4}\,\text{m}^2 \cdot 2 \cdot \pi} = 17\,\text{Hz}$$

**b)** Bei doppelter Frequenz ist der Scheitelwert $U_0$ wegen $U_0 \sim f$ doppelt so groß, die Periodendauer T wegen $T = \frac{1}{f}$ halb so groß wie bei einfacher Frequenz.

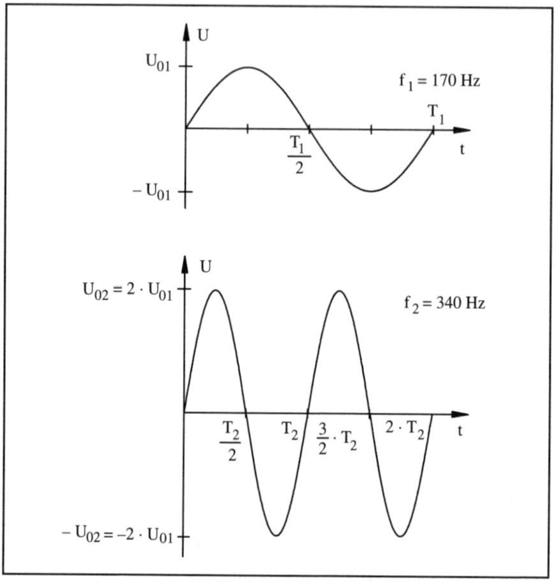


## 81. Wechselspannung mit von Null verschiedener Phasenkonstante

**a)** $U_i(t) = -5{,}5\ \text{mV} \cos\omega \cdot t$

$T = \frac{1}{f} = \frac{1}{100}\ \text{s}$

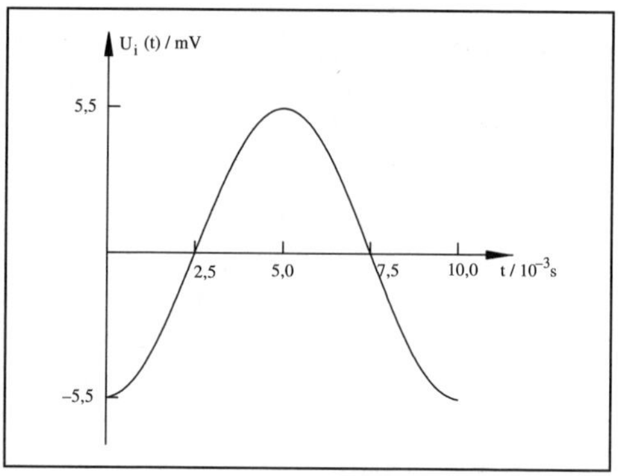


Wegen $U_i(t) = -N_i \cdot \dot{\Phi}(t)$ gilt: $\Phi(t) = \frac{5{,}5\ \text{mV}}{N_i \cdot \omega} \cdot \sin\omega \cdot t$

$$\Rightarrow \Phi(t) = \frac{5{,}5 \cdot 10^{-3}\ \text{V}}{100 \cdot 2\pi \cdot 100\ \frac{1}{\text{s}}} \sin\omega \cdot t = 8{,}8 \cdot 10^{-8}\ \text{V} \cdot \text{s} \cdot \sin\omega \cdot t$$

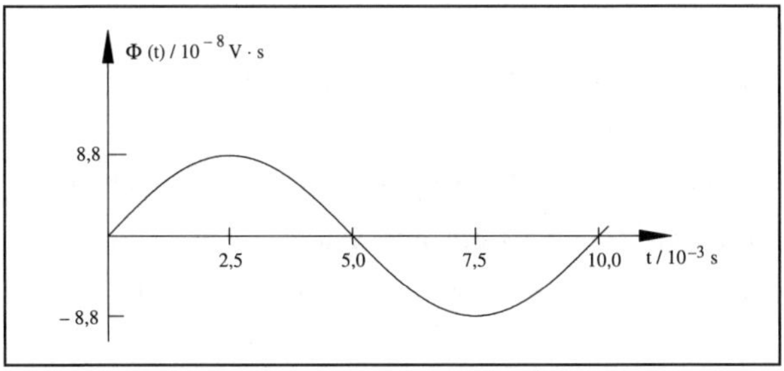


**b)** Da der magnetische Fluß durch die Spule dann maximal ist, wenn die induzierte Spannung Null ist und umgekehrt (vgl. Aufgabe 79 d), erhält man mit Hilfe der Graphen aus Teilaufgabe a:

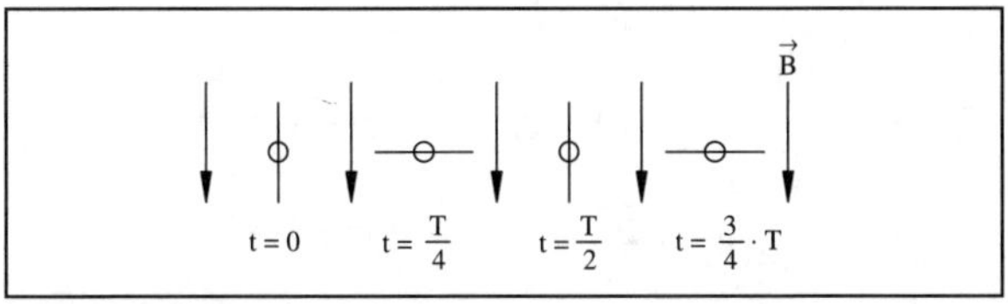


**c)** $\Phi(2{,}0\cdot 10^{-3}\ \text{s}) = 8{,}8\cdot 10^{-8}\ \text{V}\cdot\text{s}\cdot\sin(2\cdot\pi\cdot 100\,\frac{1}{\text{s}}\cdot 2{,}0\cdot 10^{-3}\ \text{s})$
$= 8{,}4\cdot 10^{-8}\ \text{V}\cdot\text{s}$

**d)** $-5{,}5\cdot 10^{-3}\ \text{V}\cdot\cos(2\cdot\pi\cdot 100\,\frac{1}{\text{s}}\cdot t) = 3{,}7\cdot 10^{-3}\ \text{V} \Rightarrow$

$\Rightarrow \cos(2\cdot\pi\cdot 100\,\frac{1}{\text{s}}\cdot t) = -0{,}673$

$\Rightarrow 2\cdot\pi\cdot 100\,\frac{1}{\text{s}}\cdot t = 2{,}31 \Rightarrow$

$\Rightarrow t = \frac{2{,}31}{2\cdot\pi\cdot 100}\text{s} = 3{,}67\cdot 10^{-3}\ \text{s}$

Hinweise:
1. Beachten Sie, daß Sie bei den Rechnungen in c und d den Taschenrechner aufs Bogenmaß einstellen müssen!
2. Zum Begriff "Phasenkonstante" aus der Aufgabenüberschrift:
   Die Tatsache, daß die Zeitrechnung für die Induktionsspannung $U_i(t)$ nicht zwangsläufig bei einem Nulldurchgang in Richtung zunehmender Werte beginnt, wird im Term für $U_i(t)$ durch eine Konstante $\varphi_0$ berücksichtigt:
   $$U_i(t) = U_0\cdot\sin(\omega\cdot t + \varphi_0)$$
   $\varphi_0$ heißt Phasenkonstante.

## 82. Effektivwerte

**a)** Ein Wechselstrom $I(t) = I_0 \cdot \sin\omega \cdot t$ der Scheitelstromstärke $I_0$ bzw. eine Wechselspannung $U(t) = U_0 \cdot \sin\omega \cdot t$ der Scheitelspannung $U_0$ verrichten während einer Periode die gleiche elektrische Arbeit wie ein zeitlich konstanter Gleichstrom der Stärke $\frac{I_0}{\sqrt{2}}$ bzw. wie eine zeitlich konstante Gleichspannung der Stärke $\frac{U_0}{\sqrt{2}}$. Man nennt daher

$I_{eff} = \frac{I_0}{\sqrt{2}}$ den Effektivwert dieses Wechselstroms,

$U_{eff} = \frac{U_0}{\sqrt{2}}$ den Effektivwert dieser Wechselspannung

**b)** $$I_{eff} = \frac{U_{eff}}{R} = \frac{220\ \text{V}}{150\ \Omega} = 1{,}47\ \text{A}$$

$$U_{eff} = \frac{U_0}{\sqrt{2}} \Rightarrow U_0 = U_{eff} \cdot \sqrt{2} = 220\ \text{V} \cdot \sqrt{2} = 311{,}1\ \text{V}$$

$$I_{eff} = \frac{I_0}{\sqrt{2}} \Rightarrow I_0 = I_{eff} \cdot \sqrt{2} = 1{,}47\ \text{A} \cdot \sqrt{2} = 2{,}1\ \text{A}$$

Hinweise:

1. Die Ihnen aus dem Unterricht bekannten Strom- und Spannungsmeßgeräte zeigen für Wechselspannungen und -ströme nicht die Scheitelwerte, sondern stets die Effektivwerte an.
2. Die angegebenen Beziehungen zwischen den Effektiv- und den Scheitelwerten gelten nur dann, wenn es sich um sinusförmige Wechselspannungen oder Wechselströme handelt. Bereits für Wechselspannungen oder -ströme, die Dreiecks- oder Rechtecksform haben, können diese Formeln nicht mehr verwendet werden.
3. Die Beziehungen $I_{eff} = \frac{I_0}{\sqrt{2}}$ und $U_{eff} = \frac{U_0}{\sqrt{2}}$ finden Sie in der Formelsammlung auf S. 44 / 4.3.1 und S. 45 / 4.3.2.

## 83. Zum Begriff "Selbstinduktion"

**a)** Unter Selbstinduktion versteht man das Auftreten einer Induktionsspannung in einem Leiterkreis, die durch eine Änderung des eigenen Leiterkreisstroms verursacht wird.

**b)** *Versuchsaufbau:* Eine Spule hoher Induktivität und ein Ohmscher Widerstand R werden parallel zueinander an eine Batterie angeschlossen. Der Widerstand R ist dabei so bemessen, daß die Glühlampen $L_1$ und $L_2$ bei geschlossenem Schalter gleich hell brennen.

*Versuchsdurchführung:*
Der ursprünglich geöffnete Schalter S wird geschlossen.

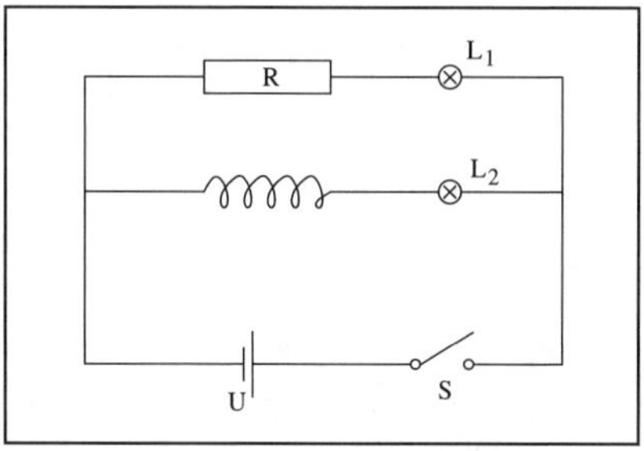


*Beobachtung:*
$L_2$ leuchtet deutlich später auf als $L_1$.

*Erklärung:*
Nach Schließen des Schalters S wächst der Strom durch die Spule und damit das von ihm hervorgerufene Magnetfeld in der Spule an. Da die Spule von einem zeitlich veränderlichen Magnetfeld durchsetzt wird (es spielt dabei keine Rolle, daß es von der Spule selbst erzeugt wird), wird nach dem Induktionsgesetz in der Spule Spannung induziert. Diese ist nach der Lenzschen Regel so gerichtet, daß der von ihr hervorgerufene Induktionsstrom seiner Ursache, also der Zunahme des Batteriestroms, entgegenwirkt. Daher steigt der Strom im Spulenkreis langsamer an als im Widerstandskreis, in dem keine Induktionserscheinungen auftreten. Die erforderliche Lampenbetriebsstromstärke wird im Spulenkreis später erreicht.

## 84. Selbstinduktion in einer langgestreckten Zylinderspule

**a)** Mit jeder Stromstärkeänderung im Spulendraht ist eine Änderung der magnetischen Flußdichte und damit eine Änderung des magnetischen Flusses durch die Spule verbunden. In einer Spule tritt nach dem Induktionsgesetz somit stets dann Selbstinduktion auf, wenn sich die Stromstärke im Spulendraht in irgendeiner Weise ändert.

**b)** $$\left.\begin{array}{l} \text{FS. S. 42 / 3.3.2: } U_{is} = -N \cdot \dot{\Phi} \\ \Phi = B \cdot A \overset{\text{Aufgabe 40}}{=} \mu_0 \cdot \frac{I \cdot N}{\ell} \cdot A \Rightarrow \dot{\Phi} = \mu_0 \cdot \frac{N}{\ell} \cdot A \cdot \dot{I} \end{array}\right\} \Rightarrow$$

$$\Rightarrow U_{is} = -N \cdot \mu_0 \cdot \frac{N}{\ell} \cdot A \cdot \dot{I} = -\mu_0 \cdot \frac{N^2}{\ell} \cdot A \cdot \dot{I}$$

**c)** Nimmt die Stromstärke I ab (zu), so ist $\dot{I} < 0$ ($\dot{I} > 0$) und wegen Teilaufgabe b $U_{is} > 0$ ($U_{is} < 0$). Der von der Induktionsspannung verursachte Induktionsstrom hat also bei einer Abnahme (Zunahme) des Spulenstroms die gleiche (entgegengesetzte) Richtung wie der von der äußeren Spannungsquelle verursachte Spulenstrom.

**d)** Unter der Induktivität L einer langgestreckten Zylinderspule versteht man die Proportionalitätskonstante in der Beziehung $U_{is} \sim -\dot{I}$. Nach Teilaufgabe b gilt somit

$$L = \mu_0 \cdot A \cdot \frac{N^2}{\ell}$$

$$[L] = [\mu_0] \cdot [A] \cdot \left[\frac{N^2}{\ell}\right] = \frac{V \cdot s}{A \cdot m} \cdot m^2 \cdot \frac{1}{m} = \frac{V \cdot s}{A}$$

Die zusammengesetzte Benennung $\frac{V \cdot s}{A}$ heißt auch Henry, abgekürzt H.

Hinweis:

$U_{is} = -L\dot{I}$ finden Sie in der Formelsammlung auf Seite 42 / 3.4.1, $L = \mu_0 \cdot A \cdot \frac{N^2}{\ell}$ auf Seite 42 / 3.4.2.

## 85. Ein- und Ausschaltvorgänge an Spulen

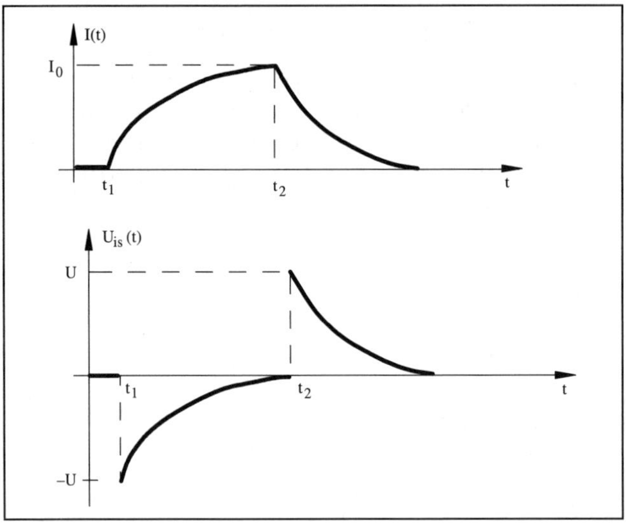

*Erklärung des Stromverlaufs beim Einschalten ($t_1 \leq t < t_2$):*
Im Stromkreis sind die Batteriespannung U und die Selbstinduktionsspannung $U_{is}$ wirksam.

$$\left.\begin{array}{r} U + U_{is} = R \cdot I \\ \text{FS. S. 42/3.4.1: } U_{is} = -L \cdot \dot{I} \end{array}\right\} \Rightarrow U - L \cdot \dot{I} = R \cdot I \Rightarrow \dot{I} = \frac{U - R \cdot I}{L} \ (*)$$

$\dot{I}$ hat im Moment des Einschaltens, in dem I noch Null ist, nach (*) den größten, aber nicht unendlich großen Wert $\frac{U}{L}$. Mit zunehmendem I wird $\dot{I}$ nach (*) immer kleiner. Da $\dot{I}$ die Steigung der Funktion I ist, steigt demnach der Graph von I bei $t_1$ am steilsten, aber nicht unendlich steil und wird mit zunehmender Zeit immer flacher, bis er dem konstanten Endwert $I_0$ beliebig nahe gekommen ist.

*Erklärung des Stromverlaufs beim Ausschalten ($t_2 \leq t$):*
Im Stromkreis ist nur noch die Selbstinduktionsspannung $U_{is}$ wirksam.

$$\left.\begin{array}{r} U_{is} = R \cdot I \\ \text{FS. S. 42/3.4.1 } \quad U_{is} = -L \cdot \dot{I} \end{array}\right\} \Rightarrow -L \cdot \dot{I} = R \cdot I \Rightarrow \dot{I} = -\frac{R}{L} \cdot I \ (**)$$

$\dot{I}$ hat im Moment des Ausschaltens, in dem I noch den konstanten Wert $I_0$ besitzt nach (**) den betragsmäßig größten, aber endlich großen, negativen Wert $-\frac{R}{L} \cdot I_0$. Mit abnehmenden I wird $\dot{I}$ nach (**) betragsmäßig immer kleiner. Der Graph von I fällt also bei $t_2$ am steilsten, aber nicht unendlich steil und wird mit zunehmender Zeit immer flacher, bis er dem konstanten Endwert 0 beliebig nahe gekommen ist.

*Erklärung des Spannungsverlaufs beim Einschalten:*
Da $\dot{I}$ von seinem größten positiven Wert bei $t_1$ allmählich auf Null sinkt, besitzt $U_{is}$ wegen $U_{is} = -L \cdot \dot{I}$ seinen betragsmäßig größten, aber negativen Wert bei $t_1$ und nimmt dann allmählich auf Null ab.

*Erklärung des Spannungsverlaufs beim Ausschalten:*
Da $\dot{I}$ seinen betragsmäßig größten, negativen Wert bei $t_2$ besitzt und dann allmählich auf Null abnimmt, hat $U_{is}$ wegen $U_{is} = -L \cdot \dot{I}$ seinen größten positiven Wert bei $t_2$ und sinkt dann allmählich auf Null ab.

Hinweis:
Natürlich kann man die Funktionsterme I(t) und $U_{is}(t)$ explizit angeben. Sie brauchen das aber nicht zu beherrschen. Falls es Sie trotzdem interessiert, hier sind sie:

Einschalten: $I(t) = \frac{U}{R} \cdot \left(1 - e^{-\frac{R}{L} \cdot t}\right)$ $U_{is}(t) = -U \cdot e^{-\frac{R}{L} \cdot t}$

Ausschalten: $I(t) = \frac{U}{R} \cdot e^{-\frac{R}{L} \cdot t}$ $U_{is}(t) = U \cdot e^{-\frac{R}{L} \cdot t}$

## 86. Einfluß von R und L auf den Stromverlauf bei Ein- und Ausschaltvorgängen an Spulen

**a)** Wie bei Aufgabe 85 erhält man untenstehendes Diagramm.

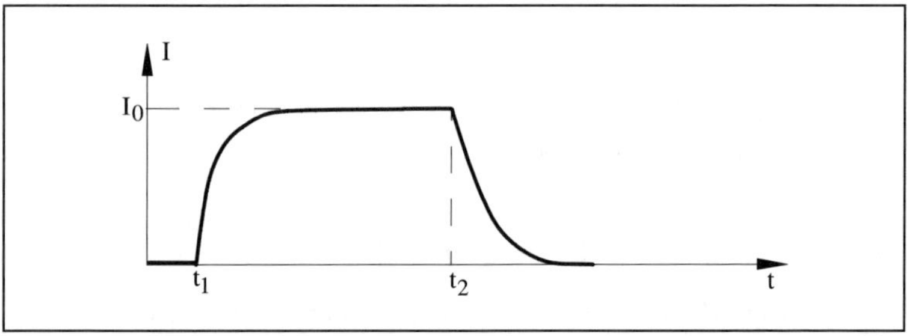


**b)** Der Strom steigt nach Schließen des Schalters langsamer auf den Endwert $I_0$ an und fällt nach Öffnen des Schalters langsamer auf Null ab als bei a.

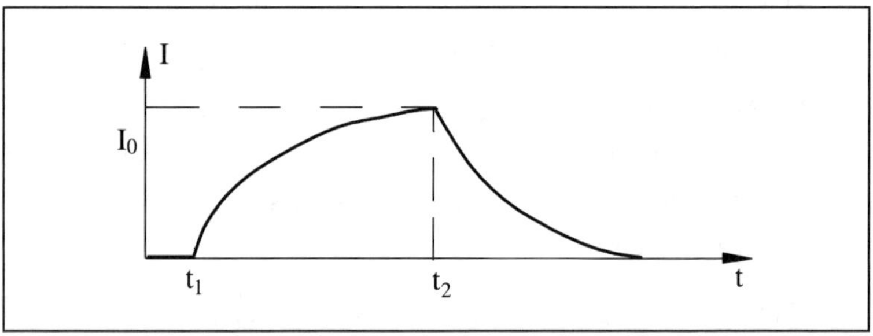


**c)** Stromanstieg und -abfall erfolgen schneller als bei a. Wegen des größeren Ohmschen Widerstands ist die Endstromstärke kleiner als bei a:

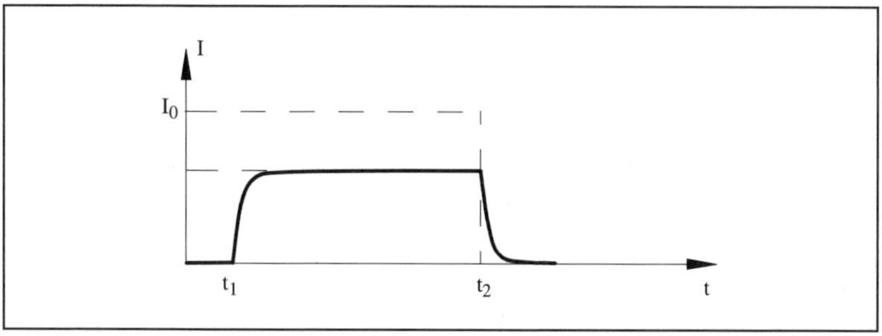


Hinweis:
Eine in allen Belangen präzise Begründung für die in Teilaufgabe b und c gemachten Aussagen läßt sich letztlich nur mit Hilfe des im Hinweis zu Aufgabe 85 angegebenen Funktionsterms für I(t) geben.

## 87. Modifizierter Ein- und Ausschaltvorgang an einer Spule

Nach dem Schließen des Schalters fließt der Induktionsstrom nur im Spulenkreis durch den Widerstand $R_1$, nach dem Öffnen aber durch die Widerstände $R_1$ und $R_2$, also durch einen wesentlich höheren Gesamtwiderstand. Daher steigt der Induktionsstrom nach Aufgabe 86 c wesentlich langsamer an, als er abfällt.

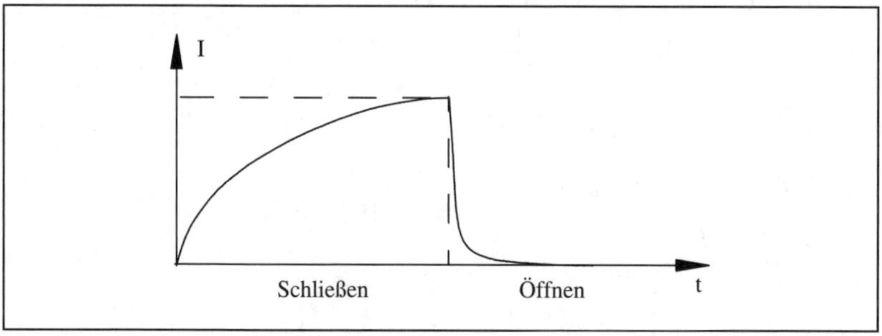


Da der Betrag der Induktionsspannung nach $U_{is} = -L \cdot \dot{I}$ proportional zur Steigung der Funktion I ist, ist der Betrag der Spitzenwerte der Induktionsspannung beim Öffnen wesentlich höher als beim Schließen des Schalters.

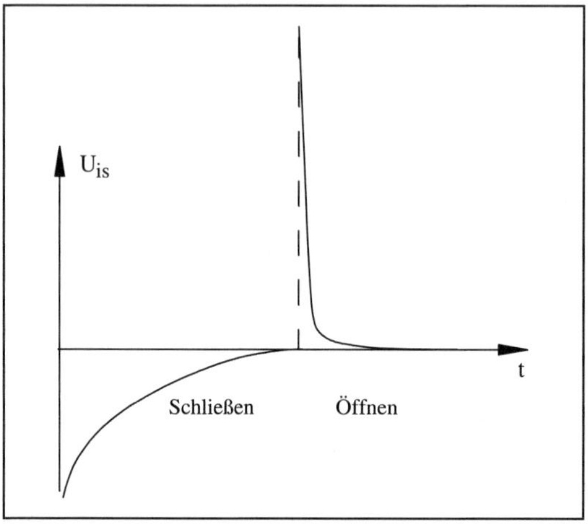


Hinweis:
Technisch wird diese Erkenntnis z. B. bei der Zündanlage eines Benzinmotors, bei Funkeninduktoren, bei Elektrisierapparaten, bei elektrischen Weidezäunen usw. angewendet.

## 88. Bestimmung von Werten für R und L aus einem t-I-Diagramm

Bestimmung des Ohmschen Widerstands:

$$R = \frac{U}{I_0} = \frac{12\ \text{V}}{42{,}9 \cdot 10^{-3}\ \text{A}} = 2{,}8 \cdot 10^2\ \Omega$$

Bestimmung der Induktivität L:

$$\left.\begin{array}{l} \left.\begin{array}{r} U + U_{is} = R \cdot I \\ \text{FS. S. 42 / 3.4.1: } U_{is} = -L \cdot \dot{I} \end{array}\right\} \Rightarrow U - L \cdot \dot{I} = R \cdot I \Rightarrow L = \dfrac{U - R \cdot I}{\dot{I}} \\ \dot{I}(3\ \text{s}) = \dfrac{31{,}7\ \text{mA} - 16{,}7\ \text{mA}}{3\ \text{s}} = \dfrac{15\ \text{mA}}{3\ \text{s}} = 5 \cdot 10^{-3}\ \dfrac{\text{A}}{\text{s}} \\ I(3\ \text{s}) = 31{,}7 \cdot 10^{-3}\ \text{A} \end{array}\right\} \Rightarrow$$

$$\Rightarrow L = \frac{12\ \text{V} - 2{,}8 \cdot 10^2\ \frac{\text{V}}{\text{A}} \cdot 31{,}7 \cdot 10^{-3}\ \text{A}}{5 \cdot 10^{-3}\ \frac{\text{A}}{\text{s}}} = 6{,}2 \cdot 10^2\ \frac{\text{V} \cdot \text{s}}{\text{A}}$$

## 89. Das Magnetfeld als Energiespeicher

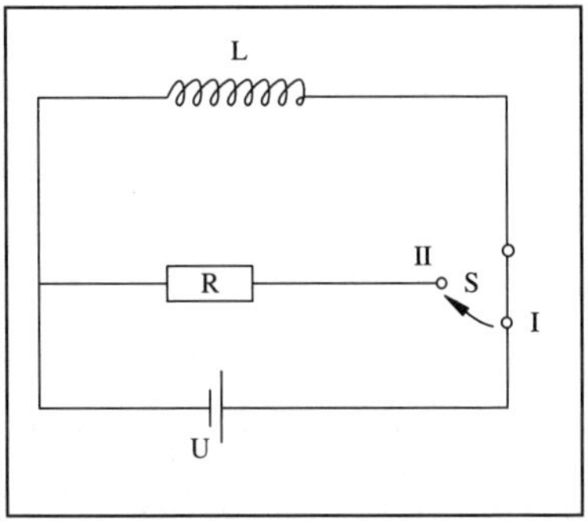


**a)** Wird eine stromdurchflossene Spule von der Spannungsquelle getrennt und über einen ohmschen Widerstand kurzgeschlossen (Schalter von I nach II), so endet der Stromfluß durch die Spule nicht abrupt. Aufgrund der Selbstinduktionsspannung in der Spule fließt durch Spule und Widerstand noch eine zeitlang Strom. Die von ihm verrichtete elektrische Arbeit, die im ohmschen Widerstand vollständig in Wärme umgewandelt wird, kann nicht von der Batterie bezogen werden, da diese ja abgetrennt ist. Als einzig mögliches Energiereservoir kommt nur noch das Magnetfeld der Spule in Betracht.

**b)** Wird der Schalter zum Zeitpunkt $t_1 = 0$, zu dem ein Strom der Stärke $I(0)=I$ durch die Spule fließt, von I nach II bewegt, so hat sich bis zum Zeitpunkt $t_2 = \infty$, zu dem sicher kein Strom mehr durch die Spule fließt, $I(\infty) = 0$, die im Magnetfeld gespeicherte Energie $E_{magn}$ vollständig in elektrische Arbeit $W_{elektr}$ (und diese in Wärme) umgewandelt.

Wegen $W_{elektr} = \int\limits_0^\infty U_{is}(t)\cdot I(t)\cdot dt$ (vgl. Hinweis 1) gilt also:

$$E_{magn} = \int\limits_0^\infty U_{is}(t)\cdot I(t)\cdot dt \overset{\text{FS. S. 42/3.4.1}}{=} \int\limits_0^\infty -L\cdot \dot{I}(t)\cdot I(t)\cdot dt =$$

$$= -L\cdot \int\limits_0^\infty \dot{I}(t)\cdot I(t)\cdot dt \overset{\text{Hinweis 2}}{=} -L\cdot\left[\tfrac{1}{2}\cdot I^2(t)\right]_0^\infty =$$

$$= -L\cdot\left(\tfrac{1}{2}\cdot I^2(\infty) - \tfrac{1}{2}\cdot I^2(0)\right) = -L\cdot\left(0 - \tfrac{1}{2}\cdot I^2\right) = \tfrac{1}{2}\cdot L\cdot I^2$$

Hinweise:

1. Aus dem Physikunterricht der Mittelstufe wissen Sie, daß eine zeitlich konstante Spannung U, die einen zeitlich konstanten Strom I verursacht, in der Zeit t die elektrische Arbeit $W = U\cdot I\cdot t$ verrichtet (vgl. FS. S. 37 / 1.4.1). Trägt man die zeitlich konstante elektrische Leistung P, $P = U\cdot I$, gegen die Zeit t in einem t-P-Diagramm an, so entspricht die elektrische Arbeit dem Flächeninhalt des Rechtecks mit den Seiten $U\cdot I$ und t.

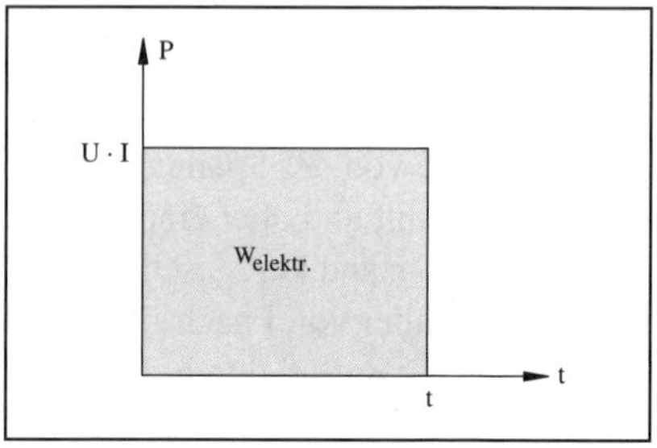


Sind U(t) und I(t) und damit $U(t)\cdot I(t)$ zeitabhängige Funktionen, so ergibt sich die zwischen $t_1 = 0$ und $t_2 = t$ verrichtete elektrische Arbeit auch als Flächeninhalt unter der t-U · I-Kurve. Es gilt also:

$$W_{elektr} = \int_{t_1}^{t_2} U(t)\cdot I(t)\cdot dt$$

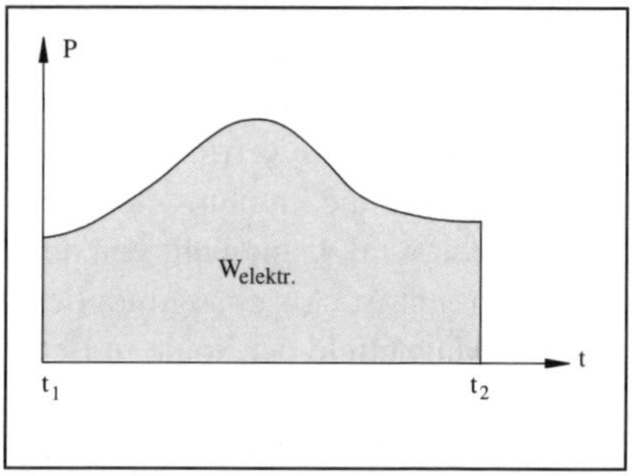


2. Leitet man $\frac{1}{2}\cdot I^2(t)$ unter Berücksichtigung der Kettenregel nach t ab, so erhält man:

$$\left(\tfrac{1}{2}I^2(t)\right)^{\cdot} = \tfrac{1}{2}\cdot 2\cdot I(t)\cdot \dot{I}(t) = I(t)\cdot \dot{I}(t)$$

$\frac{1}{2}I^2(t)$ ist also Stammfunktion von $I(t)\cdot \dot{I}(t)$!

## 90. Modifizierte Formel für die magnetische Energie

$$\left.\begin{array}{l} \text{FS. S. 42/3.4.3: } E_{magn} = \frac{1}{2}\cdot L\cdot I^2 \\ \text{FS. S. 42/3.4.2: } L = \mu_0\cdot A\cdot \frac{N^2}{\ell} \end{array}\right\} \Rightarrow E_{magn} = \frac{1}{2}\cdot \mu_0\cdot A\cdot \frac{N^2}{\ell}\cdot I^2 \Rightarrow$$

$$\left.\begin{array}{r} \Rightarrow E_{magn} = \frac{1}{2}\cdot \frac{\mu_0{}^2}{\mu_0}\cdot \frac{A\cdot \ell}{\ell}\cdot \frac{N^2\cdot I^2}{\ell} = \frac{1}{2}\cdot \frac{A\cdot \ell}{\mu_0}\cdot \left(\mu_0\cdot \frac{I\cdot N}{\ell}\right)^2 \\ \text{Aufgabe 40: } B = \mu_0\cdot \frac{I\cdot N}{\ell} \end{array}\right\} \Rightarrow$$

$$\Rightarrow E_{magn} = \frac{1}{2}\cdot \frac{A\cdot \ell}{\mu_0}\cdot B^2 = \frac{1}{2}\cdot \frac{V\cdot B^2}{\mu_0}$$

Aus zahlreichen Versuchen ist bekannt, daß in einem Volumen V, das von einem magnetischen Feld der Flußdichte $\vec{B}$ durchsetzt wird, magnetische Energie gespeichert ist. Dabei spielt es keine Rolle, auf welche Weise (ob durch einen Permanentmagneten oder durch einen stromdurchflossenen Leiter oder ...) dieses Magnetfeld erzeugt wird. Genau diesem Sachverhalt trägt die Formel dadurch Rechnung, daß sie die im Volumen V gespeicherte magnetische Energie nur durch V und $\vec{B}$ ausdrückt, ohne Größen zu benützen, die einen Rückschluß auf die Art der Felderzeugung zulassen.

## 91. Rechenaufgabe zur Feldenergie einer Spule

Gesamtenergie $E_{magn}$ in der Spule:

$$E_{magn} = A \cdot \ell \cdot E' = 80 \cdot 10^{-4}\ m^2 \cdot 0{,}70\ m \cdot \frac{8{,}2 \cdot 10^{-9}\ J}{10^{-6}\ m^3} = 4{,}6 \cdot 10^{-5}\ J$$

$$\left.\begin{array}{l} \text{FS. S. 42 / 3.4.3: } E_{magn} = \frac{1}{2} \cdot L \cdot I^2 \Rightarrow \quad I = \sqrt{\frac{2 \cdot E_{magn}}{L}} \\ \text{FS. S. 42 / 3.4.2: } L = \mu_0 \cdot A \cdot \frac{N^2}{\ell} \end{array}\right\} \Rightarrow$$

$$\Rightarrow I = \sqrt{\frac{2 \cdot E_{magn} \cdot \ell}{\mu_0 \cdot A \cdot N^2}} = \sqrt{\frac{2 \cdot 4{,}6 \cdot 10^{-5}\ J \cdot 0{,}70\ m}{4 \cdot \pi \cdot 10^{-7} \frac{V \cdot s}{A \cdot m} \cdot 80 \cdot 10^{-4}\ m^2 \cdot 800^2}} = 0{,}1\ A$$

## 92. Das elektrische Feld als Energiespeicher

*Die Aufgabenteile a und b lassen sich analog zu Aufgabe 89 bearbeiten. Die dort gegebenen Hinweise werden hier ohne weitere Erläuterungen angewendet.*

**a)** Wird ein geladener Kondensator von der Spannungsquelle abgetrennt und über einen ohmschen Widerstand R kurzgeschlossen (Schalter von I nach II), so entlädt er sich.
Der Entladestrom verrichtet elektrische Arbeit, die im ohmschen Widerstand vollständig in Wärme umgewandelt wird.

Die hierfür benötigte Energie kann nicht von der Spannungsquelle bezogen werden, da diese ja abgetrennt ist. Als einzig mögliches Energiereservoir kommt nur das elektrische Feld des Plattenkondensators in Betracht.

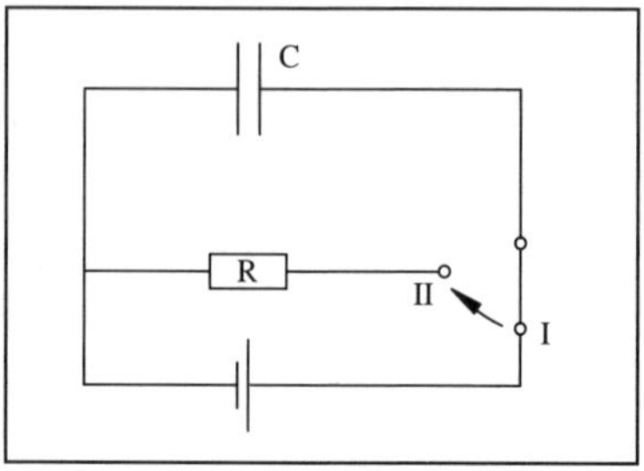


**b)** Wird der Schalter zum Zeitpunkt $t_1 = 0$, zu dem sich noch die gesamte Ladung Q auf den Kondensatorplatten befindet, $Q(0) = Q$, von I nach II bewegt, so hat sich die im Kondensator gespeicherte Energie $E_{elektr}$ bis zum Zeitpunkt $t_2 = \infty$, zu dem der Kondensator sicher entladen ist, $Q(\infty) = 0$, vollständig in elektrische Arbeit $W_{elektr}$ des Entladestroms umgewandelt. Es gilt also

$$E_{elektr} = W_{elektr} = \int_0^\infty U(t) \cdot I(t) \cdot dt$$

FS.S.40/2.6.1: $U(t) = \frac{Q(t)}{C}$

FS.S.36/1.1: $I(t) = -\dot{Q}(t)$

Das Minuszeichen berücksichtigt die Tatsache, daß die Ladung auf den Kondensatorplatten abnimmt.

$$\Rightarrow E_{elektr} = \int_0^\infty \frac{Q(t)}{C} \cdot \left(-\dot{Q}(t)\right) dt =$$

$$= -\frac{1}{C} \cdot \int_0^\infty \dot{Q}(t) \cdot Q(t) \cdot dt = -\frac{1}{C} \cdot \left[\frac{1}{2} \cdot Q^2(t)\right]_0^\infty =$$

$$= -\frac{1}{C} \cdot \left(\frac{1}{2} \cdot Q^2(\infty) - \frac{1}{2} \cdot Q^2(0)\right) = -\frac{1}{C} \cdot \left(0 - \frac{1}{2} \cdot Q^2\right) = \frac{1}{2} \cdot \frac{Q^2}{C}$$

**c)** $E_{elektr} = \frac{1}{2} \cdot \frac{Q^2}{C} = \frac{1}{2} \cdot \frac{Q \cdot Q}{C}$

FS. S. 40 / 2.6.1: $Q = C \cdot U$

$$\Rightarrow E_{elektr} = \frac{1}{2} \cdot \frac{C \cdot U \cdot Q}{C} = \frac{1}{2} \cdot U \cdot Q$$

$E_{elektr} = \frac{1}{2} \cdot \frac{Q^2}{C}$

FS. S. 40 / 2.6.1: $Q = C \cdot U$

$$\Rightarrow E_{elektr} = \frac{1}{2} \cdot \frac{(C \cdot U)^2}{C} = \frac{1}{2} \cdot C \cdot U^2$$

## 93. Modifizierte Formel für die elektrische Energie

$$\left.\begin{array}{ll}\text{FS. S. 40 / 2.6.3:} & E_{elektr} = \frac{1}{2} \cdot C \cdot U^2 \\ \text{FS. S. 40 / 2.6.2:} & C = \varepsilon_0 \cdot \frac{A}{d}\end{array}\right\} \Rightarrow \left.\begin{array}{l} E_{elektr} = \frac{1}{2} \cdot \varepsilon_0 \cdot \frac{A}{d} \cdot U^2 \\ \text{FS. S. 38 / 2.1.3: } U = E \cdot d\end{array}\right\} \Rightarrow$$

$$\Rightarrow E_{elektr} = \frac{1}{2} \cdot \varepsilon_0 \cdot \frac{A}{d} \cdot E^2 \cdot d^2 = \frac{1}{2} \cdot \varepsilon_0 \cdot A \cdot d \cdot E^2 = \frac{1}{2} \cdot \varepsilon_0 \cdot V \cdot E^2$$

Aus zahlreichen Versuchen ist bekannt, daß in einem Volumen V, das von einem elektrischen Feld der Feldstärke $\vec{E}$ durchsetzt wird, elektrische Energie gespeichert ist. Dabei spielt es keine Rolle, auf welche Weise dieses elektrische Feld erzeugt wird. Genau diesem Sachverhalt trägt die Formel dadurch Rechnung, daß sie die im Volumen V gespeicherte elektrische Energie nur durch V und $\vec{E}$ ausdrückt, ohne Größen zu benützen, die einen Rückschluß auf die Art der Felderzeugung zulassen.

## 94. Energiebilanzen am Plattenkondensator

**a)** $$E_{elektr,1} = \frac{1}{2} \cdot C_1 \cdot U^2 = \frac{1}{2} \cdot \varepsilon_0 \cdot \frac{A}{d_1} \cdot U^2 = \frac{1}{2} \cdot \varepsilon_0 \cdot \frac{a^2 \cdot U^2}{d_1} =$$
$$= \frac{1}{2} \cdot 8{,}85 \cdot 10^{-12} \, \frac{C}{V \cdot m} \cdot \frac{(0{,}20\,m)^2 \cdot (300\,V)^2}{0{,}03\,m} = 5{,}3 \cdot 10^{-7}\ J$$

**b)** $$\frac{E_{elektr,2}}{E_{elektr,1}} = \frac{\frac{1}{2} \cdot C_2 \cdot U^2}{\frac{1}{2} \cdot C_1 \cdot U^2} = \frac{C_2}{C_1} = \frac{\varepsilon_0 \cdot \frac{A}{d_2}}{\varepsilon_0 \cdot \frac{A}{d_1}} = \frac{d_1}{d_2} = \frac{1}{3}$$
$$\Rightarrow E_{elektr,2} = \frac{1}{3} \cdot E_{elektr,1} = \frac{1}{3} \cdot 5{,}3 \cdot 10^{-7}\ J = 1{,}8 \cdot 10^{-7}\ J$$

Die im Plattenzwischenraum gespeicherte Energie nimmt um 67 % ab!

**c)** Wegen $C_2 < C_1$ befinden sich auf den Kondensatorplatten bei größerem Plattenabstand weniger Ladungen, so daß die im Plattenzwischenraum gespeicherte Energie geringer ist. Da die Platten mit der Batterie verbunden sind, fließt die überschüssige Ladung beim Auseinanderziehen der Platten in die Batterie zurück. Die Batterie wird geladen. Dabei wird der Batterie 67 % der ursprünglichen Feldenergie und der Energiebetrag zugeführt, der für das Auseinanderziehen der Platten von außen her aufgebracht werden muß.

**d)** $$\frac{E_{\text{elektr},2}}{E_{\text{elektr},1}} = \frac{\frac{1}{2}\cdot\frac{Q^2}{C_2}}{\frac{1}{2}\cdot\frac{Q^2}{C_1}} = \frac{C_1}{C_2} = \frac{\varepsilon_0\cdot\frac{A}{d_1}}{\varepsilon_0\cdot\frac{A}{d_2}} = \frac{d_2}{d_1} = \frac{3}{1}$$

$$\Rightarrow E_{\text{elektr},2} = 3\cdot E_{\text{elektr},1} = 3\cdot 5{,}3\cdot 10^{-7}\ \text{J} = 1{,}6\cdot 10^{-6}\ \text{J}$$

Die im Plattenzwischenraum gespeicherte Energie nimmt um 300 % zu!

**e)** Da der Kondensator jetzt von der Spannungsquelle getrennt ist, können beim Auseinanderziehen der Platten Ladungen nicht zur Spannungsquelle abfließen. Die für das Auseinanderziehen erforderliche, von außen zugeführte mechanische Arbeit wird vollständig in elektrische Feldenergie umgewandelt. Die Feldenergie nimmt genau um diesen Energiebetrag zu!

## 95. Wiederholung von Grundbegriffen mechanischer Schwingungen

**a)** Als Schwingung bezeichnet man in der Mechanik periodische Bewegungen, also Bewegungen, bei denen die variablen physikalischen Größen nach gleichen Zeitintervallen immer wieder dieselben Werte annehmen. Unter harmonischen Schwingungen versteht man sinusförmige Schwingungen.

**b)** *Periode und Schwingungsdauer:*
Als Periode oder Schwingungsdauer T bezeichnet man die *kleinste* Zeitspanne, nach der alle die Schwingung charakterisierenden physikalischen Größen wieder denselben Wert annehmen.

*Frequenz:*
Die Frequenz f gibt die Zahl der Schwingungen pro Zeiteinheit an. Es gilt:

$$f = \frac{1}{T}.$$

*Kreisfrequenz:*
Unter der Kreisfrequenz ω versteht man den Quotienten $\omega = \frac{2\cdot\pi}{T}$.

*Elongation:*
Die momentane, sich mit der Zeit ändernde Entfernung des schwingenden Körpers von seiner Ruhelage heißt Elongation.

*Amplitude:*
Den Betrag der maximalen Elongation nennt man Amplitude.

*Phase und Phasenkonstante:*
Unter der Phase versteht man den momentanen Schwingungszustand. Bei harmonischen Schwingungen der Form $x(t) = x_0 \cdot \sin(\omega \cdot t + \varphi_0)$ wird er durch den Term $\omega \cdot t + \varphi_0$ bestimmt. Man nennt daher auch $\omega \cdot t + \varphi_0$ Phase. $\varphi_0$ heißt Phasenkonstante.

## 96. Zur Physik des elektromagnetischen Schwingkreises

**a)** Ein geschlossener Leiterkreis aus einem Kondensator und einer Spule heißt Schwingkreis. Ist der ohmsche Widerstand der Spule und der Verbindungsdrähte vernachlässigbar klein, so spricht man von einem praktisch verlustfreien Schwingkreis.

**b)** $0 \leq t \leq \frac{T}{8}$:

Zum Zeitpunkt t = 0 ist der Kondensator noch vollständig geladen. Durch die Spule fließt noch kein Strom. Die gesamte Energie des Schwingkreises ist im elektrischen Feld des Kondensators gespeichert. Der geladene Kondensator bewirkt dann wie eine Batterie einen Strom durch die Spule, dessen Stärke aber nur langsam zunimmt.

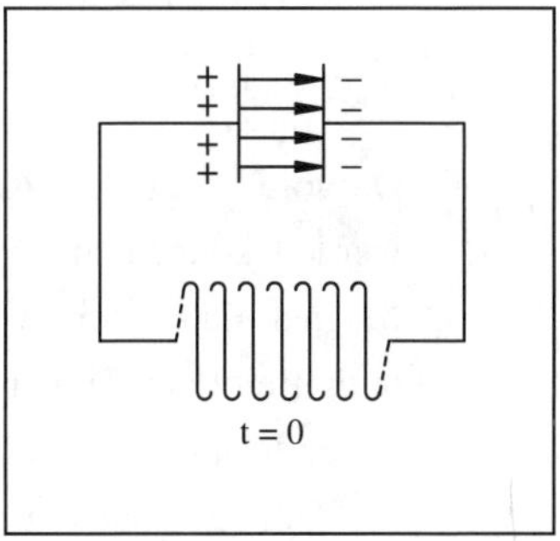


Ursache hierfür ist das vom Strom verursachte Magnetfeld in der Spule, dessen Zunahme nach der Lenzschen Regel eine Induktionsspannung hervorruft, die das Ansteigen des Spulenstroms hemmt.

Zum Zeitpunkt $t = \frac{T}{8}$ ist der Kondensator noch nicht vollständig entladen. Ein Teil der elektrischen Energie, die zum Zeitpunkt t = 0 im Kondensator gespeichert war, hat sich in magnetische Energie umgewandelt, die im Feld der Spule gespeichert ist.

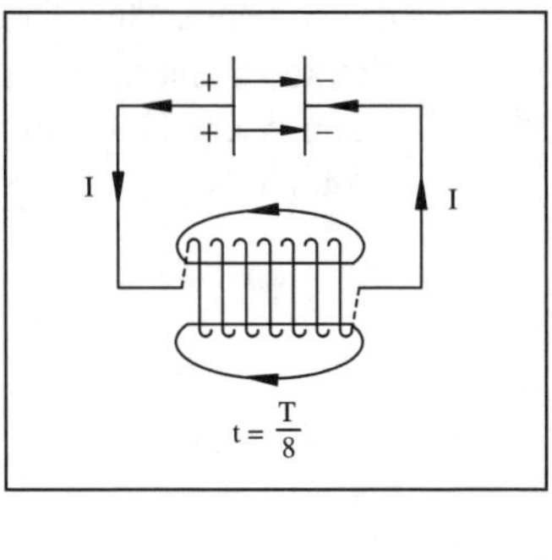

$\frac{T}{8} < t \leq \frac{T}{4}$:

Der Abbau des elektrischen Feldes und der Aufbau des magnetischen Feldes schreitet fort. Zum Zeitpunkt $t = \frac{T}{4}$ ist der Kondensator vollständig entladen. Da keine Energie verlorengeht, ist in diesem Augenblick die gesamte Schwingkreisenergie im Magnetfeld der Spule gespeichert.

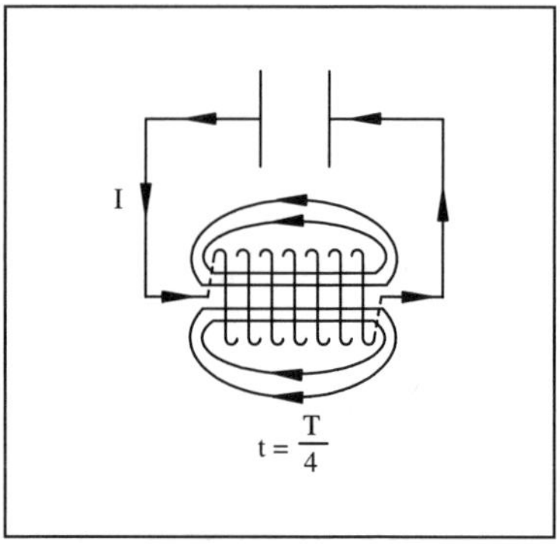


Wegen $E_{magn} = \frac{1}{2} \cdot L \cdot I^2$ hat dann aber auch die Spulenstromstärke I ihr Maximum erreicht.

$\frac{T}{4} < t \leq \frac{3}{8} \cdot T$:

Da vom entladenen Kondensator keine Ladungsträger mehr abgegeben werden können, nimmt der Strom wieder ab. Daher nimmt auch das Magnetfeld in der Spule ab. Die dadurch verursachte Induktionsspannung treibt den Spulenstrom nach der Lenzschen Regel in der ursprünglichen Richtung weiter und lädt den Kondensator in umgekehrter Polung auf. Zum Zeitpunkt $t = \frac{3}{8} \cdot T$ hat die Stärke des Spulenstroms abgenommen, die Ladung des Kondensators in umgekehrter Polung zugenommen.

Die elektrische Energie des Kondensatorfeldes hat genau um den Betrag zugenommen, um den die magnetische Feldenergie abgenommen hat.

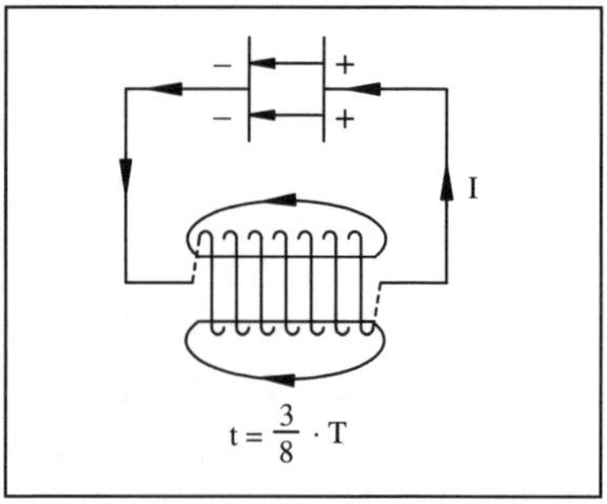

$\frac{3}{8} \cdot T < t \leq \frac{T}{2}$:

Abbau des Magnetfeldes und Aufbau des elektrischen Feldes schreiten fort. Zum Zeitpunkt $t = \frac{T}{2}$ ist das Magnetfeld der Spule vollständig verschwunden, die Selbstinduktionsspannung und damit der Spulenstrom haben ebenfalls auf Null abgenommen.

Der Kondensator besitzt wieder den ursprünglichen Ladungszustand nur in umgekehrter Polung. Die gesamte Schwingkreisenergie ist wieder im elektrischen Feld des Kondensators gespeichert.

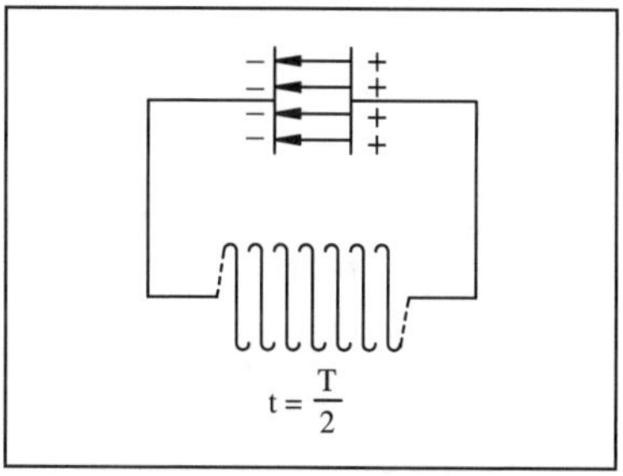


**c)** Treten im Schwingkreis keine Verluste, z. B. durch ohmsche Widerstände, auf, so wiederholt sich der in Teilaufgabe b geschilderte Vorgang im Zeitintervall $\left[\frac{T}{2};T\right]$ in umgekehrter Richtung usw. Es kommt zu einer elektromagnetischen Schwingung. Die eigentliche Ursache für das Zustandekommen dieser elektromagnetischen Schwingung sind die räumlich getrennten Energiereservoirs, das elektrische Feld des Kondensators und das magnetische Feld der Spule, zwischen denen ein periodischer, verlustfreier Energieaustausch möglich ist.

**d)** Bei einem verlustfreien Schwingkreis ändern sich die Ladung auf dem Kondensator, die Stärke des Spulenstroms, die Spannungen an Spule und Kondensator, die elektrische Feldstärke des Kondensatorfeldes und die magnetische Flußdichte des Spulenfeldes periodisch sinusförmig wie die Elongation eines mechanischen, harmonischen Schwingers. In diesem Sinn kann man für jede dieser Größen sagen, daß sie schwingt.

## 97. Die Differentialgleichung eines verlustfreien Schwingkreises

**a)** Die Induktionsspannung $U_L$ der Spule wirkt nach Aufgabe 96 gegen die Kondensatorspannung $U_C$. Wegen der Parallelschaltung von Kondensator und Spule gilt daher $U_L = -U_C$.

$$\left.\begin{array}{l} U_L = -U_C \Rightarrow U_L + U_C = 0 \\ \text{FS. S. 42 / 3.4.1: } U_L = -L \cdot \dot{I} \\ \text{FS. S. 40 / 2.6.1: } U_C = \frac{Q}{C} \end{array}\right\} \Rightarrow -L \cdot \dot{I} + \frac{Q}{C} = 0 \quad (1)$$

Da der Strom durch die Spule nach Aufgabe 96 durch die Abnahme der Kondensatorladung bewirkt wird, gilt für die Kondensatorladung:

$\dot{Q} = -I$. Hieraus folgt $-\dot{I} = \ddot{Q}$ (2)

(1) und (2): $L \cdot \ddot{Q} + \frac{Q}{C} = 0 \Rightarrow \ddot{Q} + \frac{1}{L \cdot C} \cdot Q = 0$

**b)** $Q(t) = Q_0 \cdot \sin(\omega \cdot t + \varphi_0)$ (*)

$\dot{Q}(t) = Q_0 \cdot \omega \cdot \cos(\omega \cdot t + \varphi_0)$

$\ddot{Q}(t) = -Q_0 \cdot \omega^2 \cdot \sin(\omega \cdot t + \varphi_0)$ (**)

(*) und (**) eingesetzt in die linke Seite der Differentialgleichung:

$$\left.\begin{array}{l} \text{linke Seite} = -Q_0 \cdot \omega^2 \cdot \sin(\omega \cdot t + \varphi_0) + \frac{1}{L \cdot C} \cdot Q_0 \cdot \sin(\omega \cdot t + \varphi_0) \\ \omega = \frac{1}{\sqrt{L \cdot C}} \Rightarrow \omega^2 = \frac{1}{L \cdot C} \end{array}\right\} \Rightarrow$$

$$\left.\begin{array}{l} \Rightarrow \text{linke Seite} = -Q_0 \cdot \frac{1}{L \cdot C} \cdot \sin(\omega \cdot t + \varphi_0) + \frac{1}{L \cdot C} \cdot Q_0 \cdot \sin(\omega \cdot t + \varphi_0) = 0 \\ \text{rechte Seite} = 0 \end{array}\right\} \Rightarrow$$

$\Rightarrow Q(t) = Q_0 \cdot \sin(\omega \cdot t + \varphi_0)$ ist Lösung der Differentialgleichung.

**c)** $$\left.\begin{array}{l} Q(t) = Q_0 \cdot \sin(\omega \cdot t + \varphi_0) \\ \text{FS. S. 40 / 2.6.1: } U_C = \frac{Q}{C} \end{array}\right\} \Rightarrow U_C(t) = \frac{Q_0}{C} \cdot \sin(\omega \cdot t + \varphi_0)$$

Scheitelwert: $U_{0,C} = \frac{Q_0}{C}$

$$\left.\begin{aligned} &U_C(t) = \frac{Q_0}{C}\cdot\sin(\omega\cdot t + \varphi_0) \\ &\text{Teilaufgabe a: } U_L = -U_C \end{aligned}\right\} \Rightarrow U_L(t) = -\frac{Q_0}{C}\cdot\sin(\omega\cdot t + \varphi_0)$$

$$\text{Scheitelwert: } U_{0,L} = \frac{Q_0}{C}$$

$$\left.\begin{aligned} &\left.\begin{aligned} &Q(t) = Q_0\cdot\sin(\omega\cdot t + \varphi_0) \\ &\text{Teilaufgabe a: } I = -\dot{Q} \end{aligned}\right\} \Rightarrow I(t) = -Q_0\cdot\omega\cdot\cos(\omega\cdot t + \varphi_0) \\ &\omega = \frac{1}{\sqrt{L\cdot C}} \end{aligned}\right\} \Rightarrow$$

$$\Rightarrow I(t) = -\frac{Q_0}{\sqrt{L\cdot C}}\cdot\cos(\omega\cdot t + \varphi_0)$$

$$\text{Scheitelwert: } I_0 = \frac{Q_0}{\sqrt{L\cdot C}}$$

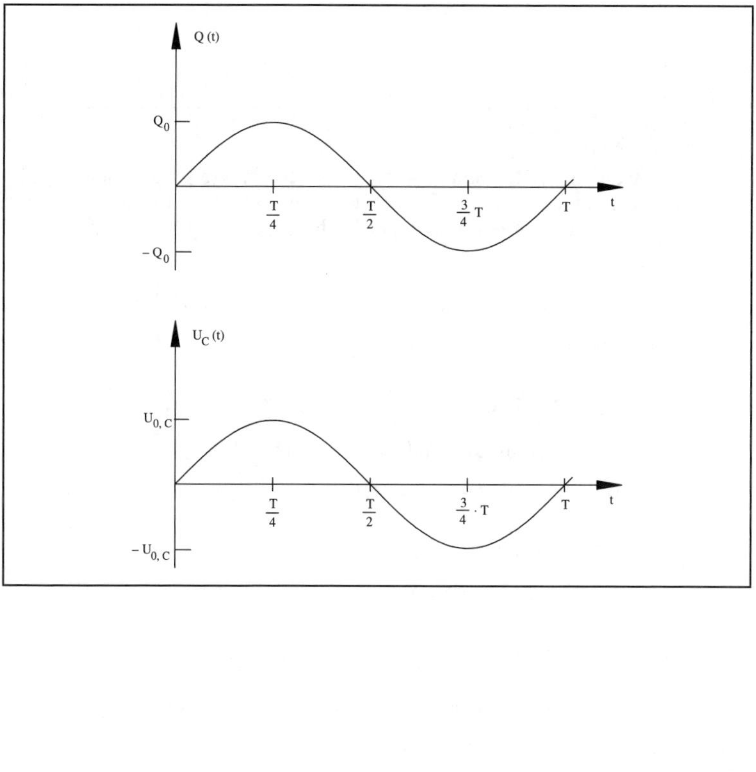

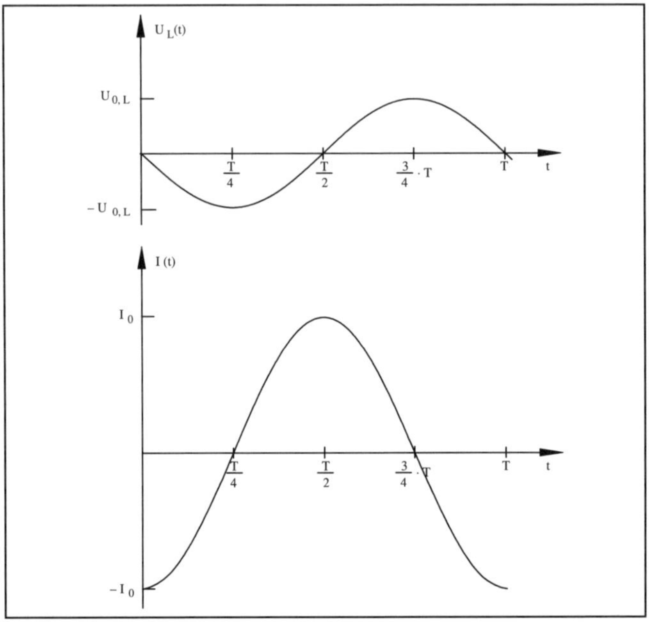


Hinweise:

1. Sowohl die Differentialgleichung des Schwingkreises als auch den Lösungsansatz finden Sie in der Formelsammlung auf Seite 46 unter 5.1.1 und 5.1.2.
2. Für die Differentialgleichung des Schwingkreises gibt es auch andere Darstellungsmöglichkeiten, z. B.

$$(1) \quad \ddot{I}+\frac{1}{L\cdot C}\cdot I=0 \quad \text{oder} \quad (2) \quad \ddot{U}_C+\frac{1}{L\cdot C}\cdot U_C=0$$

Begründung von (1):

$$\left.\begin{array}{l} \ddot{Q}+\frac{1}{L\cdot C}\cdot Q=0 \Rightarrow \dddot{Q}+\frac{1}{L\cdot C}\cdot \dot{Q}=0 \\ \text{Teilaufgabe a: } \dot{Q}=-\dot{I} \Rightarrow \dddot{Q}=-\ddot{I} \end{array}\right\} \Rightarrow$$

$$\Rightarrow -\ddot{I}-\frac{1}{L\cdot C}\cdot I=0 \Rightarrow \ddot{I}+\frac{1}{L\cdot C}\cdot I=0$$

Begründung von (2):

$$\left.\begin{array}{l} \ddot{Q}+\frac{1}{L\cdot C}\cdot Q=0 \\ Q=C\cdot U_C \Rightarrow \dot{Q}=C\cdot \dot{U}_C \Rightarrow \ddot{Q}=C\cdot \ddot{U}_C \end{array}\right\} \Rightarrow$$

$$\Rightarrow C\cdot \ddot{U}_C+\frac{1}{L\cdot C}\cdot C\cdot U_C=0 \Rightarrow \ddot{U}_C+\frac{1}{L\cdot C}\cdot U_C=0$$

3. Merken Sie sich die Phasenunterschiede bei den einzelnen Funktionen aus Teilaufgabe c!

   Der Strom eilt der Spannung am Kondensator um $\frac{T}{4}$ oder $\frac{\pi}{2}$ voraus und hinkt der Spannung an der Spule um $\frac{T}{4}$ oder $\frac{\pi}{2}$ hinterher. Ladung und Spannung am Kondensator weisen keinen Phasenunterschied auf.

   Die Spannungen an Kondensator und Spule weisen einen Phasenunterschied von $\frac{T}{2}$ oder $\pi$ auf.

## 98. Herleitung der Thomson-Formel

$$\left.\begin{array}{l}\text{FS. S. 46 / 5.1.1: Differentialgleichung: } L\cdot\ddot{Q}(t)+\frac{1}{C}\cdot Q(t)=0\\ \text{FS. S. 46 / 5.1.2: Lösungsansatz } Q(t)=Q_0\cdot\sin(\omega\cdot t+\varphi_0)\Rightarrow\\ \Rightarrow\text{(wie bei Aufgabe 97)}: \ddot{Q}(t)=-Q_0\cdot\omega^2\cdot\sin(\omega\cdot t+\varphi_0)\end{array}\right\}\Rightarrow$$

$$\Rightarrow -L\cdot Q_0\cdot\omega^2\cdot\sin(\omega\cdot t+\varphi_0)+\frac{1}{C}\cdot Q_0\cdot\sin(\omega\cdot t+\varphi_0)=0$$

$$\Rightarrow\left(-L\cdot\omega^2+\frac{1}{C}\right)\cdot Q_0\cdot\sin(\omega\cdot t+\varphi_0)=0$$

Da $Q_0\cdot\sin(\omega\cdot t+\varphi_0)$ eine zeitabhängige, von der Nullfunktion verschiedene Funktion ist, kann diese Gleichung nur dann für alle Zeiten t erfüllt sein, wenn $-L\cdot\omega^2+\frac{1}{C}=0$.

$$\left.\begin{array}{ll}-L\cdot\omega^2+\frac{1}{C}=0\Rightarrow\omega^2=\frac{1}{L\cdot C} & \Rightarrow\omega=\frac{1}{\sqrt{L\cdot C}}\\ \text{FS. S. 21 / 9.1: } \omega=2\cdot\pi\cdot f & \Rightarrow f=\frac{\omega}{2\cdot\pi}\end{array}\right\}\Rightarrow f=\frac{1}{2\cdot\pi\cdot\sqrt{L\cdot C}}\quad(*)$$

$$\text{FS. S. 21 / 9.1: } T=\frac{1}{f}\overset{(*)}{=}2\cdot\pi\cdot\sqrt{L\cdot C}$$

Hinweise:

1. Beachten Sie den Unterschied zu Aufgabe 96 b! Dort wurde $\omega=\frac{1}{\sqrt{L\cdot C}}$ vorgegeben, hier haben Sie $\omega=\frac{1}{\sqrt{L\cdot C}}$ hergeleitet!
2. Sie finden $f=\frac{1}{2\cdot\pi\cdot\sqrt{L\cdot C}}$ in der Formelsammlung auf Seite 46 unter 5.1.3. Man bezeichnet diese Formel oder den entsprechenden Ausdruck für T als Thomsonsche Formel.

3. Beachten Sie ferner, daß im Lösungsansatz $Q(t) = Q_0 \cdot \sin(\omega \cdot t + \varphi_0)$ $Q_0$ und $\varphi_0$ beliebige Werte, $\omega$ aber nur einen, nämlich den durch L und C eindeutig festgelegten Wert $\omega = \frac{1}{\sqrt{L \cdot C}}$ annehmen dürfen, wenn Q(t) Lösung der Differentialgleichung sein soll. Physikalisch bedeutet dies, daß der Schwingkreis nicht mit beliebigen Frequenzen, sondern nur mit der durch L und C eindeutig festgelegten Frequenz $f = \frac{1}{2 \cdot \pi \cdot \sqrt{L \cdot C}}$ schwingen kann, daß andererseits die Maximalladung des Kondensators oder der Beginn der Zeitrechnung beliebig sind.

## 99. Rechenaufgaben zur Thomsonschen Formel

**a)** Die Frequenz ist am kleinsten, wenn die Kapazität am größten ist.
FS. S. 46 / 5.1.3: $f_{min} = \frac{1}{2 \cdot \pi \cdot \sqrt{L \cdot C_{max}}} = \frac{1}{2 \cdot \pi \cdot \sqrt{0{,}6\,H \cdot 5{,}0 \cdot 10^{-6}\,F}} = 91{,}9\ Hz$

**b)** analog zu a: $f_{max} = \frac{1}{2 \cdot \pi \cdot \sqrt{L \cdot C_{min}}} = \frac{1}{2 \cdot \pi \cdot \sqrt{0{,}6\,H \cdot 2{,}0 \cdot 10^{-6}\,F}} = 145{,}3\ Hz$

Mit der Anordnung lassen sich also alle Frequenzen zwischen 91,9 Hz und 145,3 Hz erzeugen.

**c)** $$\frac{f_{neu} - f_{alt}}{f_{alt}} = \frac{f_{neu}}{f_{alt}} - 1 = \frac{2 \cdot \pi \cdot \sqrt{L \cdot C_{alt}}}{2 \cdot \pi \cdot \sqrt{L \cdot C_{neu}}} - 1 = \sqrt{\frac{C_{alt}}{C_{neu}}} - 1$$
$$= \sqrt{\frac{C_{alt}}{1{,}75 \cdot C_{alt}}} - 1 = \sqrt{\frac{1}{1{,}75}} - 1 = -0{,}244$$

Die Frequenz sinkt also um 24,4 %.

**d)** $$T = 2 \cdot \pi \cdot \sqrt{L \cdot C} \Rightarrow T^2 = 4 \cdot \pi^2 \cdot L \cdot C$$
$$\Rightarrow C = \frac{T^2}{4 \cdot \pi^2 \cdot L} = \frac{\left(10^{-2}\,s\right)^2}{4 \cdot \pi^2 \cdot 0{,}6\,H} = 4{,}2\ \mu F$$

**e)** FS. S. 40 / 2.6.6: $C_{ges} = C + C' = 4{,}0\ \mu F + 10\ \mu F = 14\ \mu F$
$$f = \frac{1}{2 \cdot \pi \cdot \sqrt{L \cdot C_{ges}}} = \frac{1}{2 \cdot \pi \cdot \sqrt{0{,}6\,H \cdot 14{,}0 \cdot 10^{-6}\,F}} = 54{,}9\ Hz$$

**100. Energieerhaltung im Schwingkreis**

**a)** Da die Spannung zum Zeitpunkt t = 0 s ihren positiven Maximalwert $U_0$ besitzt, gilt nach FS. S. 46 / 5.1.2 bzw. S. 36 / 1.1:

$$(1)\quad Q(t) = Q_0 \cdot \cos(\omega \cdot t) \quad \text{und} \quad (2)\quad I(t) = -\dot{Q}(t) = \omega \cdot Q_0 \cdot \sin(\omega \cdot t)$$

$$\text{Aufgabe 92 b: } E_{elektr} = \frac{1}{2} \cdot \frac{Q^2(t)}{C} \overset{(1)}{=} \frac{1}{2} \cdot \frac{Q_0^2}{C} (\cos(\omega \cdot t))^2 \qquad (3)$$

$$\left.\begin{array}{r} \text{FS. S. 42 / 3.4.3: } E_{mag} = \frac{1}{2} \cdot L \cdot I^2(t) \overset{(2)}{=} \frac{1}{2} \cdot L \cdot \omega^2 \cdot Q_0^2 (\sin(\omega \cdot t))^2 \\ \text{FS. S. 46 / 5.1.3: } \omega = \frac{1}{\sqrt{L \cdot C}} \end{array}\right\} \Rightarrow$$

$$\Rightarrow E_{mag} = \frac{1}{2} \cdot \frac{L \cdot Q_0^2}{L \cdot C} (\sin(\omega \cdot t))^2 = \frac{1}{2} \cdot \frac{Q_0^2}{C} (\sin(\omega \cdot t))^2 \qquad (4)$$

$$E_{ges} = E_{elektr} + E_{mag} \overset{(3),(4)}{=} \frac{1}{2} \cdot \frac{Q_0^2}{C} (\cos(\omega \cdot t))^2 + \frac{1}{2} \cdot \frac{Q_0^2}{C} (\sin(\omega \cdot t))^2 =$$
$$= \frac{1}{2} \cdot \frac{Q_0^2}{C} \cdot \left[ (\cos \omega \cdot t)^2 + (\sin \omega \cdot t)^2 \right] = \frac{1}{2} \cdot \frac{Q_0^2}{C} \cdot [1] = \frac{1}{2} \cdot \frac{Q_0^2}{C} = \text{konst.}$$

**b)** Da zum Zeitpunkt t = 0 s die Maximalspannung am Kondensator liegt, ist die Gesamtenergie des Schwingkreises im elektrischen Feld des Kondensators gespeichert.
FS. S. 40 / 2.6.3: $E_{ges} = \frac{1}{2} C \cdot U_0^2 = \frac{1}{2} \cdot 40 \cdot 10^{-6}\ F \cdot (100\ V)^2 = 0{,}2\ J$

**c)**
$$\left.\begin{array}{ll} E_{elektr}\left(\frac{T}{6}\right) \overset{(3)}{=} \frac{1}{2} \frac{Q_0^2}{C} \left(\cos(\omega \cdot \frac{T}{6})\right)^2 & \\ \text{FS. S. 40 / 2.6.1: } Q_0 = C \cdot U_0 & \\ \text{FS. S. 21 / 9.1: } \quad \omega = \frac{2 \cdot \pi}{T} & \end{array}\right\} \Rightarrow$$

$$\Rightarrow E_{elektr}\left(\frac{T}{6}\right) = \frac{1}{2} \cdot \frac{C^2 \cdot U_0^2}{C} \left(\cos\left(\frac{2 \cdot \pi}{T} \cdot \frac{T}{6}\right)\right)^2 = \frac{1}{2} \cdot C \cdot U_0^2 \left(\cos \frac{\pi}{3}\right)^2 =$$
$$= \frac{1}{2} \cdot C \cdot U_0^2 \left(\frac{1}{2}\right)^2 = \frac{1}{8} \cdot 40 \cdot 10^{-6}\ F \cdot (100\ V)^2 = 0{,}05\ J$$

$$E_{magn} = E_{ges} - E_{elektr} = 0{,}2\ J - 0{,}05\ J = 0{,}15\ J$$

## 101. Differentialgleichung und Energieerhaltungssatz

**a)** Die Summe aus elektrischer und magnetischer Energie ist in einem verlustfreien Schwingkreis konstant:

$$\frac{1}{2}\cdot\frac{Q^2(t)}{C}+\frac{1}{2}\cdot L\cdot I^2(t)=\text{konst.}\quad (*)$$

**b)** Durch Differentiation auf beiden Seiten von (*) erhält man unter Berücksichtigung der Kettenregel:

$$\left(\frac{1}{2}\cdot\frac{Q^2(t)}{C}\right)^{\cdot}+\left(\frac{1}{2}\cdot L\cdot I^2(t)\right)^{\cdot}=\text{konst.}^{\cdot}$$

$$\Rightarrow\ \frac{1}{2}\cdot\frac{2\cdot Q(t)\cdot\dot{Q}(t)}{C}+\frac{1}{2}\cdot L\cdot 2\cdot I(t)\cdot\dot{I}(t)=0$$

$$\left.\begin{array}{l}\Rightarrow\ \frac{Q(t)}{C}\cdot\dot{Q}(t)+L\cdot I(t)\cdot\dot{I}(t)=0\\ \dot{Q}(t)=-I(t);\ \ddot{Q}(t)=-\dot{I}(t)\end{array}\right\}\Rightarrow$$

$$\Rightarrow\ -\frac{Q(t)}{C}\cdot I(t)-L\cdot I(t)\cdot\ddot{Q}(t)=0$$

$$\Rightarrow\ -\left(\frac{Q(t)}{C}+L\cdot\ddot{Q}(t)\right)\cdot I(t)=0$$

Da diese Gleichung für alle Zeiten t erfüllt sein muß, I(t) aber nicht die Nullfunktion ist, folgt:

$$\frac{Q(t)}{C}+L\cdot\ddot{Q}(t)=0$$

Hinweis:
In Klausuren oder bei Rechenschaftsablagen erhält man auf die Frage, wie der Energieerhaltungssatz für einen verlustfreien Schwingkreis lautet, manchmal die Antwort $E_{elektr}=E_{magn}$. Nach dieser Gleichung wäre die elektrische Energie im Schwingkreis zu jedem Zeitpunkt genau so groß wie die magnetische Energie, was natürlich Unsinn ist. Vermeiden Sie diesen Fehler!

## 102. Bestimmung von Strom- und Spannungsfunktion

**a)** Berechnung der Kreisfrequenz ω:

FS. S. 46 / 5.1.3: $\omega=\frac{1}{\sqrt{L\cdot C}}=\frac{1}{\sqrt{630\,\text{H}\cdot 40\cdot 10^{-6}\,\text{F}}}=6{,}3\ \text{Hz}$

Berechnung der Scheitelstromstärke $I_0$:

Wie in Aufgabe 97 c: $I_0 = Q_0 \cdot \omega$
FS. S. 40 / 2.6.1: $Q_0 = C \cdot U_0$

$$\left.\begin{matrix} I_0 = Q_0 \cdot \omega \\ Q_0 = C \cdot U_0 \end{matrix}\right\} \Rightarrow I_0 = \omega \cdot C \cdot U_0 \Rightarrow$$

$$\Rightarrow I_0 = 6{,}3 \cdot \tfrac{1}{s} \cdot 40 \cdot 10^{-6}\ F \cdot 60\ V = 1{,}5 \cdot 10^{-2}\ A$$

Aufstellen der Stromfunktion I(t):

Da I(t) zum Zeitpunkt t = 0 s seinen negativen Maximalwert annimmt, gilt:

$$I(t) = -I_0 \cdot \cos(\omega \cdot t) = -1{,}5 \cdot 10^{-2}\ A \cdot \cos\left(6{,}3\tfrac{1}{s} \cdot t\right)$$

Aufstellen der Spannungsfunktion $U_C(t)$:

$$\left.\begin{matrix} \text{FS. S. 40 / 2.6.1: } U_C(t) = \frac{Q(t)}{C} \\ \dot{Q}(t) = -I(t) = I_0 \cdot \cos(\omega \cdot t) \Rightarrow Q(t) = \frac{I_0}{\omega} \cdot \sin(\omega \cdot t) \end{matrix}\right\} \Rightarrow$$

$$\Rightarrow U_C(t) = \frac{I_0}{\omega \cdot C} \cdot \sin(\omega \cdot t) = U_0 \cdot \sin(\omega \cdot t) = 60\ V \cdot \sin\left(6{,}3\tfrac{1}{s} \cdot t\right)$$

**b)**

$$I(0{,}6s) = -1{,}5 \cdot 10^{-2}\ A \cdot \cos\left(6{,}3\tfrac{1}{s} \cdot 0{,}6s\right) = 1{,}2 \cdot 10^{-2}\ A$$

$$U_C(0{,}6s) = 60\,V \cdot \sin\left(6{,}3\tfrac{1}{s} \cdot 0{,}6s\right) = -35{,}8\,V$$

$$E_{elektr}(0{,}6s) = \tfrac{1}{2} \cdot C \cdot U^2(0{,}6s) = \tfrac{1}{2} \cdot 40 \cdot 10^{-6} F \cdot (-35{,}8\,V)^2 = 2{,}6 \cdot 10^{-2}\ J$$

$$E_{magn}(0{,}6s) = \tfrac{1}{2} \cdot L \cdot I^2(0{,}6s) = \tfrac{1}{2} \cdot 630\,H \cdot (1{,}2 \cdot 10^{-2}\ A)^2 = 4{,}5 \cdot 10^{-2}\ J$$

Hinweis:
Vergessen Sie nicht, bei diesen Rechnungen den Taschenrechner aufs Bogenmaß einzustellen!

## 103. Die Funktionen der elektrischen und magnetischen Energie

**a)** Da bei maximaler magnetischer Energie keine elektrische Energie im Kondensator gespeichert ist, gilt:

$$E_{ges} = E_{magn,\,max} = \tfrac{1}{2} \cdot L \cdot I_0^{\,2} = \tfrac{1}{2} \cdot 0{,}8\ H \cdot (0{,}25\ A)^2$$
$$= 2{,}5 \cdot 10^{-2}\ J$$

**b)** Berechnung der Kreisfrequenz ω:

$$\text{FS. S. 46 / 5.1.3: } \omega = \frac{1}{\sqrt{L \cdot C}} = \frac{1}{\sqrt{0{,}8\,\text{H} \cdot 5 \cdot 10^{-6}\,\text{F}}} = 500\,\text{Hz}$$

Aufstellen der Ladungsfunktion:

$$\dot{Q}(t) = -I(t) = -I_0 \cdot \sin(\omega \cdot t) \Rightarrow Q(t) = \frac{I_0}{\omega} \cdot \cos(\omega \cdot t) \quad (*)$$

Aufstellen des Funktionsterms für die elektrische Energie:

$$\left.\begin{array}{r} E_{elektr}(t) = \frac{1}{2} \cdot \frac{Q^2(t)}{C} \overset{(*)}{=} \frac{1}{2} \cdot \frac{I_0{}^2}{C \cdot \omega^2} (\cos(\omega \cdot t))^2 \\ \text{FS. S. 46 / 5.1.3: } \omega = \frac{1}{\sqrt{L \cdot C}} \Rightarrow \omega^2 = \frac{1}{L \cdot C} \end{array}\right\} \Rightarrow$$

$$\Rightarrow E_{elektr}(t) = \frac{1}{2} \cdot \frac{I_0{}^2}{\frac{C}{L \cdot C}} (\cos(\omega \cdot t))^2 = \frac{1}{2} \cdot L \cdot I_0{}^2 (\cos(\omega \cdot t))^2 =$$

$$\overset{a}{=} 2{,}5 \cdot 10^{-2}\,\text{J} \cdot \left(\cos(500\,\tfrac{1}{s} \cdot t)\right)^2$$

Aufstellen des Funktionsterms für die magnetische Energie:

$$E_{magn} = \frac{1}{2} \cdot L \cdot I^2(t) = \frac{1}{2} \cdot L \cdot I_0{}^2 (\sin(\omega \cdot t))^2$$

$$\overset{a}{=} 2{,}5 \cdot 10^{-2}\,\text{J} \cdot \left(\sin(500\,\tfrac{1}{s} \cdot t)\right)^2$$

**c)**

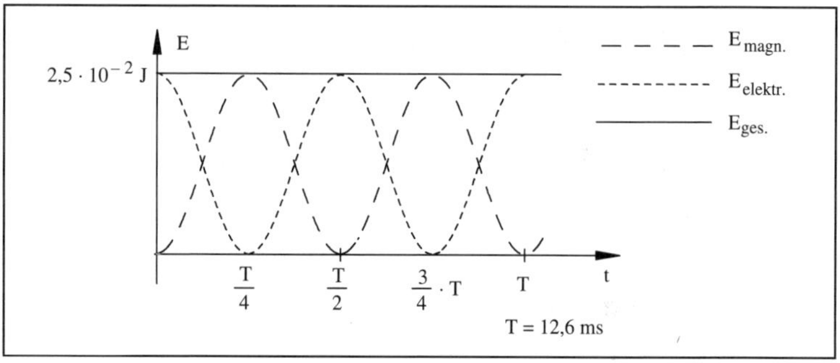


**d)** $E_{magn} = E_{elektr} \Rightarrow \frac{1}{2} \cdot L \cdot I_0{}^2 (\sin(\omega \cdot t))^2 = \frac{1}{2} \cdot L \cdot I_0{}^2 (\cos(\omega \cdot t))^2$

$$\Rightarrow \left(\frac{\sin(\omega \cdot t)}{\cos(\omega \cdot t)}\right)^2 = 1 \Rightarrow (\tan(\omega \cdot t))^2 = 1$$

**d)** $\Rightarrow \tan(\omega \cdot t) = \pm 1$

$\Rightarrow \omega \cdot t = \frac{\pi}{4}, \frac{3}{4} \cdot \pi, \frac{5}{4} \cdot \pi, \frac{7}{4} \cdot \pi$

$\Rightarrow \frac{2 \cdot \pi}{T} \cdot t_1 = \frac{\pi}{4} \Rightarrow t_1 = \frac{T}{8}$

$\frac{2 \cdot \pi}{T} \cdot t_2 = \frac{3}{4} \cdot \pi \Rightarrow t_2 = \frac{3}{8} \cdot T$

$\frac{2 \cdot \pi}{T} \cdot t_3 = \frac{5}{4} \cdot \pi \Rightarrow t_3 = \frac{5}{8} \cdot T$

$\frac{2 \cdot \pi}{T} \cdot t_4 = \frac{7}{4} \cdot \pi \Rightarrow t_4 = \frac{7}{8} \cdot T$

**e)** $E_{magn}(t_0) = 10 \text{ mJ} \quad \overset{b}{\Rightarrow} 2{,}5 \cdot 10^{-2} \text{ J} \cdot \left(\sin(500 \frac{1}{s} \cdot t_0)\right)^2 = 1{,}0 \cdot 10^{-2} \text{ J}$

$\Rightarrow \left(\sin(500 \frac{1}{s} \cdot t)\right)^2 = \frac{1{,}0 \cdot 10^{-2} \text{ J}}{2{,}5 \cdot 10^{-2} \text{ J}} = 0{,}4$

$\Rightarrow \sin(500 \frac{1}{s} \cdot t) = \pm 0{,}632$

(TR auf Bogenmaß stellen) $\Rightarrow 500 \frac{1}{s} \cdot t_0 = 0{,}685$

$\Rightarrow t_0 = \frac{0{,}685}{500} \text{ s} = 1{,}4 \text{ ms}$

Es verstreichen also 1,4 ms nach Zeitrechnungsbeginn, bis die magnetische Energie den Wert 10 mJ erreicht.

## 104. Vergleich von elektrischen mit mechanischen Schwingungen

**a)** $\left.\begin{array}{l} F_{Hooke} = -F_{Newton} \\ D \cdot x = -m \cdot a \\ \\ \dot{x} = v \Rightarrow \ddot{x} = \dot{v} = a \end{array}\right\} \Rightarrow D \cdot x = -m \cdot \ddot{x} \Rightarrow m \cdot \ddot{x} + D \cdot x = 0$

**b)** Elektromagnetische Schwingung: $L \cdot \ddot{Q} + \frac{1}{C} \cdot Q = 0$
FS. S. 46 / 5.1.1:

harmonische mechanische Schwingung: $m \cdot \ddot{x} + D \cdot x = 0$

| | |
|---|---|
| Induktivität L | ≙ Masse m |
| Kehrwert der Kapazität $\frac{1}{C}$ (=elektrische Spannung pro Ladungseinheit) | ≙ Federhärte D (= Federspannung pro Längeneinheit) |
| Ladung auf dem Kondensator Q | ≙ Elongation x |
| Stromstärke $-I = \dot{Q}$ | ≙ Geschwindigkeit $v = \dot{x}$ |
| zeitliche Änderung der Stromstärke $-\dot{I} = \ddot{Q}$ | ≙ Beschleunigung $a = \dot{v} = \ddot{x}$ |
| Spannungsabfall an der Spule $U_L = -L \cdot \dot{I}$ | ≙ Newtonkraft $F = m \cdot a$ |
| Spannung am Kondensator $U_C = \frac{Q}{C}$ | ≙ Hookekraft $F = D \cdot x$ |
| magnetische Energie $E_{magn} = \frac{1}{2} \cdot L \cdot I^2$ | ≙ kinetische Energie $E_{kin} = \frac{1}{2} \cdot m \cdot v^2$ |
| elektrische Energie $E_{elektr} = \frac{1}{2} \cdot \frac{Q^2}{C}$ | ≙ Spannenergie $E_{spann} = \frac{1}{2} \cdot D \cdot x^2$ |

**c)** Wenn beim Federpendel die Pendelmasse m durch die Ruhelage schwingt, übt die Feder auf m keine Kraft mehr aus. m bewegt sich nur aufgrund der Massenträgheit in der ursprünglichen Richtung weiter. Ist beim Schwingkreis der Kondensator vollständig entladen, so fließt der Strom nur deshalb in der ursprünglichen Richtung weiter, weil die Selbstinduktion des zusammenbrechenden Spulenfeldes die hierfür notwendige Spannung erzeugt.

## 105. Gedämpfte elektromagnetische Schwingungen

**a)** Die Dämpfung hat ihre Ursache in einer Abnahme der Schwingungsenergie, weil unvermeidbare ohmsche Widerstände im Schwingkreis elektromagnetische Energie in Wärme umwandeln. Bei hochfrequenten Schwingkreisen beruht die Dämpfung vor allem auf der Abstrahlung elektromagnetischer Energie durch den Schwingkreis (vgl. Aufgabe 126).

**b)** $$\left.\begin{array}{l} E_{ges}(0\,s) = E_{elektr}(0\,s) = \frac{1}{2}\cdot C\cdot U(0\,s)^2 \\ E_{ges}(T) = E_{elektr}(T) = \frac{1}{2}\cdot C\cdot U(T)^2 \end{array}\right\} \Rightarrow$$

$$\Rightarrow \frac{E_{ges}(T)}{E_{ges}(0\,s)} = \frac{\frac{1}{2}\cdot C\cdot U(T)^2}{\frac{1}{2}\cdot C\cdot U(0\,s)^2} = \frac{U(T)^2}{U(0\,s)^2} = \frac{(78{,}8\,V)^2}{(100\,V)^2} = 0{,}621$$

Die Schwingkreisenergie hat also um 37,9 % abgenommen.

## 106. Grundwissen über Triode und npn-Transistor

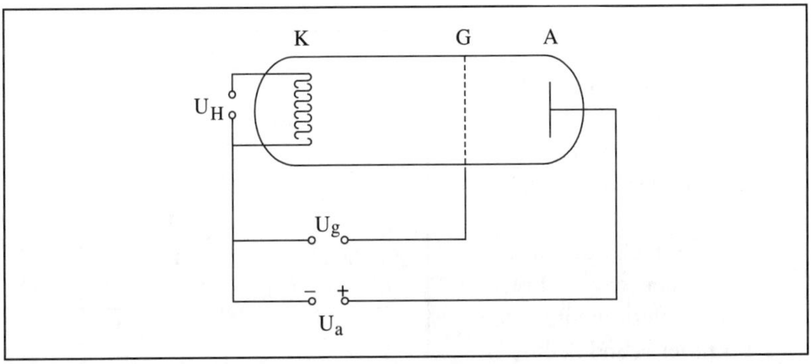


Eine Triode ist eine hochevakuierte Röhre, in der sich zwischen einer Glühkathode K und einer Anode A als dritte Elektrode ein Gitter befindet. Eine Heizspannung $U_H$ heizt die als Drahtwendel ausgeführte Kathode K so auf, daß dort Elektronen freigesetzt werden. (Edison- oder Glühelektrischer Effekt!) Zwischen K und A liegt die Anodenspannung $U_a$. Da ihr Pluspol mit A und ihr Minuspol mit K verbunden ist, saugt sie die Glühelektronen von der Kathode zur Anode. Der dabei entstehende Elektronenstrom, Anodenstrom $I_a$ genannt, läßt sich durch eine kleine zwischen K und G angelegte Spannung $U_g$, die Gitterspannung, steuern. Ist das Gitter z. B. negativ geladen, so vermindert es den Elektronenstrom zur Anode und zwar um so stärker, je größer die Aufladung ist. Ist das Gitter positiv geladen, wird der Anodenstrom nicht geschwächt.

Hinweis:
Die Abhängigkeit der Anodenstromstärke $I_a$ von der Gitterspannung $U_g$ ergibt sich für jeweils feste Anodenspannungen $U_a$ aus folgenden Kennlinien.

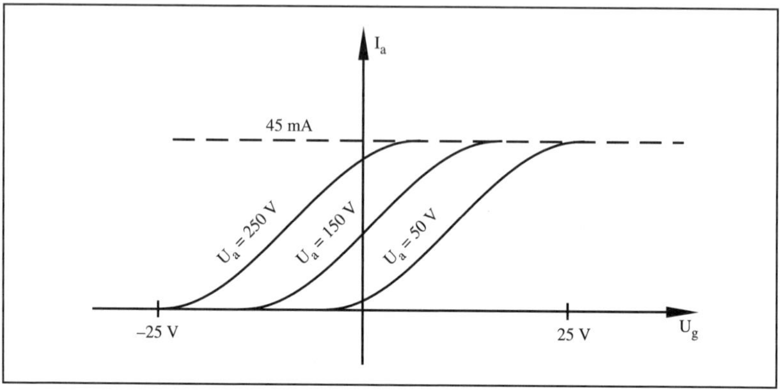


Bei einem npn-Flächentransistor befindet sich eine außerordentlich dünne (Größenordnung $10^{-5}$ m) p-dotierte Halbleiterschicht, die Basis B, zwischen zwei n-dotierten Halbleiterschichten, dem Emitter E und dem Kollektor C.

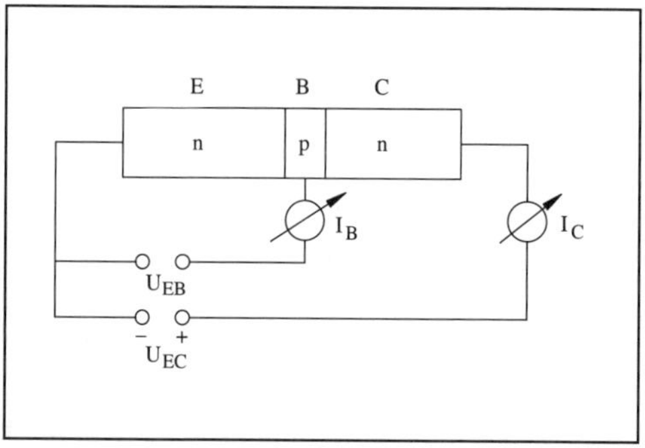


Dabei genügt es zu wissen, daß in einem n-dotierten Halbleiter der Ladungstransport durch negative Ladungsträger, nämlich durch Elektronen, in einem p-dotierten durch positive Ladungsträger, die Löcher, bewerkstelligt wird. E und C sind mit der in der Skizze angegebenen Polung an die Emitter-Kollektor-Spannung $U_{EC}$ angeschlossen.

Verbindet man nun B mit dem Plus- und E mit dem Minuspol einer Spannungsquelle $U_{EB}$, so wandern die Löcher der Basis in den Emitter und die Elektronen des Emitters in die Basis. Wegen der geringen Dicke der Basis gelangen nur sehr wenige Elektronen (0,5–5 %) zum Kontakt an der Basis und tragen so zum Basisstrom $I_B$ bei. Fast alle Elektronen gelangen in den n-dotierten Kollektor, werden dort vom Pluspol der Spannung $U_{EC}$ angezogen und tragen so zum Kollektorstrom $I_C$ bei. Je größer $U_{EB}$, desto größer ist der Kollektorstrom $I_C$. Wird die Polung der Spannung $U_{EB}$ vertauscht, so fließt praktisch kein Basisstrom $I_B$ und kein Kollektorstrom $I_C$.

Mittels der Spannung $U_{EB}$ läßt sich also der Strom $I_C$ steuern. Die Strecke Emitter–Kollektor wird ein immer besserer Leiter, wenn der Strom durch die Strecke Emitter–Basis wächst.

## 107. Meißnersche Rückkoppelungsschaltung

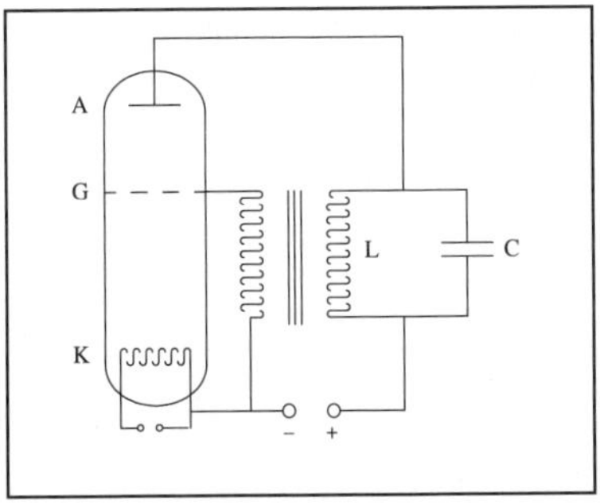


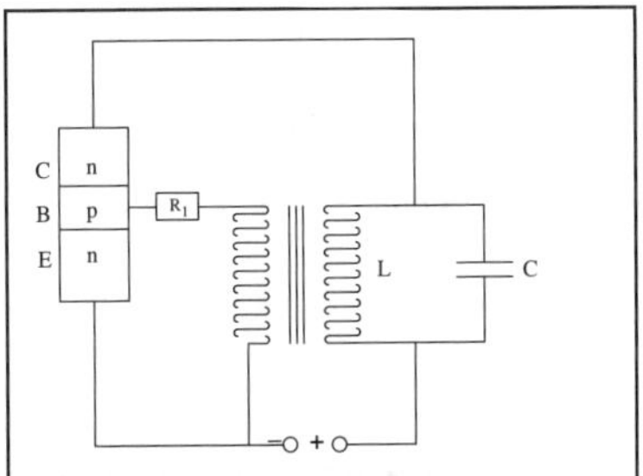


Der Widerstand $R_1$ vor der Basis dient der Strombegrenzung.

Bei beiden Schaltungen wird dem Schwingkreis der Energieverlust (vgl. Aufgabe 104) bei jeder Schwingung über den Anodenstromkreis / Kollektorstromkreis wieder zugeführt. Dazu ist die Schwingkreisspule induktiv mit einer Kathoden-Gitter-Kreis-Spule / Emitter-Basis-Kreis-Spule gekoppelt. Die Änderung des magnetischen Flusses in der Schwingkreisspule induziert in der Kathoden-Gitter-Kreis-Spule / Emitter-Basis-Kreis-Spule eine Spannung, die als Gitterspannung / Emitter-Basis-Spannung den Anodenstrom / Kollektorstrom so steuert, daß sich bei richtiger Polung der angekoppelten Spule eine periodische Energiezufuhr für den Schwingkreis ergibt.

Hinweise:

1. Kommen Sie nicht aus dem mathematisch-naturwissenschaftlichen Zweig des Gymnasiums, so haben Sie im Physikunterricht nichts über Halbleiter gehört. Sie brauchen selbstverständlich nur die Meißner-Schaltung mit der Triode beherrschen. Auch für Kollegiaten des mathematisch-naturwissenschaftlichen Gymnasiums reicht dieses Wissen aus. Sehen Sie aber die Triode eher als verstaubtes Museumsstück aus technischer Frühzeit an, so freut sich jeder Korrektor, wenn Sie als Alternative den Transistor anbieten.
2. Wenn Sie die physikalischen Vorgänge in einer Meißner-Schaltung mit Triode genauer interessieren – hier sind sie:
   Die Schwingkreisspule wird mit $S_1$, ihre Windungszahl mit $N_1$, ihre Länge mit $\ell_1$, die Kathoden-Gitter-Kreis-Spule mit $S_2$ und ihre Querschnittsfläche mit $A_2$ bezeichnet.

Da die Flußdichte B im Magnetfeld von $S_1$

$$B = \mu \cdot \frac{I \cdot N_1}{\ell_1}$$

beträgt und die Feldlinien dieses Feldes, dank des geschlossenen Eisenkerns, $S_2$ durchsetzen, gilt für den Fluß $\Phi$ durch $S_2$:

$$\Phi = B \cdot A_2 = \mu \cdot \frac{I \cdot N_1 \cdot A_2}{\ell_1}$$

Nach dem Induktionsgesetz wird daher in $S_2$ die Spannung $U_2$,

$$U_2 = -N_2 \cdot \dot{\Phi} = -N_2 \cdot \mu \cdot \frac{N_1 \cdot A_2}{\ell_1} \cdot \dot{I}$$

induziert. Zwischen der Schwingkreisstromstärke I und der Spannung $U_2$ in $S_2$ besteht also der Zusammenhang

$$U_2 \sim -\dot{I} \quad (*)$$

Hat der Spannungsverlauf am Schwingkreiskondensator z. B. einen Verlauf wie in Abb. 1, so ist der Schwingkreisstrom nach Aufgabe 97 c um 90° ($\frac{\pi}{2}$) dagegen phasenverschoben. Er verläuft wie in Abb. 2. Die Ableitung $\dot{I}$ hat somit den in Abb. 3 wiedergegebenen Verlauf (sin abgeleitet ergibt cos!).

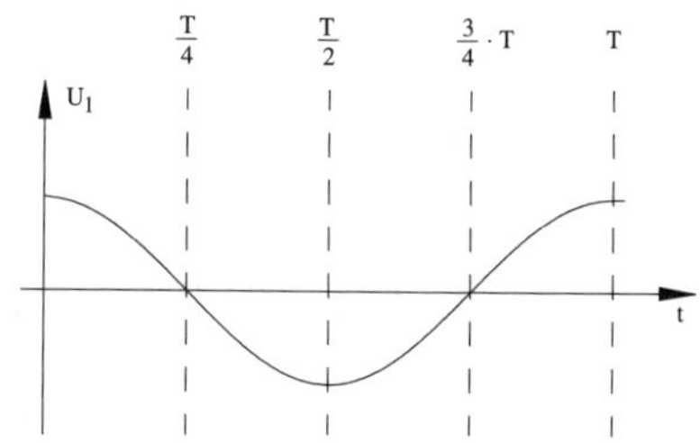

Abb. 1

Wegen (*) gibt dann Abb. 4 den Verlauf von $U_2$ an. (Minuszeichen vor Funktionsterm bedeutet Spiegelung des Graphen an der Abszisse!)

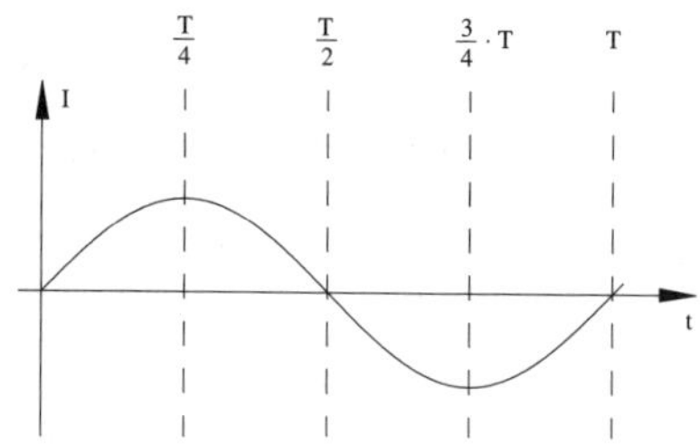

Abb. 2

Entscheidend für das Verständnis der Meißner-Schaltung sind nur die Diagramme 1 und 4. Die Spannung an $S_2$ ist hiernach immer genau umgekehrt der Spannung an $S_1$ (**).

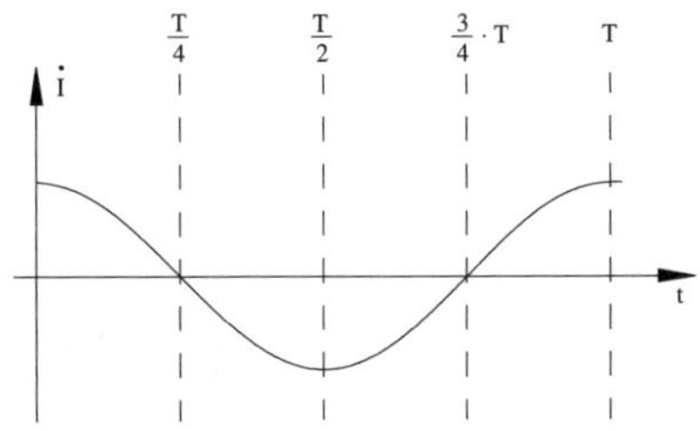


Abb. 3

Bei einer Meißner-Schaltung muß $S_2$ nun so an K und G angeschlossen werden, daß die Gitterspannung stets entgegengesetzt zur Spannung an $S_1$ ist.

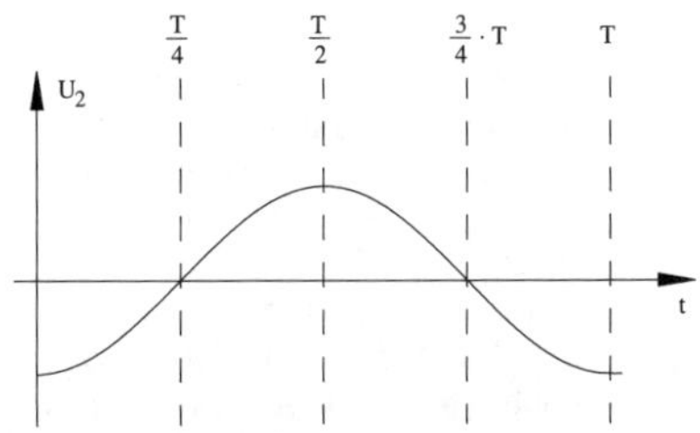


Abb. 4

In einem Schwingkreis sollen $U_1$, $I$, $\dot{I}$, $U_2$ die in den Abbildungen 1–4 dargestellten Verläufe haben; z. B. sollen zum Zeitpunkt t = 0 gerade die in Abb. 5 dargestellten Spannungszustände an den einzelnen Elementen auftreten (Schwingkreiskondensator maximal geladen, anodenseitige Platte negativ).

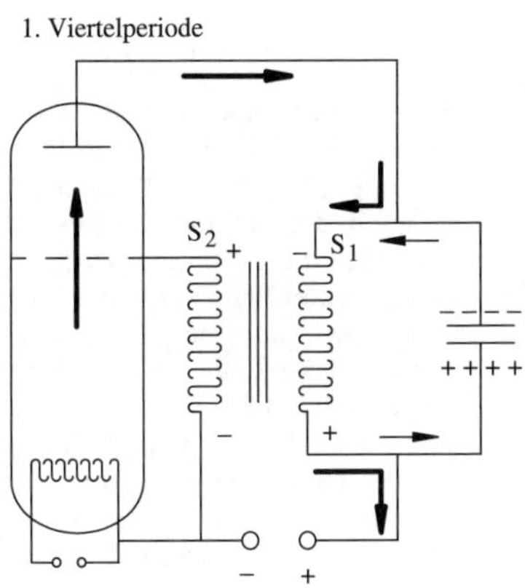


Abb. 5

Dann ist das Gitter während der ersten Viertelperiode positiv geladen, der Anodenstrom kann fließen. Die von der Anode kommenden Elektronen fließen zusätzlich zu den von der anodenseitigen Kondensatorplatte abfließenden Elektronen durch $S_1$, verstärken so den Spulenstrom und dadurch die Energie des magnetischen Feldes.
Während der zweiten und dritten Viertelperiode haben $U_1$, $U_2$ nach Abb. 1 und 4 ein anderes Vorzeichen als in der ersten Viertelperiode.

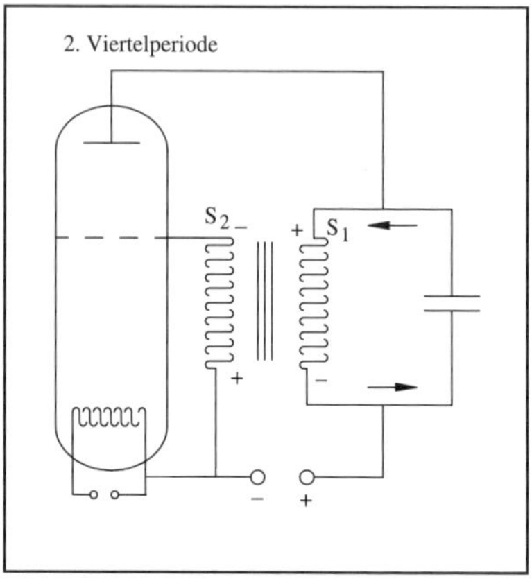


Das Gitter ist daher negativ und der Anodenstrom unterbrochen. Dem Schwingkreis wird während dieser Schwingungsphase keine Energie zugeführt.
In der vierten Viertelperiode haben die Vorzeichen von $U_1$ und $U_2$ nach Abb. 1 und 4 gegenüber der zweiten und dritten Viertelperiode erneut gewechselt. Das Gitter ist wieder positiv, der Anodenstrom kann wieder fließen.

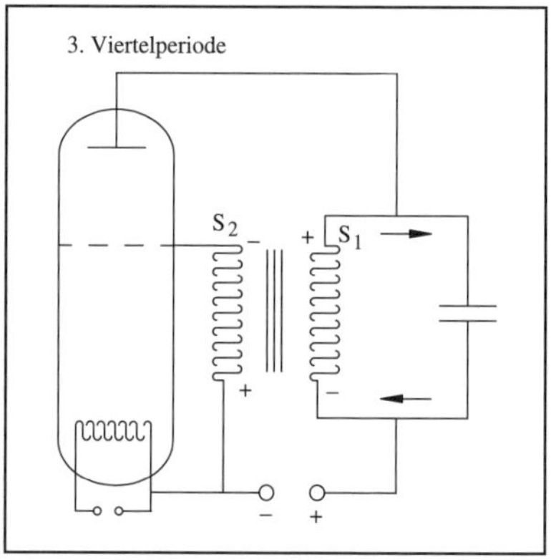


Die von der Anode in den Schwingkreis kommenden Elektronen laden jetzt den Kondensator genau in der Richtung auf, in der dies auch die zur anodenseitigen Kondensatorplatte zurückströmenden Schwingkreiselektronen tun. Sie verstärken dadurch die Energie des elektrischen Feldes.
Die Verluste im Schwingkreis werden bei der gegebenen Ausgangslage also in der ersten und vierten Viertelperiode durch Ergänzung der magnetischen bzw. elektrischen Energie ersetzt.

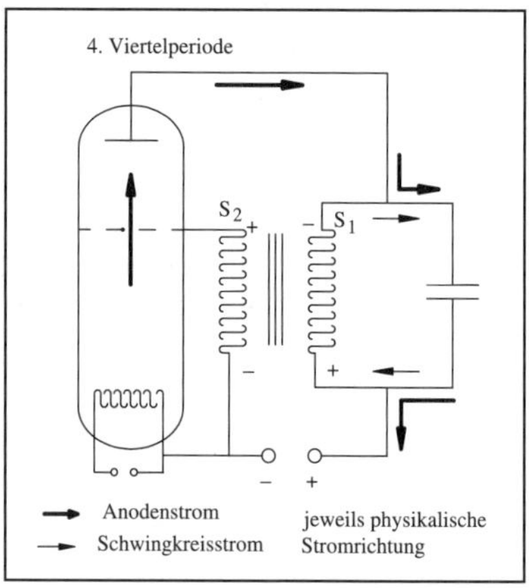

Es ist nun noch die Frage zu klären, wie die Schwingung überhaupt in Gang kommt. Wird die Anodenspannung bei geheizter Kathode eingeschaltet, so tritt ein Spannungsstoß auf, der im Schwingkreis gedämpfte Schwingungen auslöst, die sich innerhalb kurzer Zeit aufgrund der eben beschriebenen Vorgänge zu ungedämpften Schwingungen aufschaukeln.

## 108. Dreipunktschaltung

Betrachtet man den Punkt E, in dem die Schwingkreisspule angezapft wird, als neutralen Punkt, so haben die Punkte D und F an den Spulenenden stets entgegengesetzte Polung. Ist z. B. F positiv, so ist D und damit das Gitter negativ, der Anodenstrom ist gesperrt und dem Schwingkreis wird keine Energie zugeführt. Ist F dagegen negativ, so ist D und damit das Gitter positiv. Der Anodenstrom kann nun fließen und dem Schwingkreis Energie zuführen. Wie bei der Meißner-Schaltung wird also auch hier dem Schwingkreis periodisch, im richtigen Takt, Energie zugeführt.
*Zur Funktion von $C_g$:* Ohne Kondensator $C_g$ läge die hohe Anodenspannung am Gitter, was einen so hohen Gitterstrom zur Folge hätte, daß die Röhre zerstört werden würde. $C_g$ läßt diesen Gleichstrom nicht durch; er lädt sich zwar auf, hält dann aber die Folgen der Anodengleichspannung vom Gitter fern.
Da Kondensatoren für Wechselströme aber durchlässig sind, kann das Gitter trotz $C_g$ von der hochfrequenten Wechselspannung $U_{ED}$ gesteuert werden.
*Zur Funktion von R:* Elektronen, die zufällig auf das Gitter gelangen, könnten wegen des sperrenden Kondensators $C_g$ nicht mehr abfließen und dieses so stark aufladen, daß der Anodenstrom nie mehr fließen könnte. Man bahnt diesen Elektronen daher eine Abflußmöglichkeit von G über R nach K.

Hinweis:
Der Name "Dreipunktschaltung" rührt von den drei Anschlußstellen an der Schwingkreisspule her.

## 109. Dreipunktschaltung für Hochfrequenz

Wegen $f = \frac{1}{2 \cdot \pi \cdot \sqrt{L \cdot C}}$ (FS. S. 46/5.1.3)

erhöht sich die Frequenz des Schwingkreises, wenn L und C kleiner werden.

Die Verringerung von L und C ist in nebenstehender Schaltung wie folgt realisiert:
Die Schwingkreisspule ist durch einen Drahtbügel ersetzt, der Schwingkreiskondensator ist völlig weggelassen worden.

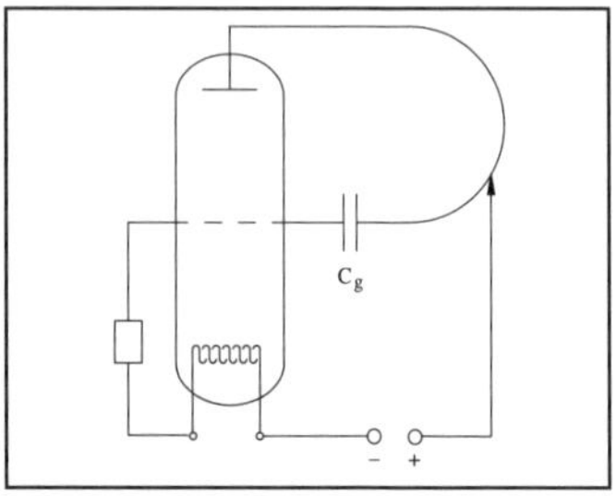


Zur Schwingkreisinduktivität: Wegen $L = \mu_0 \cdot A \cdot \frac{N^2}{\ell}$ (FS. S. 42/3.4.2) kann die Verkleinerung der Induktivität einer luftgefüllten Spule am wirksamsten durch eine Verkleinerung der Windungszahl bewirkt werden.
Zur Schwingkreiskapazität: Im Drahtbügel befinden sich nur die beiden in Reihe geschalteten Kapazitäten $C_g$ und $C_{GA}$ (Kapazität zwischen Gitter und Anode der Röhre), für deren Gesamtkapazität $C_{ges}$ gilt:

$$\text{FS. S. 40/2.6.5:} \left.\begin{array}{r} \frac{1}{C_{ges}} = \frac{1}{C_g} + \frac{1}{C_{GA}} \\ C_g >> C_{GA} \end{array}\right\} \Rightarrow \frac{1}{C_{ges}} \approx \frac{1}{C_{GA}} \Rightarrow C_{ges} \approx C_{GA}$$

Demnach wird die Schwingkreiskapazität im wesentlichen nur durch die Kapazität zwischen Gitter und Anode bestimmt, die bedeutend kleiner als die Kapazität des Schwingkreiskondensators in der Schaltung von Aufgabe 107 ist.

## 110. Nachweismethoden für elektromagnetische Schwingungen

Elektromagnetische Schwingungen lassen sich allgemein durch den Nachweis von Wechselströmen im Schwingkreis oder Wechselspannungen am Schwingkreis belegen.

**a)** Die Schwingkreisfrequenz beträgt einige wenige Hertz:

Zum Stromnachweis schaltet man ein Drehspulamperemeter kleiner Trägheit in den Schwingkreis, zum Spannungsnachweis ein Drehspulvoltmeter geringer Trägheit parallel zum Schwingkreiskondensator. Bei beiden Instrumenten sollte der Nullpunkt in der Skalenmitte liegen.

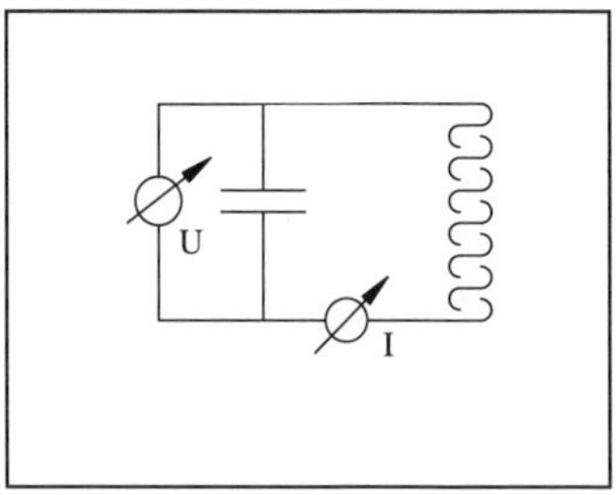

**b)** Die Schwingkreisfrequenz liegt im Tonfrequenzbereich:

Zum Stromnachweis ersetzt man das Drehspulamperemeter aus a durch einen Lautsprecher. Seine vom Wechselstrom mit der Schwingkreisfrequenz angeregte Membran erzeugt Schallwellen, die das menschliche Ohr im Frequenzbereich 20 Hz – 20 000 Hz wahrnehmen kann.

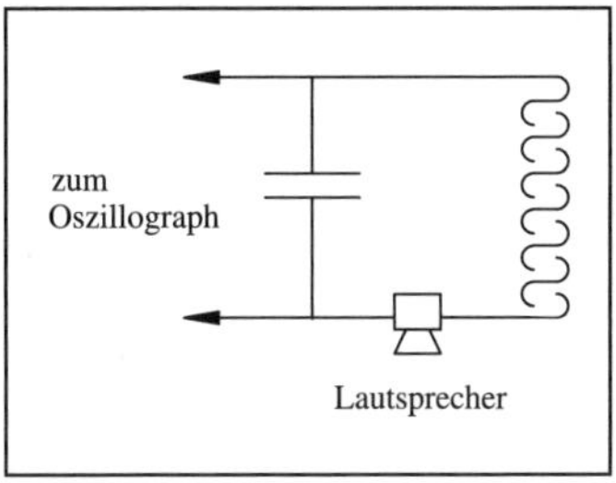


Zum Spannungsnachweis verbindet man einen Oszillographen mit dem Schwingkreiskondensator.

**c)** Die Schwingkreisfrequenz liegt über dem Tonfrequenzbereich:
Zum Stromnachweis baut man ein Glühlämpchen oder ein empfindliches Drehspulinstrument mit vorgeschaltetem Gleichrichter in der Mitte einer Spule ein und koppelt diese induktiv mit der Schwingkreisspule (vgl. Aufgabe 116 a). Folge des hochfrequenten Wechselstroms im Schwingkreis ist ein rasch wechselnder magnetischer Fluß, der dann in der Nachweisspule einen ausreichend großen Wechselstrom induziert. Dieser wird vom Glühlämpchen oder vom Drehspulinstrument angezeigt. Bei nicht zu kleiner Spannung kann der Spannungsnachweis mit einer Glimmlampe erbracht werden (vgl. Hinweis zu Aufgabe 118), die entweder parallel zum Schwingkreiskondensator angeschlossen wird, oder mit deren einem Ende man die Schwingkreisspule berührt, während das andere Ende geerdet wird.

## 111. Grundbegriffe

**a)** Läßt man den aus der Ruhelage ausgelenkten Schwingkörper eines schwingungsfähigen mechanischen Systems los und überläßt das System sich selbst, so vollführt es eine **freie** (mehr oder weniger stark gedämpfte) **mechanische Schwingung**.

**b)** Die Frequenz einer freien Schwingung heißt Eigenfrequenz und wird mit $f_0$ bezeichnet. Sie ist eindeutig durch die für das schwingungsfähige System charakteristischen Größen bestimmt. Beim Federpendel z. B. durch die Federhärte D und die Masse m des Schwingkörpers zu

$$f_0 = \frac{1}{2 \cdot \pi} \cdot \sqrt{\frac{D}{m}}$$ (vgl. FS. S. 22/9.3.3).

**c)** Greift am Schwingkörper eines schwingungsfähigen mechanischen Systems eine periodisch veränderliche Kraft F der Form $F(t) = F_0 \cdot \sin(2 \cdot \pi \cdot f \cdot t + \varphi_0)$ an, so vollführt es nach einer gewissen Einschwingzeit Schwingungen mit der Frequenz f der einwirkenden Kraft und nicht mehr mit seiner Eigenfrequenz. Diese Schwingungen werden als **erzwungene Schwingungen** bezeichnet.

**d)** Bei einer erzwungenen Schwingung bezeichnet man den Schwingkörper als Resonator.

## 112. Phänomenologie erzwungener mechanischer Schwingungen

**a)** Greift am Resonator eines schwingungsfähigen mechanischen Systems eine periodische Kraft F (im weiteren kurz Erreger genannt) der Form $F(t) = F_0 \cdot \sin(2 \cdot \pi \cdot f \cdot t)$ an, so beobachtet man nach Verstreichen einer gewissen Einschwingzeit:

(1) Der Resonator vollführt ungedämpfte Schwingungen.

(2) Die Frequenz des Resonators stimmt mit der Erregerfrequenz überein.

(3) Ist die Erregerfrequenz f wesentlich kleiner als die Eigenfrequenz $f_0$ des Resonators, so stimmt die Amplitude des Resonators mit der Amplitude des Erregers überein. Nähert sich die Erregerfrequenz aber der Eigenfrequenz, so wächst die Amplitude des Resonators, erreicht ein Maximum, wenn $f = f_0$ und nimmt mit weiter steigender Erregerfrequenz wieder ab.

(4) Ist die Erregerfrequenz f wesentlich kleiner als die Eigenfrequenz $f_0$ des Resonators, so schwingen Erreger und Resonator phasengleich. Mit zunehmender Erregerfrequenz eilt der Erreger dem Resonator in der Phase immer mehr voraus. Im Fall $f = f_0$ beträgt der Phasenunterschied $\Delta\varphi = \frac{\pi}{2}$; der Erreger eilt dem Resonator dann also um eine Viertelschwingung voraus. Mit weiter wachsender Erregerfrequenz f nimmt die Phasenvoreilung des Erregers weiter zu und beträgt für $f \gg f_0$ praktisch $\Delta\varphi = \pi$. Erreger und Resonator schwingen dann gegenphasig.

**b)** Von Resonanz spricht man bei einer erzwungenen Schwingung dann, wenn die Erregerfrequenz f gleich oder nahezu gleich (vgl. Hinweis bei Aufgabe 113) der Eigenfrequenz $f_0$ des Resonators ist, wenn also der Resonator mit maximaler Amplitude schwingt und dem Erreger in der Phase um eine Viertelschwingung nacheilt.
Bei zu geringer Dämpfung kann im Resonanzfall die Amplitude so große Werte annehmen, daß der Resonator zerstört wird. Man spricht dann von Resonanzkatastrophe.

## 113. Resonanzkurven mechanischer Schwingungen

**a)**

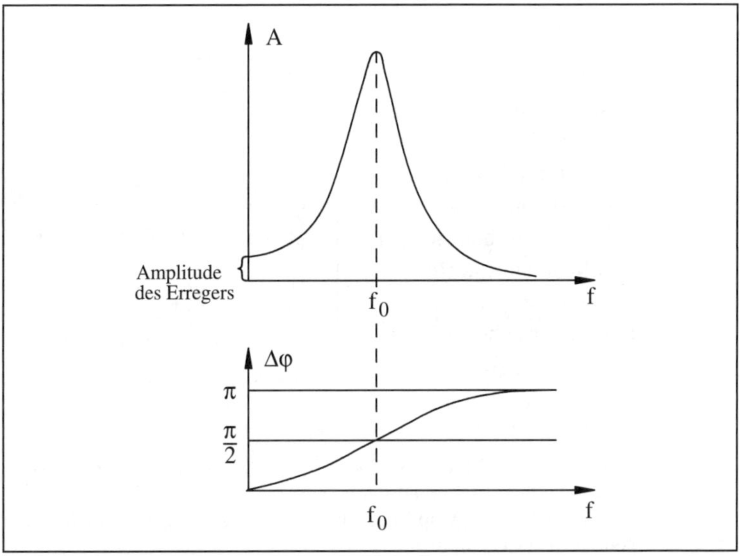


**b)** Die Amplitude des Resonators nimmt dann ein Maximum an, wenn ihm pro Schwingung vom Erreger ein Maximum an Energie übertragen wird. Das ist der Fall, wenn der Erreger dem Resonator um eine Viertelschwingung vorauseilt. Geht bei dieser Phasenlage z. B. der Resonator gerade durch die Ruhelage, so kehrt der Erreger gerade seine Bewegungsrichtung um und unterstützt so die Abbremsung des Resonators. Erreicht der Resonator dagegen seine größte Elongation, so geht der Erreger mit Maximalgeschwindigkeit durch die Nullage und hilft bei der Beschleunigung des Resonators aus seiner momentanen Ruhelage heraus. Immer unterstützt der Erreger die Bewegungstendenz des Resonators, so daß die vom Erreger zugeführte Energie während des gesamten Schwingungsvorgangs in optimaler Weise die Energie des Resonators erhöht.

**c)** Je schwächer die Dämpfung des Resonators ist, desto höher und spitzer ist die Resonanzkurve. D. h. desto schärfer ist die Frequenz bestimmt, bei der die Amplitude des Resonators ein Maximum hat.

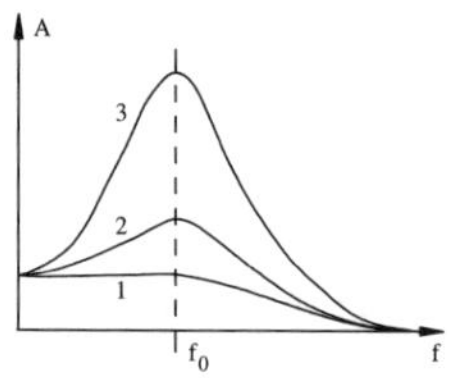


1 starke, 2 mittlere, 3 schwache Dämpfung

Je schwächer die Dämpfung des Resonators ist, desto stärker ist die Änderung des Phasenunterschieds zwischen Erreger und Resonator in Resonanzfrequenznähe und desto schwächer in Resonanzfrequenzferne.

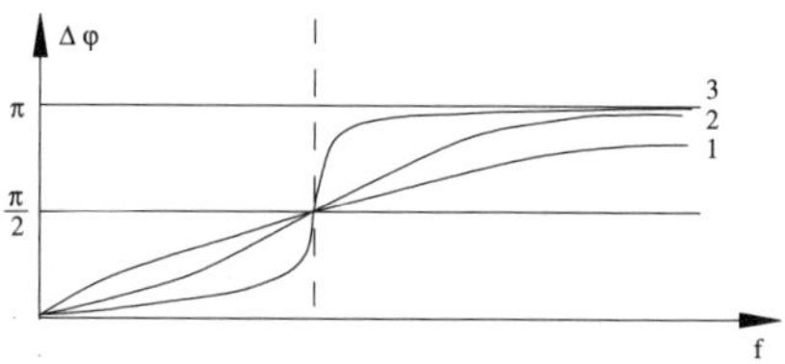


1 starke, 2 mittlere, 3 schwache Dämpfung

Hinweise:

1. Den genauen Verlauf dieser Kurven erhält man nur aus der Lösung der Differentialgleichung einer erzwungenen mechanischen Schwingung. Dabei stellt man fest, daß das Amplitudenmaximum des Resonators nicht exakt bei $f = f_0$, sondern kurz vor $f_0$ liegt.
2. Der Erreger F(t) eilt der Elongation x(t) des Resonators in der Phase stets voraus. Es gibt daher folgende Darstellungsmöglichkeiten für die Funktionen x(t) und F(t):

$$x(t) = x_0 \cdot \sin(\omega \cdot t); \quad F(t) = F_0 \cdot \sin(\omega \cdot t + \varphi); \quad \varphi \text{ positiv}$$
$$x(t) = x_0 \cdot \sin(\omega \cdot t - \varphi); \quad F(t) = F_0 \cdot \sin(\omega \cdot t); \quad \varphi \text{ positiv}$$
$$x(t) = x_0 \cdot \sin(\omega \cdot t + \varphi); \quad F(t) = F_0 \cdot \sin(\omega \cdot t); \quad \varphi \text{ negativ}$$
$$x(t) = x_0 \cdot \sin(\omega \cdot t); \quad F(t) = F_0 \cdot \sin(\omega \cdot t - \varphi); \quad \varphi \text{ negativ}$$

Sie finden daher φ in einigen Physikbüchern positiv, in anderen negativ gezählt. Lassen Sie sich dadurch nicht verwirren! Die Diagramme sind jeweils achsensymmetrisch bezüglich der f-Achse.

**114. Erzeugung erzwungener Schwingungen**

**a)** Das Federpendel kann z. B. über einen Faden mit einem Exzenter auf der Achse eines Elektromotors verbunden werden. Rotiert die Exzenterscheibe mit konstanter Winkelgeschwingikeit $\omega$, so wirkt auf das Federpendel die periodische Kraft $F(t) = F_0 \cdot \sin(\omega \cdot t)$ ein.

Der Schwingkörper führt dann eine erzwungene, mechanische Schwingung mit der Erreger-Kreisfrequenz $\omega$ und nicht mit der Eigenkreisfrequenz $\omega_0 = \sqrt{\frac{D}{m}}$ aus.

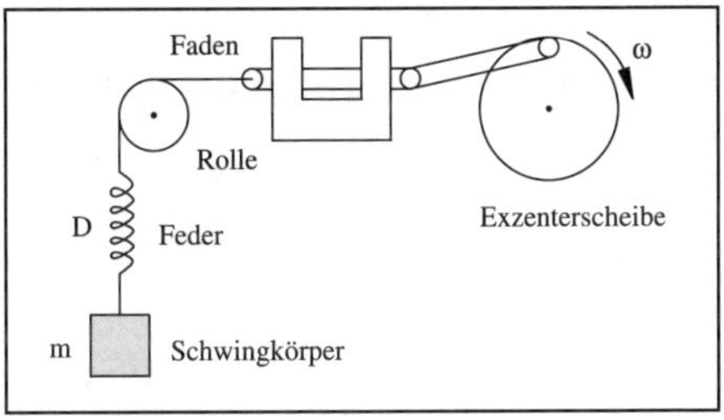


**b)** Die Spule des mit $S_1$ bezeichneten Schwingkreises (Induktivität $L_1$, Kapazität $C_1$) kann z. B. induktiv mit der Spule eines zweiten Schwingkreises $S_2$ (Induktivität $L_2$, Kapazität $C_2$) gekoppelt werden.

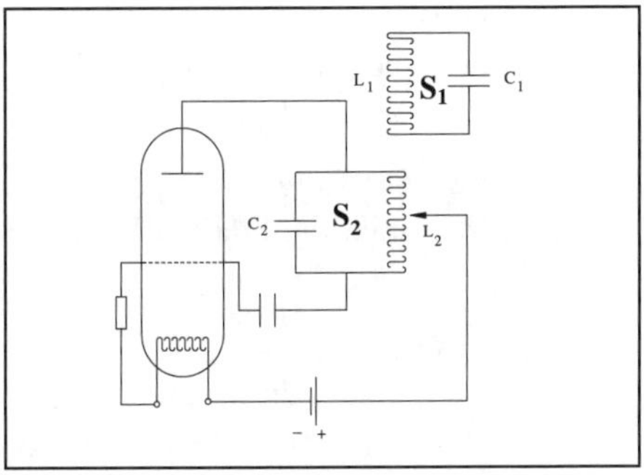


D. h. man plaziert die Spule $L_1$ so, daß sie vom Magnetfeld der Spule $L_2$ durchsetzt wird.
Erzeugt man dann in $S_2$ durch eine Dreipunktschaltung eine ungedämpfte elektromagnetische Schwingung der Kreisfrequenz $\omega = \sqrt{\frac{1}{L_2 \cdot C_2}}$, so führt $S_1$ eine erzwungene elektromagnetische Schwingung mit der Kreisfrequenz $\omega$ und nicht mit der Eigen-Kreisfrequenz $\omega_0 = \sqrt{\frac{1}{L_1 \cdot C_1}}$ aus.

**c)** Schwingkreis $S_1$ aus Kapazität $C_1$ und Induktivität $L_1$ $\triangleq$ Federpendel aus Feder der Härte D und Schwingkörper der Masse m

| | | |
|---|---|---|
| Exzenterscheibe auf der Achse des Elektromotors | ≙ | Schwingkreis $S_2$ in der Dreipunktschaltung |
| Magnetfeld, das Spule $L_1$ und $L_2$ durchsetzt | ≙ | Faden, der Federpendel mit der Exzenterscheibe verbindet |

## 115. Elektromagnetische Resonanzkurve

**a)** *Aufbau:* Wechselspannungsquelle SQ und Amperemeter werden entsprechend nebenstehender Skizze in den elektromagnetischen Schwingkreis eingebaut. Dann fließt im Stromkreis ein Wechselstrom, der dieselbe Freqenz wie die angelegte Wechselspannung hat.

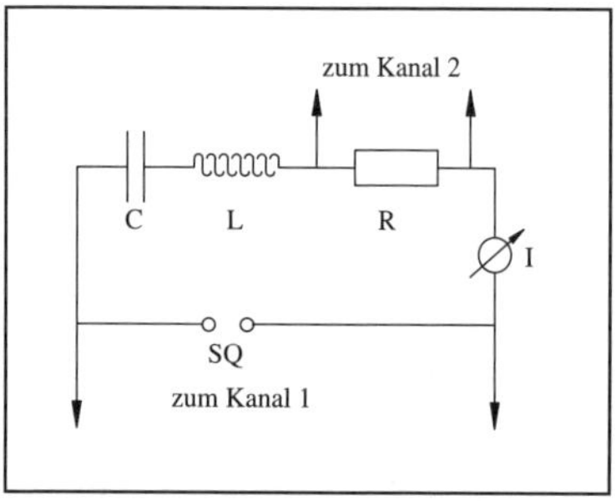


*Durchführung:*
Man mißt die Stärke dieses Wechselstroms für verschiedene Frequenzen.

*Auswertung:*
Trägt man diese Frequenz-Stromstärke-Wertepaare in ein f-I-Diagramm ein, so erhält man die gewünschte Resonanzkurve.

Den Phasenunterschied zwischen der angelegten Spannung und dem Strom kann man an einem Zweikanaloszillographen beobachten, dessen Kanaleingänge entsprechend obiger Skizze angeschlossen werden. Die am ohmschen Widerstand abfallende, zum Strom phasengleiche Spannung und die angelegte Spannung lassen sich bei einem Zweistrahloszillographen nämlich gleichzeitig am Bildschirm darstellen. Da die Sägezahnfrequenz bekannt ist, kann die Phasenverschiebung mittels des Bildschirmrasters bestimmt werden.

**b)** Resonanz tritt dann ein, wenn die Erregerfrequenz f der Spannungsquelle SQ gleich der Eigenfrequenz $f_0$ des Schwingkreises ist:

$$f = f_0 = \frac{1}{2 \cdot \pi \cdot \sqrt{L \cdot C}} = \frac{1}{2 \cdot \pi \cdot \sqrt{10 \cdot 10^{-3}\,\mathrm{H} \cdot 1 \cdot 10^{-6}\,\mathrm{F}}} = 1{,}6\ \mathrm{kHz}$$

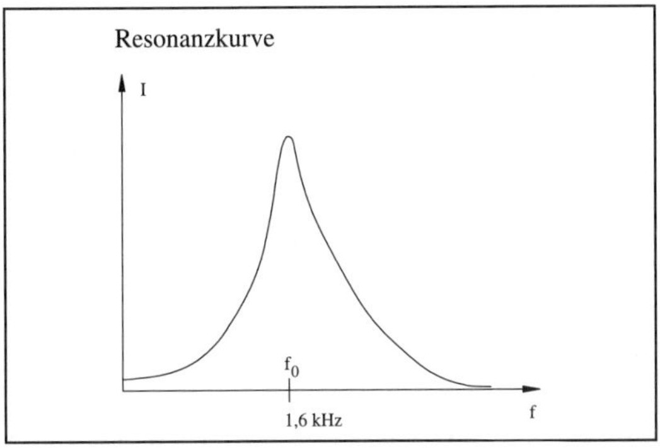


Hinweis:
Alle in den Aufgaben 112 und 113 aufgelisteten Eigenschaften erzwungener mechanischer Schwingungen gelten analog auch für erzwungene elektromagnetische Schwingungen – mit einer Ausnahme:
Im mechanischen Fall eilt der Erreger dem Resonator stets voraus, und der Resonanzfall tritt ein, wenn der Phasenunterschied $\frac{\pi}{2}$ beträgt.
Nicht so im elektrischen Fall. In der Schaltung von Teilaufgabe a eilt die Stromschwingung der Erregerspannung für $f < f_0$ in der Phase voraus und für $f > f_0$ nach. Im Resonanzfall ist der Phasenunterschied Null. Diese Abweichung läßt sich verstehen, wenn man das Verhalten von Induktivitäten und Kapazitäten in Wechselstromkreisen kennt. Dies geht aber über den Grundkurslehrplan hinaus!

## 116. Frequenzmessung

**a)** Positioniert man die Spule des Schwingkreises $S_2$ so, daß sie vom magnetischen Wechselfeld der Spule im Schwingkreis $S_1$ durchsetzt wird, spricht man von induktiver Kopplung der beiden Schwingkreise.

**b)** Durch Verändern des Drehkondensators in $S_2$ wird die Eigenfrequenz $f_{0,2}$ von $S_2$ verändert. Stimmt $f_{0,2}$ mit der Frequenz f von $S_1$ überein, tritt in $S_2$ Resonanz auf, die Amplitude des Wechselstroms in $S_2$ erreicht ihr Maximum, das Lämpchen brennt mit maximaler Helligkeit. Je weiter $f_{0,2}$ von f entfernt ist, desto kleiner ist die Amplitude des Wechselstroms in $S_2$. Das Lämpchen leuchtet nur schwach oder gar nicht.

**c)** Man baut einen Schwingkreis $S_2$ aus einer Spule bekannter Induktivität $L_2$, einem Drehkondensator, bei dem die eingestellte Kapazität $C_2$ an einer Skala abgelesen werden kann und einem Stromanzeigelämpchen. Diesen Schwingkreis koppelt man induktiv mit dem Schwingkreis $S_1$, dessen Frequenz f bestimmt werden soll und stellt den Drehkondensator so ein, daß das Stromanzeigelämpchen mit maximaler Helligkeit leuchtet. Dann stimmt die Eigenfrequenz $f_{0,2}$ von $S_2$, die mit den bekannten Größen

$L_2$ und $C_2$ aus $f_{0,2} = \frac{1}{2 \cdot \pi \cdot \sqrt{L_2 \cdot C_2}}$

berechnet werden kann mit der gesuchten Frequenz f überein.

**d)** Bei Serienschaltung des Stromanzeigelämpchens ist die Abstimmung von $S_2$ nicht besonders scharf, da $S_2$ durch den Widerstand des Anzeigelämpchens stark gedämpft wird. Schließt man das Lämpchen aber parallel zu einem Teil der Spulenwindung an, wird der ohmsche Widerstand von $S_2$ kaum verändert. Die Dämpfung ist daher kleiner, die Resonanzkurve ist wesentlich spitzer, das Lämpchen leuchtet nur innerhalb eines engen Stellbereichs des Drehkondensators, die Resonanzfrequenz $f_{0,2}$ von $S_2$ kann genauer eingestellt werden.

## 117. Übergang vom geschlossenen Schwingkreis zum Dipol

Ein Dipol ist ein gerader Metallstab. Wie in folgender Skizze dargestellt, läßt sich ein geschlossener Schwingkreis in drei Schritten in einen Dipol umwandeln:

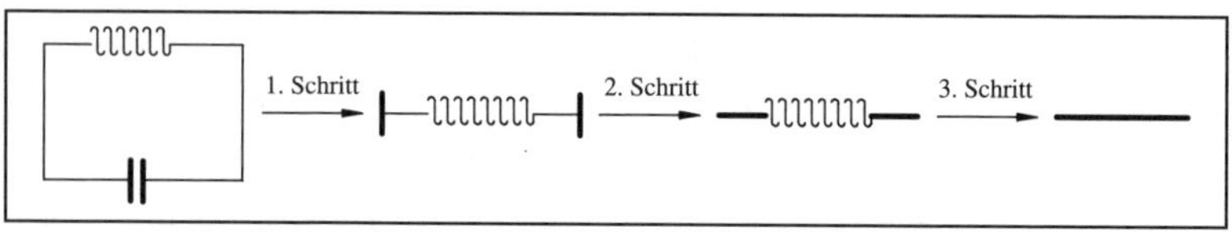


1. Schritt: Die Kondensatorplatten werden auf den größtmöglichen Abstand d auseinandergezogen. Wegen $C = \varepsilon_0 \cdot \frac{A}{d}$ nimmt dadurch die Kapazität C ab.

2. Schritt: Die Fläche der Kondensatorplatten wird auf den kleinstmöglichen Inhalt reduziert. Wegen $C = \varepsilon_0 \cdot \frac{A}{d}$ nimmt die Kapazität dadurch weiter ab.

3. Schritt: Die Windungszahl N der Spule wird so weit wie möglich verringert. Wegen $L = \mu_0 \cdot \frac{A \cdot N^2}{\ell}$ nimmt dadurch die Induktivität ab.

Da die Eigenfrequenz $f_0$ des Schwingkreises wegen $f_0 = \frac{1}{2 \cdot \pi \cdot \sqrt{L \cdot C}}$ mit kleiner werdendem L oder C zunimmt, erhöht sich die Eigenfrequenz also bei jedem der drei Umwandlungsschritte.

Hinweise:

1. Da man sich einen Dipol quasi durch Aufbiegen eines geschlossenen Schwingkreises entstanden denken kann, bezeichnet man den Dipol auch als offenen Schwingkreis.
2. Im Gegensatz zum geschlossenen Schwingkreis, bei dem die Kapazität und das elektrische Feld im Kondensator und die Induktivität und das Magnetfeld in der Spule lokalisiert sind, verteilen sich beim Dipol induktive und kapazitive Eigenschaften über den gesamten Draht.

## 118. Stromstärke- und Spannungsverteilung beim Dipol

**a)** Experimentelle Befunde:

(1) Die Scheitelstromstärke $I_0$ des Wechselstroms hat im Dipol, im Gegensatz zu einem geschlossenen Schwingkreis, nicht an allen Stellen den gleichen Wert. Bei einem in der Grundschwingung angeregten Dipol hat $I_0$ in der Dipolmitte ein Maximum $I_{0,max}$ und nimmt mit zunehmendem Abstand von der Dipolmitte ab. An den Dipolenden selbst ist $I_0 = 0$ A.

(2) Auch die Scheitelspannung $U_0$ der Wechselspannung zwischen einer Dipolstelle und der Dipolmitte hängt von der Lage der Dipolstelle ab. An den Dipolenden hat diese Scheitelspannung den Maximalwert $U_{0,max}$ und nimmt zur Dipolmitte hin ab. Die Spannungen zweier zur Dipolmitte symmetrisch liegender Stellen haben entgegengesetztes Vorzeichen.

(3) Bezeichnet x bei einem Dipol der Länge $\ell$ den Abstand einer Dipolstelle von der Dipolmitte, so gilt an dieser Stelle x

– für die Scheitelstromstärke $I_0(x)$:

$$I_0(x) = I_{0,max} \cdot \cos\left(\frac{\pi \cdot x}{\ell}\right)$$

– für die Scheitelspannung $U_0(x)$:

$$U_0(x) = U_{0,max} \cdot \sin\left(\frac{\pi \cdot x}{\ell}\right)$$

(4) Wechselstrom und Wechselspannung weisen beim Dipol, wie in einem geschlossenen Schwingkreis auch, eine zeitliche Phasenverschiebung von einer Viertelschwingung auf.

**b)**

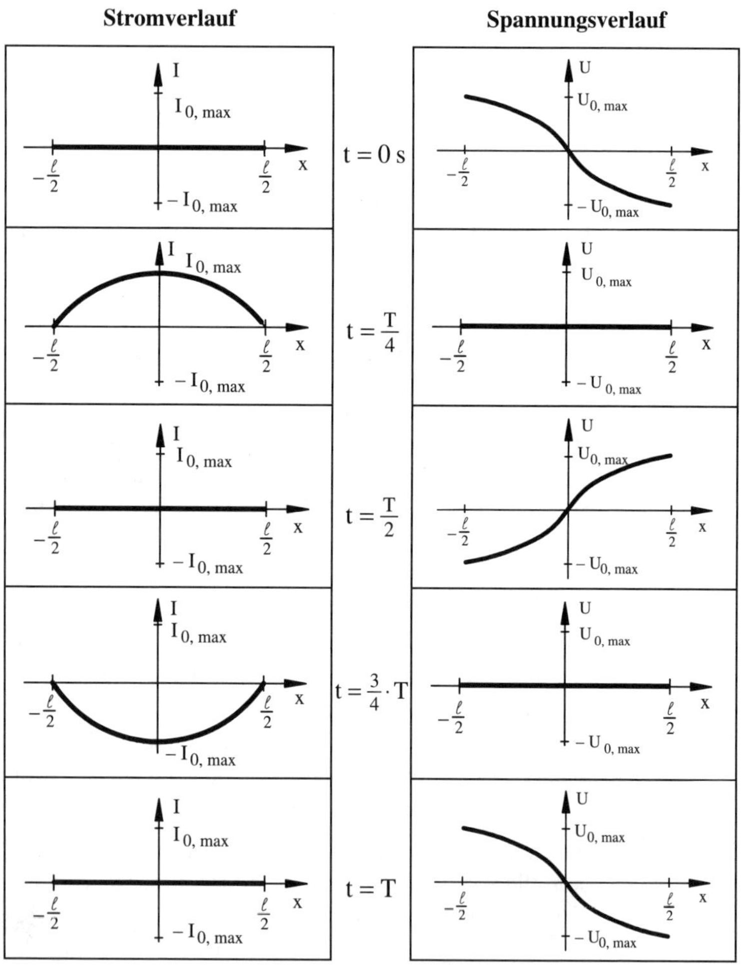

**c)** Zum Stromnachweis baut man in den Dipol eine kleine Glühlampe (vgl. Hinweis!) ein und regt den Dipol zu Schwingungen an. Befindet sich die Lampe in der Dipolmitte, so leuchtet sie am hellsten. Je weiter weg von der Dipolmitte aber der Einbau erfolgt, desto schwächer leuchtet sie. Zum Spannungsnachweis berührt man mit einer einseitig geerdeten Glimmlampe (vgl. Hinweis) den Dipol und führt diese am Dipol entlang. Die Helligkeit nimmt von einem Maximum an den Dipolenden zur Dipolmitte hin ab.

Hinweis:

Machen Sie sich bitte den Unterschied zwischen einer Glüh- und einer Glimmlampe klar!

Mit einer Glühlampe läßt sich Strom nachweisen. Je stärker der Strom ist, der durch die Glühwendel fließt, desto heller brennt die Lampe.

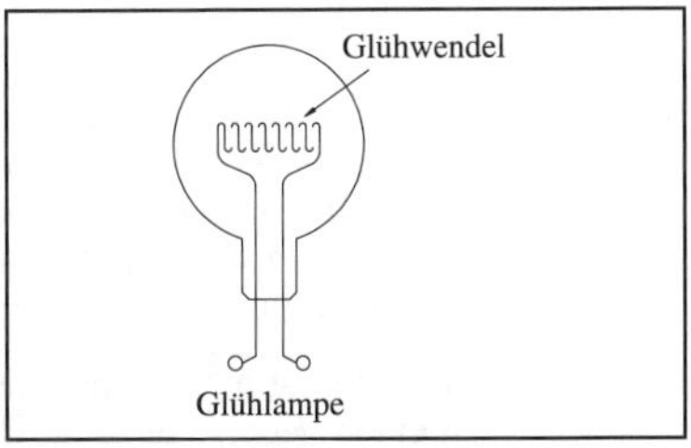


Eine Glimmlampe dagegen dient zum Spannungsnachweis! Je größer die Spannung zwischen den beiden Elektroden ist, desto heller leuchtet das Füllgas um die negative Elektrode.

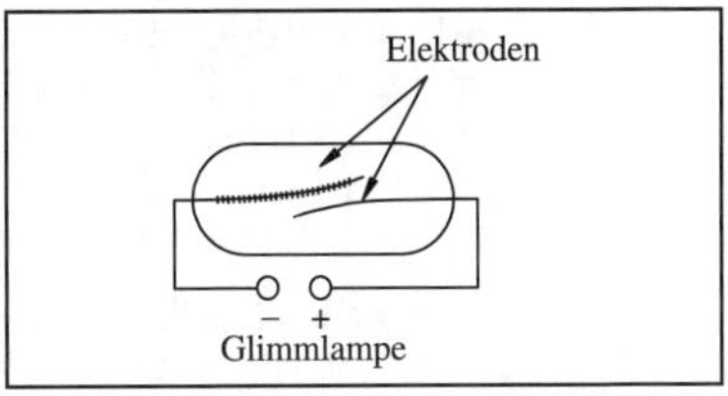


## 119. Zur Physik des Dipols

Man stellt sich den im Dipol fließenden Wechselstrom als parallel zur Dipolachse mit der Erregerfrequenz f hin- und herschwingende (vgl. Hinweis 1) Elektronen vor. Diese Elektronenschwingung breitet sich von der Dipolmitte M, wo die Ankopplung an den Erregerkreis erfolgt, mit endlicher Geschwindigkeit (vgl. Hinweis 2) nach beiden Seiten aus. Es entsteht so eine longitudinale (vgl. Hinweis 3) Stromwelle, die an den Dipolenden E mit einem Phasensprung von 180° reflektiert wird (vgl. Hinweis 4). Die von M nach E laufende und die an E reflektierte, zurücklaufende Stromwelle überlagern sich.

Bei einer beliebigen Dipollänge führt dies zu einer mehr oder weniger starken Auslöschung der Stromwelle. Beträgt aber die Dipollänge $\ell$ gerade die Hälfte der Stromwellenlänge $\lambda$, so hat die Stromwelle auf dem Weg von M nach E und zurück nach M die Wegstrecke $\ell = \frac{\lambda}{2}$ zurückgelegt und hierfür die halbe Schwingungsdauer $\frac{T}{2}$ benötigt. Rechnet man den Phasensprung von 180°, der $\frac{T}{2}$ entspricht, hinzu, so trifft die Stromwelle mit einer Phasenverschiebung von 360°, also einer vollen Periode wieder bei M ein und unterstützt die Erregung. Es bildet sich eine stehende, longitudinale Stromwelle längs des Dipols aus (vgl. Hinweise 5 und 6).

Hinweise:

1. In Klausuren oder bei Rechenschaftsablagen stößt man manchmal auf die Feststellung, daß die Elektronen von einem bis zum anderen Dipolende durch den gesamten Dipol hin- und herschwingen. Dies ist falsch! Die Elektronen schwingen um die jeweiligen Dipolstellen mit Amplituden, die wesentlich kleiner sind als die halbe Dipollänge!

2. Das von einem geschlossenen Schwingkreis abweichende Schwingungsverhalten eines Dipols hat seine Ursache darin, daß sich Stromwellen in Leitern mit sehr großer, aber endlicher Geschwindigkeit ausbreiten. Die Zeitdauer für die Ausbreitung des Stroms ist in Schwingkreisen mit "normalen Eigenfrequenzen", z. B. verglichen mit der Zeitspanne zwischen zwei Ladungszuständen des Schwingkreiskondensators so klein, daß sie völlig vernachlässigt werden kann. Bei Dipolen dagegen sind die Eigenfrequenzen so groß, daß diese Vernachlässigung nicht mehr möglich ist.

3. Bei einer longitudinalen Welle sind Schwingungs- und Ausbreitungsrichtung parallel. Schallwellen in Gasen sind z. B. Longitudinalwellen.

4. An den Dipolenden ist keine Elektronenschwingung möglich. Vergleichbar ist diese Situation in der Mechanik, z. B. mit einem Seil, dessen Ende fest eingespannt ist. Die Auslenkung an einem solchen Ende ist stets Null. Dies ist nur dann möglich, wenn die reflektierte Welle gegenüber der einlaufenden einen Phasensprung von 180° aufweist. Dann "löschen" sich nämlich die ankommende und die reflektierte Welle in diesem Punkt durch Überlagerung "aus".

5. Wiederholung der wichtigsten Eigenschaften von stehenden (Strom-)Wellen
   - Jedes Elektron hat eine vom Nachbarelektron verschiedene Amplitude $A_n$, die von allen Elektronen gleichzeitig erreicht wird.
   - An den Bäuchen der Bewegung (in der Dipolmitte) ist $A_n$ am größten, an den Knoten der Bewegung (an den Dipolenden) ist $A_n = 0$.
   - Durch die Ruhelage schwingen alle Elektronen gleichzeitig und haben dabei ihre größte untereinander verschiedene Geschwindigkeit.
   - Im Abschnitt zwischen zwei Knoten schwingen alle Elektronen gleichphasig.

6. Allgemein wird immer dann eine stehende Welle aufgebaut, wenn zwei Wellen gleicher Frequenz und damit gleicher Wellenlänge in entgegengesetzter Richtung aufeinander zulaufen und sich überlagern. Der Abstand zweier benachbarter Knoten bei der stehenden Welle ist gleich der halben Wellenlänge der laufenden Welle (vgl. auch Hinweis zu Aufgabe 130).

## 120. Erklärung der Strom- und Spannungsverteilung am Dipol mit dem Wellenmodell

**a)** *Erklärung der Stromstärkeverteilung:*

Bei einem in der Grundschwingung angeregten Dipol kommt es, wie in Aufgabe 119 beschrieben, durch Überlagerung der von der Dipolmitte zu den Dipolenden laufenden und der an den Dipolenden reflektierten longitudinalen Stromwellen zur Ausbildung einer stehenden Stromwelle mit Knoten an den Dipolenden und Bauch in der Dipolmitte.

*Erklärung der Spannungsverteilung:*

Die mit dem Wechselstrom verbundenen Elektronenbewegungen führen zu periodischen Verdichtungen von positiven und negativen Ladungen entlang des Dipols. (Fließen einer Stelle des Dipols mehr Elektronen zu als von ihr ab, so ist diese Stelle negativ geladen; fließen dagegen von dieser Stelle mehr Elektronen ab als zu ihr hin, so ist sie positiv geladen.)

Dort wo die Elektronenbewegung besonders heftig ist, also in der Dipolmitte, ist die Ladungsdichte zu jedem Zeitpunkt Null (neutral). Umgekehrt liegt maximale Verdichtung der Ladung (mit positiven oder negativen Vorzeichen) dort vor, wo keine Elektronen mehr fließen können, also an den Dipolenden. (Dort findet nämlich nur Elektronenzufluß ohne gleichzeitigen Abfluß oder nur Elektronenabfluß ohne gleichzeitigen Zufluß statt.) Entlang der Dipolachse baut sich also auch eine stehende Ladungswelle mit Knoten in der Dipolmitte und Bäuchen an den Dipolenden auf.

Da die Spannung zwischen einer Dipolstelle und der Dipolmitte vom Elektronenüberschuß bzw. -mangel dieser Stelle gegenüber der Dipolmitte bestimmt wird, entsteht längs des Dipols somit eine stehende Spannungswelle mit Bäuchen an den Dipolenden und Knoten in der Dipolmitte.

**b)** Bei der Grundschwingung einer Luftsäule in einem beidseitig geschlossenen Rohr bewegen sich die Luftteilchen in der Rohrmitte besonders heftig, an den Rohrenden dagegen ist keine Bewegung möglich. Die stehende Geschwindigkeitswelle der schwingenden Luftsäule hat daher in der Rohrmitte einen Bauch und an den Rohrenden Knoten. Sie entspricht der stehenden Stromwelle des Dipols.
Der Druckunterschied in der schwingenden Luftsäule gegenüber dem Normaldruck, der sogenannte Schalldruck, ist dagegen in der Rohrmitte Null und an den Rohrenden maximal (positiv bzw. negativ). Die stehende Schalldruckwelle hat also in der Rohrmitte einen Knoten und Bäuche an den Rohrenden. Sie entspricht der stehenden Spannungswelle des Dipols.

Hinweis:
Der Name "schwingender Dipol" rührt davon, daß die beiden Dipolenden periodisch Maximalladungen unterschiedlichen Vorzeichens tragen.

## 121. Stromwellen auf Metalldrähten

**a)** Bei einer laufenden Stromwelle der Frequenz f schwingen die Leitungselektronen parallel zur Drahtachse mit der Frequenz f um ihre "Ruhelage". Benachbarte Elektronen schwingen phasenverschoben. In periodischen Abständen folgen jedoch Stellen, an denen die Schwingungsphasen übereinstimmen. Der kürzeste Abstand zweier Elektronen gleicher Schwingungsphase heißt Wellenlänge $\lambda$.
Nicht die Elektronen, sondern ihre Schwingungszustände schreiten längs des Drahtes fort. Die Geschwindigkeit, mit der sich die Schwingungsphase im Draht ausbreitet, heißt Phasengeschwindigkeit $c_{Ph}$.

**b)** In der Zeit T, in der die Elektronen eine volle Schwingung um ihre "Ruhelage" ausführen, schreitet die Schwingungsphase um die Strecke $\lambda$ im Draht fort. Es gilt also:

$$c_{Ph} = \frac{\lambda}{T} \quad \text{oder wegen } f = \frac{1}{T}\text{:} \quad c_{Ph} = \lambda \cdot f$$

**c)** Überlagert man zwei gegenläufige, gleichfrequente, laufende Stromwellen, so erhält man eine stehende Stromwelle. Der Abstand zwischen zwei Knoten dieser stehenden Welle ist leicht meßbar und gleich der halben Wellenlänge der laufenden Welle.

**d)** Die Phasengeschwindigkeit von Stromwellen ist gleich der Lichtgeschwindigkeit. Im Vakuum also $3 \cdot 10^8 \ \frac{\text{m}}{\text{s}}$, in einem Medium entsprechend kleiner.

**122. Rechenaufgaben zum schwingenden Dipol (1. Teil)**

Für die Lösung der Aufgaben benötigt man zum einen die Tatsache, daß die Länge $\ell$ eines in der Grundschwingung angeregten Dipols halb so groß ist wie die Wellenlänge $\lambda$ der stehenden Stromwelle: $\ell = \frac{\lambda}{2}$ und zum anderen den Zusammenhang zwischen Frequenz f, Wellenlänge $\lambda$ und Phasengeschwindigkeit $c_{Ph}$ der Stromwelle: $f \cdot \lambda = c_{Ph}$.

**a)** $$\left.\begin{array}{r} f \cdot \lambda = c_{Ph} \Rightarrow \lambda = \frac{c_{Ph}}{f} \\ \ell = \frac{\lambda}{2} \end{array}\right\} \Rightarrow \ell = \frac{c_{Ph}}{2 \cdot f} = \frac{3{,}0 \cdot 10^8 \frac{\text{m}}{\text{s}}}{2 \cdot 434 \cdot 10^6 \frac{1}{\text{s}}} = 0{,}35 \text{ m}$$

**b)** $$\left.\begin{array}{r} f \cdot \lambda = c_{Ph} \Rightarrow f = \frac{c_{Ph}}{\lambda} \\ \ell = \frac{\lambda}{2} \Rightarrow \lambda = 2 \cdot \ell \end{array}\right\} \Rightarrow f = \frac{c_{Ph}}{2 \cdot \ell} = \frac{3{,}0 \cdot 10^8 \frac{\text{m}}{\text{s}}}{2 \cdot 1{,}2 \text{ m}} = 125 \text{ MHz}$$

**c)** $$\left.\begin{array}{r} f \cdot \lambda = c_{Ph} \\ \lambda = 2 \cdot \ell \end{array}\right\} \Rightarrow c_{Ph} = f \cdot 2 \cdot \ell = 434 \cdot 10^6 \ \frac{1}{\text{s}} \cdot 2 \cdot 3{,}8 \cdot 10^{-2} \text{ m} = 3{,}3 \cdot 10^7 \ \frac{\text{m}}{\text{s}}$$

Da die Phasengeschwindigkeit der Stromwelle gleich der Lichtgeschwindigkeit ist, beträgt die Lichtgeschwindigkeit in Wasser $3{,}3 \cdot 10^7 \ \frac{\text{m}}{\text{s}}$.

**123. Rechenaufgaben zum schwingenden Dipol (2. Teil)**

Reihenschaltung von C und C*: $\frac{1}{C_{ges}} = \frac{1}{C} + \frac{1}{C^*} \Rightarrow C^* = \frac{C_{ges} \cdot C}{C - C_{ges}}$ (1)

Bedingung für optimale Anregung:
Schwingkreisfrequenz $f_S$ = Dipolfrequenz $f_D$

$$\left.\begin{array}{l} f_S = \frac{1}{2 \cdot \pi \cdot \sqrt{L \cdot C_{ges}}} \\ \left.\begin{array}{r} f_D \cdot \lambda = c \\ \lambda = 2 \cdot \ell \end{array}\right\} \Rightarrow f_D = \frac{c}{2 \cdot \ell} \end{array}\right\} \Rightarrow$$

$$\Rightarrow \frac{1}{2\cdot\pi\cdot\sqrt{L\cdot C_{ges}}} = \frac{c}{2\cdot\ell} \Rightarrow 2\cdot\ell = 2\cdot\pi\cdot\sqrt{L\cdot C_{ges}}\cdot c \Rightarrow$$

$$\Rightarrow \ell^2 = \pi^2\cdot L\cdot C_{ges}\cdot c^2 \Rightarrow C_{ges} = \frac{\ell^2}{\pi^2\cdot L\cdot c^2} =$$

$$= \frac{(0{,}25\,m)^2}{\pi^2\cdot 30\cdot 10^{-9}\,H\cdot\left(3\cdot 10^8\,\frac{m}{s}\right)^2} =$$

$$= 2{,}3\cdot 10^{-12}\,F \qquad (2)$$

(1) und (2): $C^* = \frac{2{,}3\,pF\cdot 5\,pF}{5\,pF - 2{,}3\,pF} = 4{,}3\,pF$

## 124. Rechenaufgaben zum schwingenden Dipol (3. Teil)

**a)** Ein 10 cm vom Dipolende entfernter Punkt hat von der Dipolmitte 15 cm Abstand. Nach Aufgabe 118 a gilt dann:

$$I_0(x) = I_{0,max}\cdot\cos\left(\frac{\pi\cdot x}{\ell}\right) \Rightarrow I_0(15\,cm) = 40\,mA\cdot\cos\left(\frac{\pi\cdot 15\,cm}{50\,cm}\right) = 23{,}5\,mA$$

und

$$U_0(x) = U_{0,max}\cdot\sin\left(\frac{\pi\cdot x}{\ell}\right) \Rightarrow U_0(15\,cm) = 370\,V\cdot\sin\left(\frac{\pi\cdot 15\,cm}{50\,cm}\right) = 299\,V$$

**b)** $I_0(x) = I_{0,max}\cdot\cos\left(\frac{\pi\cdot x}{\ell}\right) \Rightarrow \cos\left(\frac{\pi\cdot x}{\ell}\right) = \frac{I_0(x)}{I_{0,max}} = \frac{20\,mA}{40\,mA} = 0{,}5$

$\Rightarrow \frac{\pi\cdot x}{\ell} = \frac{\pi}{3} \Rightarrow x = \frac{\ell}{3} = \frac{50\,cm}{3} = 16{,}7\,cm$

Das gesuchte Strommaximum findet man in 16,7 cm Abstand von der Dipolmitte.

$$U_0(x) = U_{0,max}\cdot\sin\left(\frac{\pi\cdot x}{\ell}\right) \Rightarrow \sin\left(\frac{\pi\cdot x}{\ell}\right) = \frac{U_0(x)}{U_{0,max}} = \frac{185\,V}{370\,V} = 0{,}5$$

$$\Rightarrow \frac{\pi\cdot x}{\ell} = \frac{\pi}{6} \Rightarrow x = \frac{\ell}{6} = \frac{50\,cm}{6} = 8{,}3\,cm$$

Das gesuchte Spannungsmaximum findet man in 8,3 cm Abstand von der Dipolmitte.

## 125. Oberschwingungen

**a)** Die einfachste Form der stehenden Strom- (bzw. Spannungs-)welle auf einem Dipol mit 2 Schwingungsknoten an den Dipolenden und einem

Schwingungsbauch in der Dipolmitte (bzw. mit 1 Schwingungsknoten in der Dipolmitte und 2 Schwingungsbäuchen an den Dipolenden) nennt man Grundschwingung. Sie wird bei einem Dipol der Länge $\ell$ nach Aufgabe 122 b durch die Frequenz $f_0 = \frac{c_{Ph}}{2 \cdot \ell}$ angeregt. Erhöht man die Erregerfrequenz auf $2 \cdot f_0, 3 \cdot f_0, \ldots, (n+1) \cdot f_0$, so entstehen wieder stehende Strom- (bzw. Spannungs-)wellen mit 2, 3, ..., n+1 Schwingungsbäuchen und 3, 4, ..., 2+n Schwingungsknoten (bzw. 3, 4, ..., 2+n Schwingungsbäuchen und 2, 3, ..., n+1 Schwingungsknoten). Diese stehenden Strom- (bzw. Spannungs-)wellen nennt man 1., 2., ..., n-te Oberschwingung.

**b)** Frequenz der Grundschwingung: $f_0 = \frac{c_{Ph}}{2 \cdot \ell}$
Frequenz der n-ten Oberschwingung: $f_n = (n+1) \cdot f_0$
$\Rightarrow f_n = (n+1) \cdot \frac{c_{Ph}}{2 \cdot \ell}$

$$\Rightarrow f_n = \frac{3 \cdot 10^8 \frac{m}{s}}{2 \cdot 1{,}2\,m}(n+1) = (n+1) \cdot 125\,MHz;\; n = 0,1,2,3,\ldots$$

**c)** $$\lambda_n \cdot f_n = c_{Ph} \Rightarrow \lambda_n = \frac{c_{Ph}}{f_n} \overset{b}{=} \frac{2 \cdot \ell \cdot c_{Ph}}{(n+1) \cdot c_{Ph}} = \frac{2 \cdot \ell}{n+1} = \frac{2{,}4\,m}{n+1};\; n = 0,1,2,3,\ldots$$

**d)** **Stromverteilung** **Spannungsverteilung**

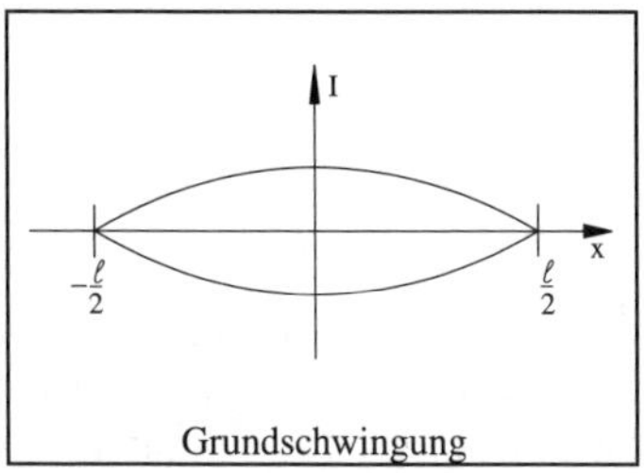


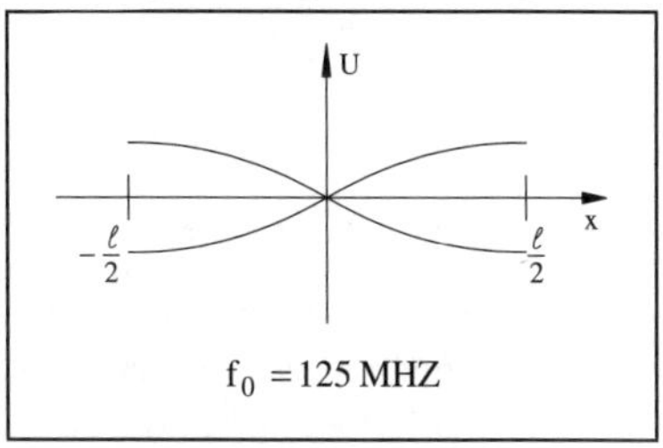


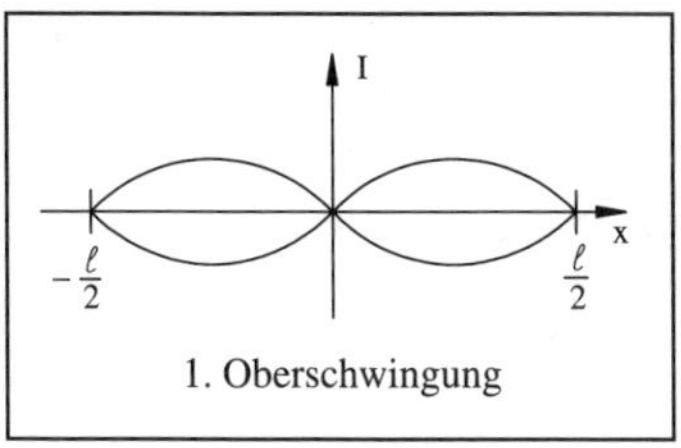


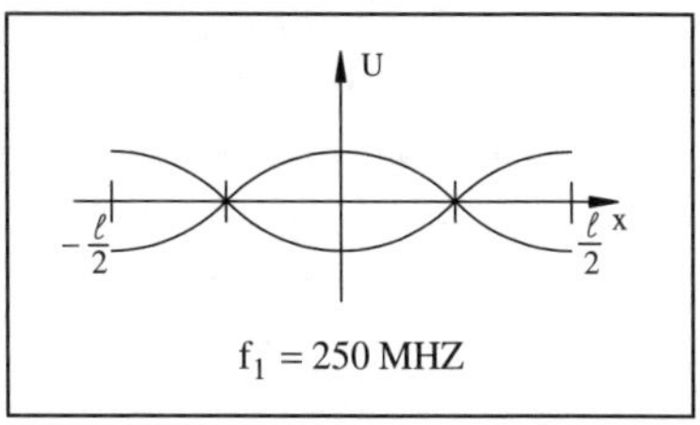

**Stromverteilung** **Spannungsverteilung**

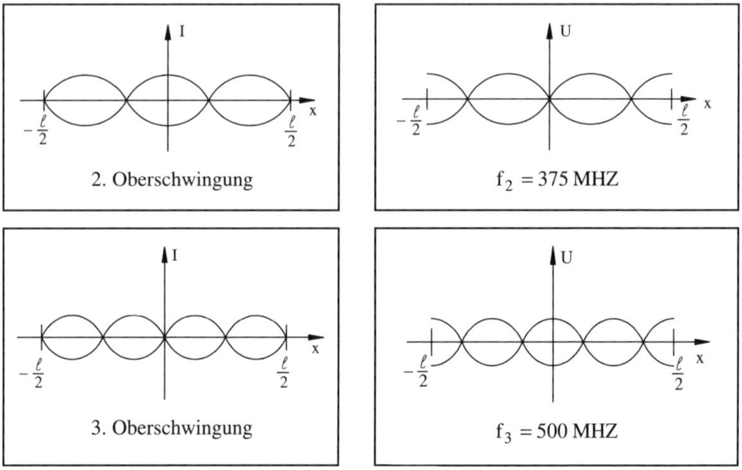


**e)** Teilaufgabe b: $f_3 = \frac{c_{Ph}}{2 \cdot \ell} \cdot (3+1) = \frac{2 \cdot c_{Ph}}{\ell} \Rightarrow$

$$\Rightarrow \ell = \frac{2 \cdot c_{Ph}}{f_3} = \frac{2 \cdot 3 \cdot 10^8 \frac{m}{s}}{680 \cdot 10^6 \frac{1}{s}} = 0{,}88\ m$$

Hinweis:

Die Formel für die Frequenz der n-ten Oberschwingung $f_n = (n+1) \cdot \frac{c_{Ph}}{2 \cdot \ell}$ finden Sie in der Formelsammlung auf S. 47 / 6.2.2.

## 126. Dipolschwingungen sind stark gedämpft

**a)** Ein Dipol wird induktiv an einen Erregerkreis angekoppelt und auf Resonanz abgestimmt. Daß Resonanz vorliegt, wird durch das optimal helle Leuchten eines Glühlämpchens in der Dipolmitte angezeigt. Verändert man nun die Eigenfrequenz des Dipols, indem man an beiden Dipolenden Verlängerungsstäbe anfügt, behält aber die Erregerfrequenz unverändert bei, so ändert sich das Leuchten der Stromnachweislampe kaum. Die Resonanzkurve des Dipols kann also kein scharf ausgeprägtes Maximum aufweisen; sie verläuft flach und breit. Das bedeutet aber, daß die Dipolschwingungen stark gedämpft sind (vgl. Aufgabe 113 c).

**b)** Der Ohmsche Widerstand des Dipols ist zu klein, um die starke Dämpfung über Wärmeverluste erklären zu können. Vielmehr verliert der Dipol elektromagnetische Energie dadurch, daß er sie in den umgebenden Raum abstrahlt.

## 127. Elektrisches und magnetisches Feld eines schwingenden Dipols

**a)**

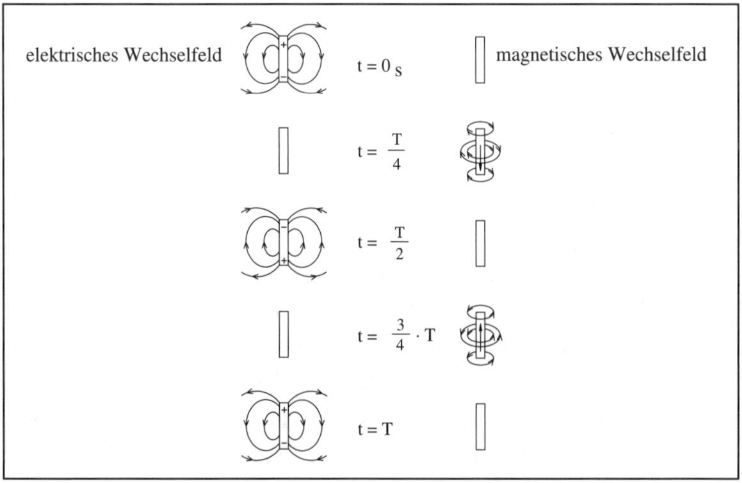


**b)** Die Zeitspanne zwischen maximaler Ausbildung des elektrischen bzw. magnetischen Wechselfelds bis zum völligen Verschwinden beträgt

$$\Delta t = \frac{T}{4} = \frac{1}{4 \cdot f} = \frac{1}{4 \cdot 434 \cdot 10^6 \frac{1}{s}} = 5{,}76 \cdot 10^{-10} \text{ s}$$

Da sich Energie nach der speziellen Relativitätstheorie höchstens mit der Lichtgeschwindigkeit $c = 3 \cdot 10^8 \frac{m}{s}$ ausbreiten kann und in elektrischen bzw. magnetischen Feldern nach § 11 Energie gespeichert ist, breiten sich elektrische oder magnetische Felder ebenfalls höchstens mit Lichtgeschwindigkeit aus. Die Feldlinien dürften sich daher höchstens

$$s = c \cdot \Delta t = 3 \cdot 10^8 \frac{m}{s} \cdot 5{,}76 \cdot 10^{-10} \, s = 0{,}17 \text{ m}$$

in den umgebenden Raum erstrecken.

**c)** Dieser experimentelle Befund läßt sich nur damit erklären, daß sich das elektrische bzw. magnetische Wechselfeld vom Dipol löst und in den Raum wandert.

## 128. Wesen und Eigenschaften der Dipolstrahlung

Experimentelle Ergebnisse über die Dipolstrahlung:

(1) Das von einem Dipol abgestrahlte elektrische und magnetische Wechselfeld hat die Eigenschaft einer Transversalwelle.
(2) Diese Welle ist linear polarisiert.
(3) Ihre Wellenlänge ist gleich der doppelten Dipollänge, wenn der Dipol in der Grundschwingung angeregt ist.
(4) Ihre Frequenz ist gleich der Frequenz, mit der der Dipol schwingt.
(5) Ihre Ausbreitungsgeschwindigkeit im Vakuum ist gleich der Lichtgeschwindigkeit.
(6) Die abgestrahlten elektrischen und magnetischen Felder sind rotationssymmetrisch um den Dipol angeordnet.
(7) In jedem Punkt des abgestrahlten elektromagnetischen Feldes stehen die Vektoren der elektrischen Feldstärke $\vec{E}$ und der magnetischen Flußdichte $\vec{B}$ senkrecht aufeinander und jeweils auch senkrecht auf der Ausbreitungsrichtung der Transversalwelle.
(8) In einer Ebene senkrecht zum Dipol durch die Dipolmitte strahlt der Dipol maximal Energie ab.
(9) Parallel zu seiner eigenen Richtung strahlt der Dipol keine Energie ab.
(10) In der Nahzone des Dipols, also bei Entfernungen, die klein gegenüber der Wellenlänge sind, schwingen elektrischer und magnetischer Feldvektor mit einer Phasenverschiebung von einer Viertelschwingung.
(11) In der Fernzone des Dipols, also in einer Entfernung, die wesentlich größer als die Wellenlänge ist, schwingen elektrischer und magnetischer Feldvektor gleichphasig.

## 129. Nachweis des elektromagnetischen Feldes eine Dipols

*Nahzone:*

Das elektromagnetische Feld in der Dipolnahzone ist eine stehende, an die felderzeugenden Ladungen gebundene, elektromagnetische Welle. Dabei stimmt die Ortsabhängigkeit der Amplituden der stehenden Strom- bzw. Spannungswelle mit der Ortsabhängigkeit der Amplituden des schwin genden $\vec{B}$-bzw. $\vec{E}$-Vektoren überein. $\vec{B}$- bzw. $\vec{E}$-Feld können demnach in der Nahzone, wie in Aufgabe 118 c beschrieben, mit einer Glüh- bzw. Glimmlampe nachgewiesen werden.

*Fernzone:*

In der Fernzone erzeugen sich elektrische und magnetische Felder gegen seitig unabhängig von den Ladungen am Dipol. Zum Nachweis des elektrischen (magnetischen) Feldes verwendet man einen Empfangsdipol (eine Induktionsschleife), in die entsprechend untenstehender Skizze eine Hochfrequenzdiode und ein Strommeßgerät eingebaut sind. Richtet man den Empfangsdipol parallel zum $\vec{E}$-Vektor (die Induktionsschleife senkrecht zum $\vec{B}$-Vektor), so wird jeweils ein Wechselstrom erzeugt, der nur in den Schwingungsphasen durch den Strommesser fließt, in denen die Diode den Wechselstrom sperrt.

Dieser pulsierende Gleichstrom erzeugt wegen der hohen Frequenz am Zeigerinstrument einen konstanten Ausschlag.

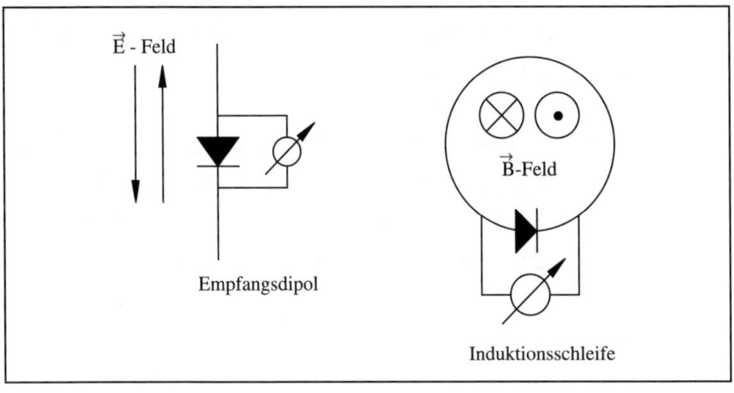

## 130. Wellennatur und Wellenlänge der Dipolstrahlung

In ausreichender Entfernung von einem Sendedipol S wird eine hinreichend große Metallwand W so aufgestellt, daß die Dipolstrahlung senkrecht auf sie trifft.

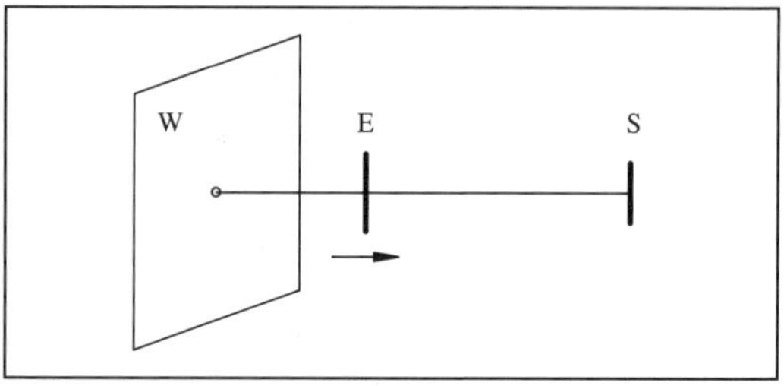


Wird ein zu S paralleler, auf Resonanz abgestimmter Empfangsdipol E von W nach S bewegt, so stellt man in periodischen Abständen Empfangsmaxima und -minima fest. Direkt an W liegt ein Minimum vor.
Diese Interferenzerscheinung läßt sich nur mit dem Wellenmodell erklären und weist die Dipolstrahlung somit als Wellenerscheinung aus:
Im Wellenmodell überlagern sich die von S auf W zulaufende und die an W mit einem Phasensprung von $\pi$ reflektierte elektromagnetische Welle und bilden eine stehende Welle aus. An deren Knoten bzw. Bäuchen registriert E ein Empfangsminimum bzw. -maximum. Die Wellenlänge ist doppelt so groß wie der Abstand zwischen zwei benachbarten Knoten.

Hinweis:

Falls Sie, wie andere Kollegiaten auch, Schwierigkeiten haben, einzusehen, warum sich durch Überlagerung der einlaufenden und der reflektierten eine stehende Welle ausbildet, oder warum der Phasensprung von $\pi$ nur an der Reflexionsstelle, nicht aber im gesamten Überlagerungsgebiet zu einer dauerhaften Auslöschung führt, betrachten Sie einfach folgende Momentbilder.
Im zeitlichen Abstand $\Delta t = \frac{T}{6}$ sind eine von rechts nach links laufende (Punktlinie), eine unter Phasensprung von $\pi$ reflektierte, von links nach rechts laufende (Strichlinie) und die durch Überlagerung entstandene stehende Welle (durchgehende Linie) skizziert.

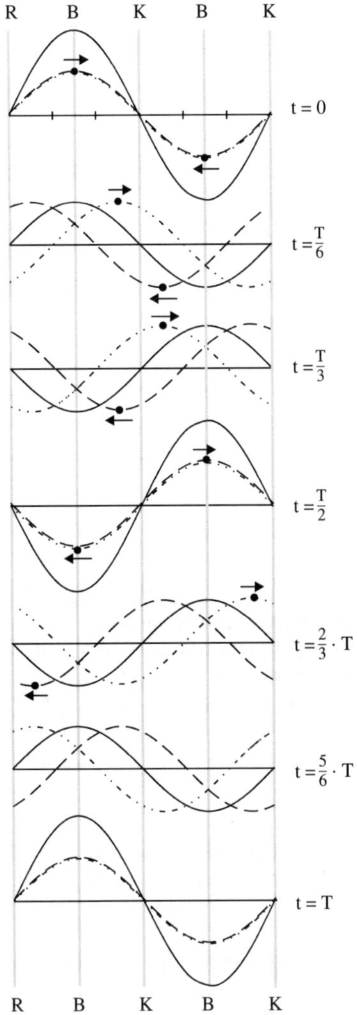


R: Reflexion
B: Bauch
K: Knoten

– – – – – von rechts nach links laufende Welle
· · · - - · · · - von links nach rechts laufende Welle
———— durch Überlagerung entstehende Welle

## 131. Elektromagnetische Dipolwellen sind linear polarisiert

**a)** Finden die Schwingungen bei einer Transversalwelle nur in einer einzigen Ebene statt, so spricht man von einer linear polarisierten Welle.

**b)** Den Nachweis, daß in der vom Dipol abgestrahlten elektromagnetischen Welle der $\vec{E}$-Vektor in jedem Raumpunkt nur in einer bestimmten Richtung schwingt, erbringt man mit dem in Aufgabe 128 beschriebenen Empfangsdipol. Hält man ihn parallel zur Schwingungsrichtung des $\vec{E}$-Vektors, so stellt man maximalen Empfang fest. In jeder dazu senkrechten Stellung des Dipols an diesem Ort verschwindet der Empfang.
Analog kann man mit der ebenfalls in Aufgabe 129 beschriebenen Induktionsschleife nachweisen, daß der $\vec{B}$-Vektor in jedem Raumpunkt nur in einer ganz bestimmten Richtung schwingt.
Die Schwingungsrichtungen von $\vec{E}$- und $\vec{B}$-Vektor stehen aber im gleichen Raumpunkt senkrecht aufeinander.

Hinweise:

1. Da nur Transversalwellen linear polarisiert sein können, handelt es sich nach dem Ergebnis von Teilaufgabe b bei den vom Dipol abgestrahlten elektromagnetischen Wellen um Transversalwellen.
2. Beachten Sie bitte folgende Unterschiede: Die Strom-, Spannungs- und Ladungswellen am Dipol sind stehende Longitudinalwellen.
Die elektrische Feldstärke $\vec{E}$ und die magnetische Flußdichte $\vec{B}$ verhalten sich in der Dipolnahzone wie eine stehende, in der Fernzone wie eine laufende Transversalwelle!
Bei Longitudinalwellen sind Schwingungs- und Ausbreitungsrichtung zueinander parallel, bei Transversalwellen zueinander senkrecht.

## 132. Zum Ausbreitungsmechanismus elektromagnetischer Wellen

Unabhängig von irgendwelchen materiellen Trägern wird nach Maxwell jedes zeitlich veränderliche magnetische Feld von einem zeitlich veränderlichen elektrischen Wirbelfeld umschlossen.

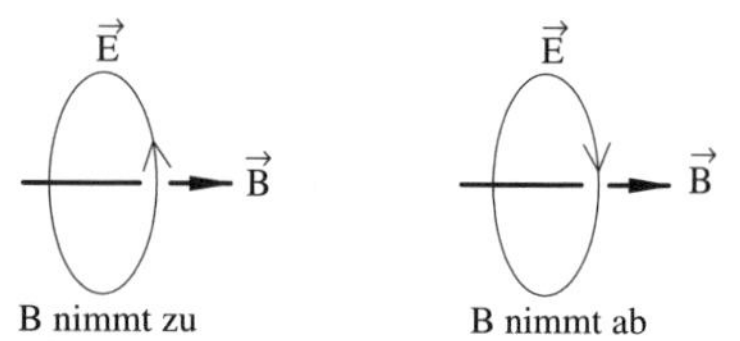

Abb. 1

D. h. während sich ein Magnetfeld ändert, ist es von ringförmig geschlossenen, elektrischen Feldlinien umgeben (siehe Abb. 1).

Umgekehrt wird jedes zeitlich veränderliche elektrische von einem zeitlich veränderlichen magnetischen Wirbelfeld umschlossen.

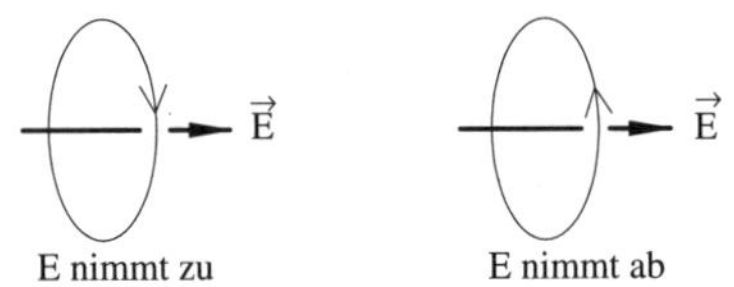

Abb. 2

D. h. während sich ein elektrisches Feld ändert, ist es von ringförmig geschlossenen magnetischen Feldlinien umgeben (siehe Abb. 2).

Elektrische und magnetische Wechselfelder können sich so, losgelöst von materiellen Trägern, gegenseitig generieren. Einmal durch Ladungsverschiebungen im Dipol erzeugt, breiten sie sich wie in Abb. 3 angedeutet in den Raum aus.

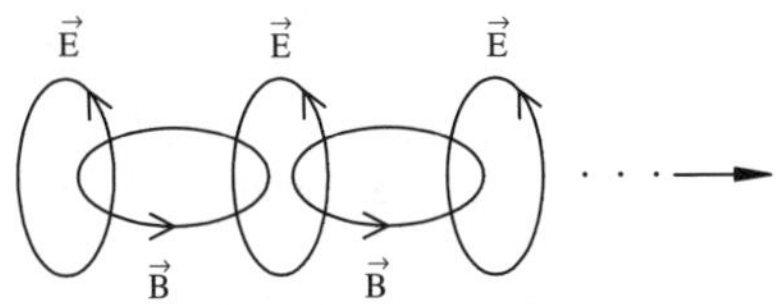

Abb. 3

## 133. Elektromagnetische Wellen in Medien

**a)** Die Frequenzen der Welle im Vakuum und in einem Medium sind gleich:

$$f_{vak} = f_{med}$$

Für die Wellenlängen gilt:

$$\left.\begin{aligned} f \cdot \lambda_{vak} &= c_{vak} \\ f \cdot \lambda_{med} &= c_{med} \end{aligned}\right\} \Rightarrow \frac{\lambda_{med}}{\lambda_{vak}} = \frac{c_{med}}{c_{vak}} \Rightarrow \lambda_{med} = \frac{c_{med}}{c_{vak}} \cdot \lambda_{vak}$$

**b)** $$\left.\begin{aligned} f \cdot \lambda_{med} &= c_{med} \\ 2 \cdot \ell &= \lambda_{med} \end{aligned}\right\} \Rightarrow f \cdot 2 \cdot \ell = c_{med} \Rightarrow \ell = \frac{c_{med}}{2 \cdot f} = \frac{0{,}17 \cdot c_{vak}}{2 \cdot f} \Rightarrow$$

$$\Rightarrow \ell = \frac{0{,}17 \cdot 3 \cdot 10^8 \frac{m}{s}}{2 \cdot 434 \cdot 10^6 \frac{1}{s}} = 5{,}9 \text{ cm}$$

## 134. Rundfunksender können nicht mit elektromagnetischen Wellen im Tonfrequenzbereich arbeiten

*1. Schwachstelle:* Die von einem Dipol pro Zeiteinheit abgestrahlte Energie hängt von seiner Frequenz ab. Im Tonfrequenzbereich von 20 Hz – 20 000 Hz ist die Strahlungsleistung des Dipols praktisch Null (vgl. Hinweis 1).

*2. Schwachstelle:* Selbst wenn der Dipol nennenswert Energie abstrahlen würde, wäre seine Länge $\ell = \frac{\lambda}{2}$, im Tonfrequenzbereich unrealistisch groß (vgl. Hinweis 2).

Hinweise:

1. Zwischen der vom Dipol abgestrahlten Leistung Φ und seiner Eigenfrequenz f besteht die Proportionalitätsbeziehung

$$\Phi \sim f^4$$

Strahlt ein Dipol z. B. bei der Frequenz 100 MHz 1 Watt ab, so strahlt er bei 1 kHz (Tonfrequenzbereich!) nur noch $10^{-20}$ Watt ab!!!

2. Wegen $f \cdot \lambda = c \Rightarrow \lambda = \frac{c}{f} \Rightarrow \frac{\lambda}{2} = \frac{c}{2 \cdot f}$ ergäbe sich für dieselbe Frequenz f = 1 kHz

$$\ell = \frac{\lambda}{2} = \frac{3 \cdot 10^8 \,\frac{\text{m}}{\text{s}}}{2 \cdot 10^3 \,\frac{1}{\text{s}}} = 1{,}5 \cdot 10^5 \text{ m} = 150 \text{ km!!!}$$

## 135. Amplitudenmodulation

**a)** Unter Amplitudenmodulation versteht man allgemein die Veränderung der Amplitude einer hochfrequenten Schwingung, der sog. Trägerschwingung, im Takt einer Schwingung mit wesentlich niedrigerer Frequenz.

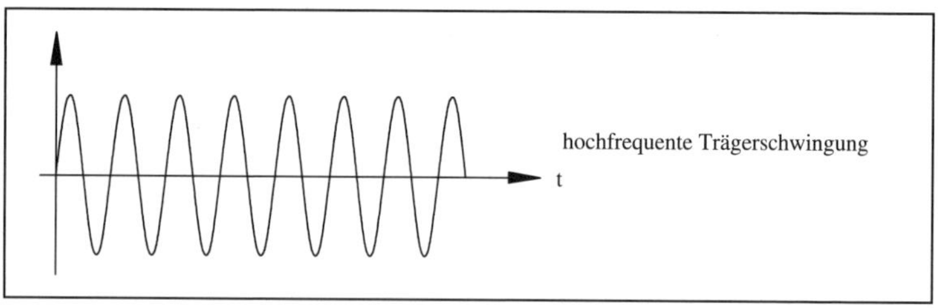

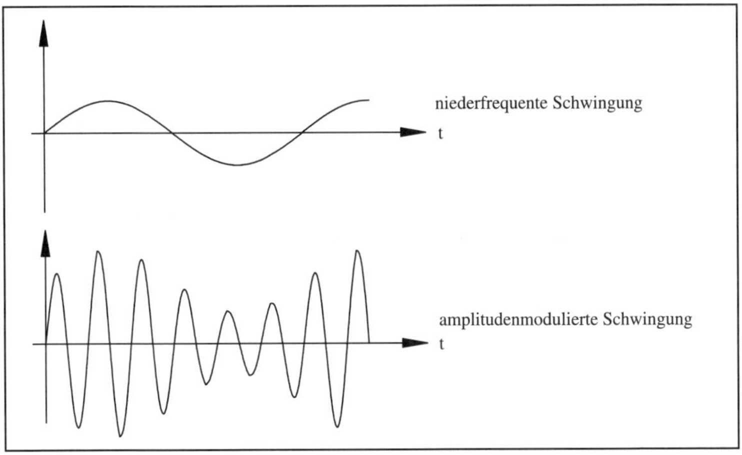


**b)** Das Mikrofon wandelt Schallwellen in elektromagnetische Schwingungen im Tonfrequenzbereich um. Regt man einen Dipol nun durch eine mit dieser Tonfrequenz amplitudenmodulierten hochfrequenten Schwingung an, so strahlt er aufgrund der hohen Trägerfrequenz relativ viel Energie ab. Außerdem kann die Dipollänge um so kürzer gehalten werden, je größer die Trägerfrequenz ist. Die Amplitude der vom Dipol abgestrahlten elektromagnetischen Welle gibt durch ihre zeitliche Veränderung die akustische Schwingung wieder. Der Trägerschwingung ist also die in der Schallwelle enthaltene Information aufgeprägt worden.

**c)**

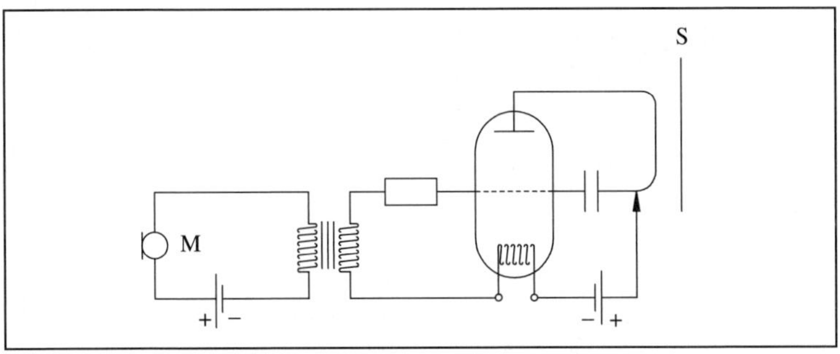


An die Dreipunktschaltung zur Erzeugung ungedämpfter hochfrequenter elektromagnetischer Schwingungen aus Aufgabe 109 wird entsprechend obiger Skizze ein Transformator mit Mikrofonkreis angeschlos-

sen. Das Mikrofon M wandelt die Schallschwingungen in elektrische Schwingungen um, die dann der (Niederfrequenz)transformator mit erhöhter Spannung auf den Gitterkreis überträgt. Die dadurch hervorgerufenen Spannungsschwankungen des Gitters (zusätzlich zu den rückkopplungsbedingten) verursachen entsprechende Schwankungen der Amplitude der durch die Dreipunktschaltung erzeugten Hochfrequenzschwingung. Wird das Gitter nämlich stärker (schwächer) negativ, so sinkt (steigt) die Energiezufuhr für den Schwingkreis.
Der induktiv an den Schwingkreisbügel angekoppelte Dipol S wird von der Dreipunktschaltung zu amplitudenmodulierten Schwingungen angeregt, die zur Abstrahlung einer amplitudenmodulierten elektromagnetischen Welle führen.

Hinweis:
Bitte vermeiden Sie folgendes Mißverständnis!
Amplitudenmodulation bedeutet nicht die Addition von nieder- und hochfrequenter Schwingung, wie durch folgende Diagramme veranschaulicht werden soll!

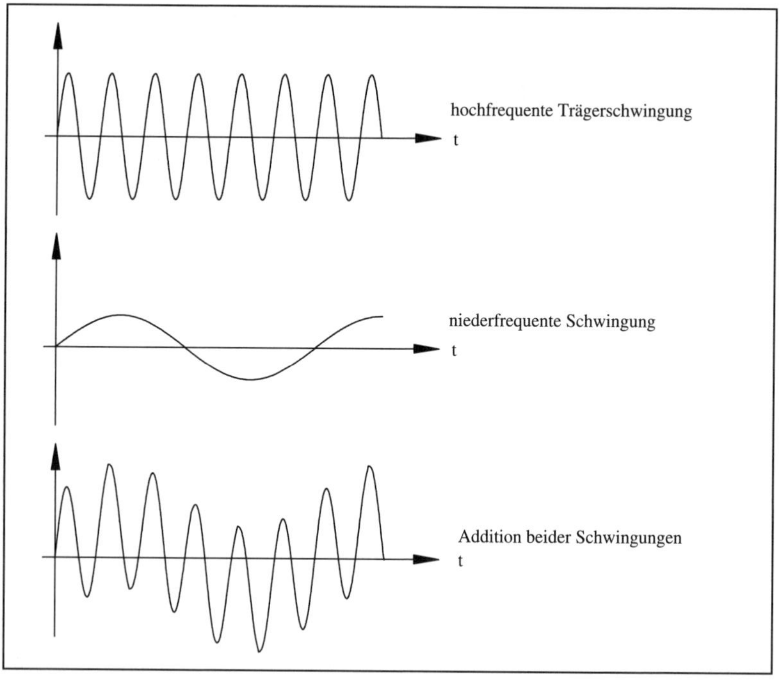

## 136. Demodulation

**$a_1$)** Die Lautsprechermembran kann wegen ihrer Trägheit den hochfrequenten Schwingungen nicht folgen. Auch die Amplitudenänderung der amplitudenmodulierten Hochfrequenzschwingungen bewirkt keinen Ton. Denn ein schwingungsfähiges mechanisches System, das aufeinanderfolgende Stöße, etwa gleicher Stärke, in entgegengesetzter Richtung erfährt, bleibt trägheitsbedingt bei höheren Stoßfrequenzen in Ruhe.

**$a_2$)** Schneidet man z. B. den unteren Teil der amplitudenmodulierten Hochfrequenzschwingung ab, und speist L mit dieser beschnittenen Schwingung, so folgt die Lautsprechermembran den niederfrequenten Schwankungen.

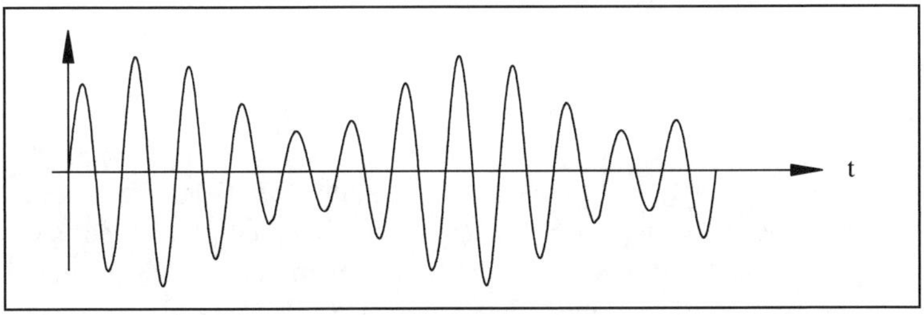


Jetzt erfährt die Lautsprechermembran nämlich aufeinanderfolgende Stöße stets in derselben Richtung und reagiert darauf auch bei hohen Frequenzen durch eine Auslenkung in diese Richtung.

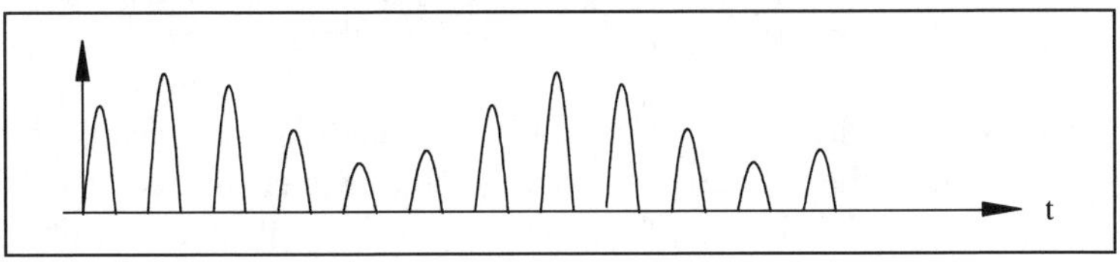


**b)** Als Demodulation bezeichnet man die Rückverwandlung einer mit einer niederfrequenten Schwingung modulierten Hochfrequenzschwingung in die Niederfrequenzschwingung.

**c)** Der Empfangsdipol E wird durch die ankommende elektromagnetische Welle zu hochfrequenten amplitudenmodulierten Schwingungen angeregt, die an den angekoppelten, auf Resonanz abgestimmten Schwingkreis übertragen werden.

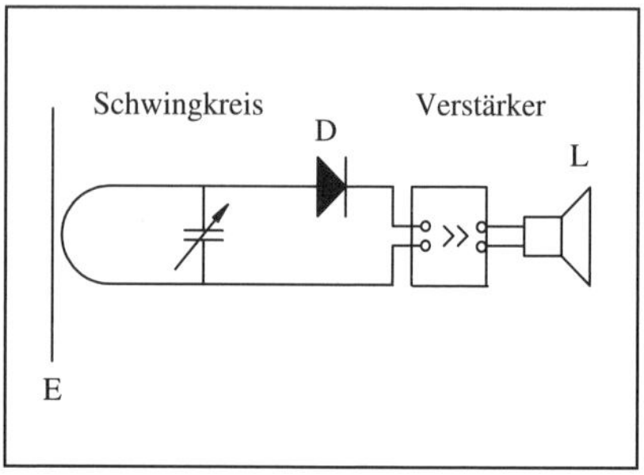


Die am Schwingkreiskondensator abgegriffene amplitudenmodulierte Hochfrequenzspannung wird durch die Hochfrequenzdiode D gleichgerichtet (oberer bzw. unterer Teil wird "abgeschnitten") und nach Verstärkung einem Lautsprecher L zugeführt. L macht die Niederfrequenzschwingung hörbar.

## 137. Bandbreite

**a)** Wird eine hochfrequente Schwingung der Trägerfrequenz $f_T$ mit einer niederfrequenten Schwingung der Frequenz $f_M$ amplitudenmoduliert, so läßt sich die modulierte Schwingung als Summe dreier sinusförmiger Schwingungen der Frequenzen $f_T, f_T - f_M, f_T + f_M$ darstellen (vgl. Hinweis). Ein mit dieser modulierten Schwingung betriebener Sender strahlt also nicht eine Frequenz, sondern die drei Frequenzen $f_T - f_M, f_T$ und $f_T + f_M$ ab.
Die Differenz $(f_T + f_M) - (f_T - f_M) = 2 \cdot f_M$ der größten und der kleinsten Frequenz heißt Frequenzbandbreite.

**b)** Ein Sender, der Sprache und vor allem Musik optimal übertragen will, muß alle Frequenzen des Tonfrequenzbereichs, also alle Frequenzen von 20 Hz bis 20 000 Hz übertragen. Seine Frequenzbandbreite beträgt also unabhängig von der Trägerfrequenz $2 \cdot 20\,000\ \text{Hz} = 40\,000\ \text{Hz}$.

**c)** Damit sich Sender gegenseitig nicht stören, muß der Abstand zwischen den ihnen zugeteilten Trägerfrequenzen so groß sein, daß sich oberes und unteres Frequenzband zweier frequenzbenachbarter Sender nicht überlappen.

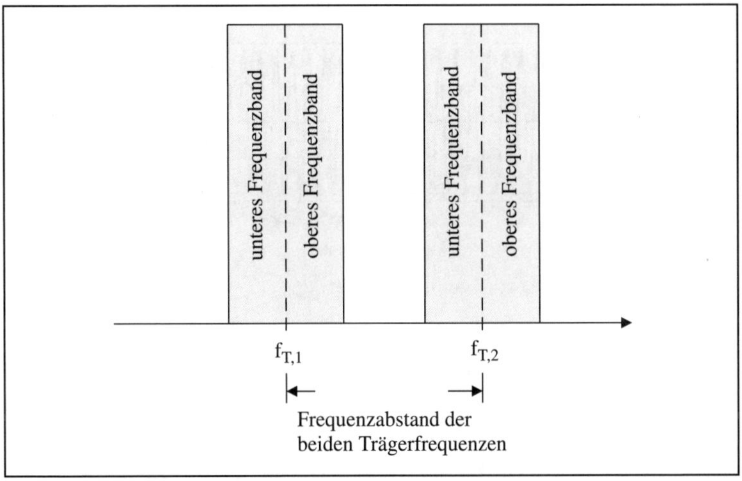


**d)** Mittelwellenbereich: (1600 kHz – 500 kHz): 40 kHz = 27,5
Kurzwellenbereich (16 MHz – 6 MHz): 40 kHz = 250

Im Mittelwellenbereich können also maximal 27, im Kurzwellenbereich maximal 250 Sender betrieben werden.

Hinweis:
Bei Amplitudenmodulation eines Hochfrequenzwechselstroms der Form

$$I_T(t) = I_{0T} \cdot \sin(2 \cdot \pi \cdot f_T \cdot t) \quad \text{(T steht für Träger)}$$

durch einen Niederfrequenzwechselstrom der Form

$$I_M(t) = I_{0M} \cdot \sin(2 \cdot \pi \cdot f_M \cdot t) \quad \text{(M steht für Modulation)}$$

erhält man den amplitudenmodulierten Wechselstrom

$$I_{AM}(t) = \left(I_{0T} + I_{0M} \cdot \sin(2 \cdot \pi \cdot f_M \cdot t)\right) \cdot \sin(2 \cdot \pi \cdot f_T \cdot t)$$

Durch eine einfache trigonometrische Umformung läßt sich zeigen, daß

$$I_{AM}(t) = I_{0T} \cdot \sin(2 \cdot \pi \cdot f_T \cdot t) + \tfrac{1}{2} \cdot I_{0M} \cdot \cos(2 \cdot \pi \cdot (f_T - f_M) \cdot t) - \tfrac{1}{2} \cdot I_{0M} \cdot \cos(2 \cdot \pi \cdot (f_T + f_M) \cdot t)$$

## 138. Frequenzmodulation

**a)** Bei der Frequenzmodulation wird die Trägerfrequenz einer hochfrequenten Schwingung im Rhythmus einer Schwingung mit wesentlich niedrigerer Frequenz verändert, ohne daß sich dabei die Amplitude der Trägerschwingung verändert.

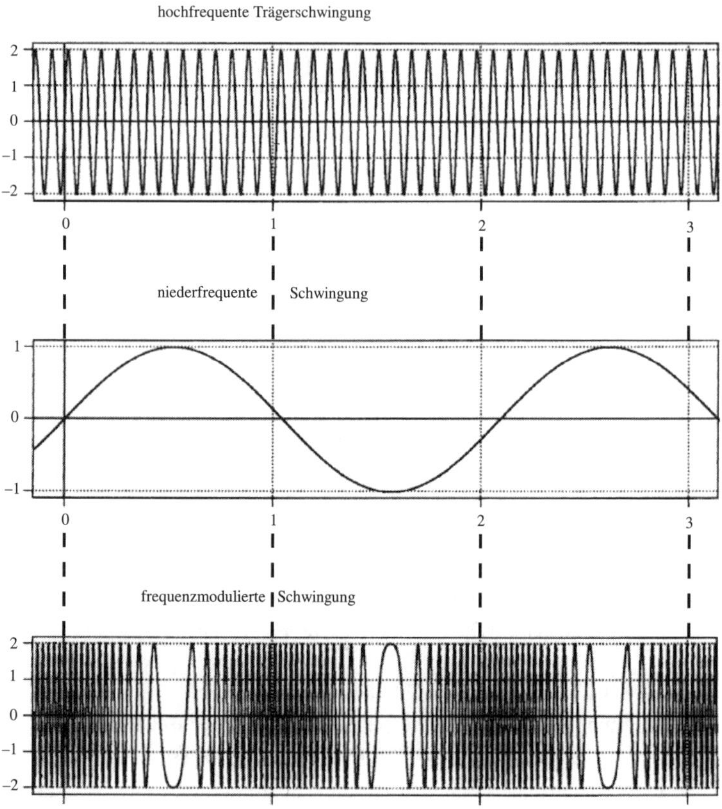


**b)** Hochfrequente elektromagnetische, frequenzmodulierte Schwingungen lassen sich z. B. mit der Dreipunktschaltung von Aufgabe 109 dadurch erzeugen, daß man ein Kondensatormikrofon parallel zum Kondensator des Schwingkreises anschließt. Da ein Kondensatormikrofon seine Kapazität im Rhythmus der auftreffenden Schallwellen ändert, wird bei Schalleinwirkung so die Gesamtkapazität des Schwingkreises und damit auch seine Eigenfrequenz variiert.

**c)** Die meisten Störungen bei der Übertragung elektromagnetischer Wellen kommen durch eine Amplitudenmodulation des Senders oder des Empfängers zustande. Deshalb sind frequenzmodulierte elektromagnetische Wellen, bei denen die Information ja in der Schwankung der Frequenz, nicht aber in der Schwankung der Amplitude steckt, weniger störanfällig als amplitudenmodulierte.

## 139. Ausbreitungsverhalten elektromagnetischer Wellen

**a)** Elektromagnetische Wellen können sich als Oberflächen- und als Raumwellen ausbreiten.
Die Oberflächenwelle folgt der leitenden Erdoberfläche und damit der Erdkrümmung. Ihre Dämpfung nimmt mit abnehmender Wellenlänge rasch zu.
Die Raumwelle breitet sich vom Sender als Kugelwelle in den Raum aus. Ihre Energiedichte nimmt mit der Entfernung vom Sender wesentlich schneller ab als die der Oberflächenwelle.

Für die einzelnen Wellentypen gilt:
Langwellen ($1\ \text{km} < \lambda < 100\ \text{km}$) und Mittelwellen ($100\ \text{m} < \lambda < 1\ \text{km}$) pflanzen sich hauptsächlich als Oberflächenwellen fort.
Kurzwellen ($10\ \text{m} < \lambda < 100\ \text{m}$) und Ultrakurzwellen ($1\ \text{m} < \lambda < 10\ \text{m}$) treten praktisch nur in Form der Raumwelle auf.

**b)** Da Wellen mit großer Wellenlänge wesentlich besser um Hindernisse "herumgebeugt" werden können als Wellen mit kurzer Wellenlänge, haben die der Erdkrümmung folgenden, wenig "hindernisanfälligen" Lang- und Mittelwellen eine relativ große Reichweite von vielen tausend Kilometern.
Die Reichweite von Ultrakurzwellen dagegen geht nur wenig über den optischen Horizont, vorausgesetzt sie treffen auf keine Hindernisse.

Kurzwellen bilden insofern eine Ausnahme, als sie an der Ionosphäre reflektiert werden können (UKW werden nicht reflektiert!) und so trotz praktisch fehlender Oberflächenwelle ebenfalls tausende von Kilometern überbrücken können (vgl. Skizze). Um den Sender bildet sich aber eine tote Zone aus.

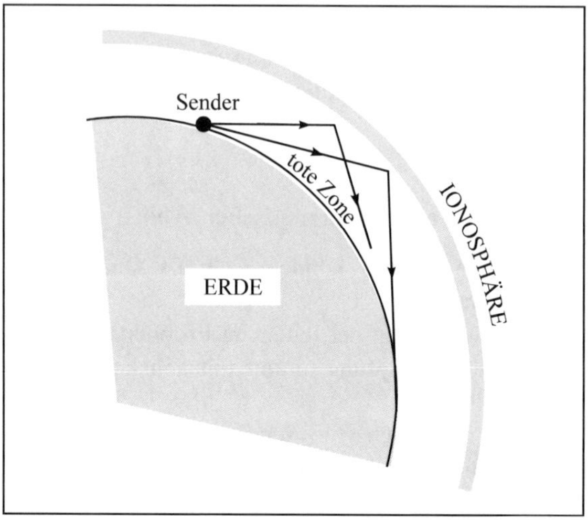


## 140. Eine Empfangsantenne für viele Sender

**a)** Zum optimalen Empfang der von einem Sender mit der Wellenlänge $\lambda$ emittierten Welle müßte der Empfangsdipol die Länge $\ell = \frac{\lambda}{2}$ haben. Es ist also unmöglich, mehrere, auf unterschiedlicher Wellenlänge sendende Radiostationen mit **einem** Dipol **optimal** empfangen zu können.

**b)** Zum optimalen Empfang müßte für jeden Sender nach a ein spezieller Empfangsdipol verwendet werden, der überdies noch sehr lang ist. (Bei einer Langwelle von 2 km (Deutschlandfunk) wäre eine Dipollänge von 1 km erforderlich!) Da man also eine Vielzahl unpraktikabel langer Dipole auf dem Hausdach plazieren müßte, um das Optimum zu erreichen, verzichtet man auf dieses Optimum und verwendet stattdessen **einen** relativ kurzen Empfangsdipol.

**c)** Die von verschiedenen Sendern auf den Empfangsdipol E treffenden Wellen regen diesen zu Schwingungen an. Da E nicht die optimale Länge hat, sind diese Schwingungen nicht besonders energiereich. Sie werden daher verstärkt.
Ein Schwingkreis, der aus einer Spule und einem Drehkondensator besteht, ist mit E gekoppelt. Verändert man nun durch Drehen am Kondensator die Eigenfrequenz des Schwingkreises so, daß sie nahe bei der

Trägerfrequenz eines Senders liegt, so wird er durch die entsprechende Schwingung des Dipols optimal zu Schwingungen angeregt, während die anderen Schwingungen im Dipol keinen nennenswerten Beitrag zur Anregung des Schwingkreis liefern, sie sind ja nicht in Resonanz mit ihm. Die Schwingungen im Schwingkreis brauchen nur noch de moduliert und nach evt. weiterer Verstärkung einem Lautsprecher zugeführt werden.
Durch passende Dimensionierung des Drehkondensators kann der Schwingkreis so auf mehrere Sender abgestimmt werden.

## 141. Reflexion von Mikrowellen und Licht

**a)** Trifft ein Lichtstrahl auf einen ebenen Spiegel, so wird er so reflektiert, daß

1. einfallender Strahl, Einfallslot und reflektierter Strahl in einer Ebene liegen.
2. Einfallswinkel $\alpha_E$ und Reflexionswinkel $\alpha_R$ gleich groß sind.

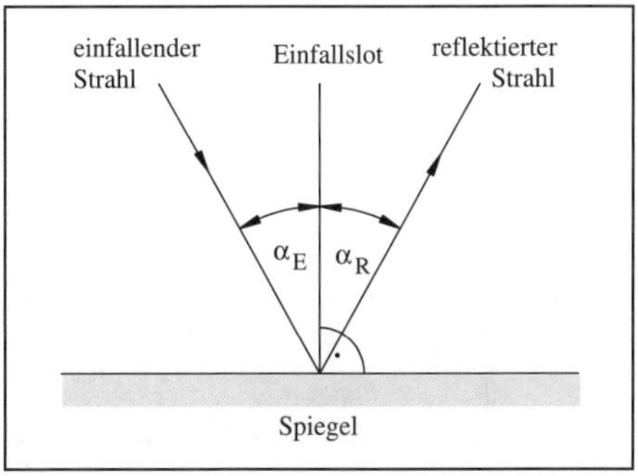


**b)** Die in der Schule verwendeten Mikrowellen haben (bedingt durch die von den Lehrmittelfirmen zur Verfügung gestellten Geräte) meist die Wellenlänge $\lambda = 3{,}0$ cm. Sie werden von einem Klystron (Funktionsweise brauchen sie nicht zu wissen!) erzeugt, an das ein Abstrahlrichter angesetzt ist. Er ermöglicht es, daß die Mikrowelle praktisch als Parallelbündel den Sender S verläßt.

Trifft die Mikrowellenstrahlung des Sendedipols S auf eine Metallwand W, so stellt man mit dem auf Resonanz zu S abgestimmten Empfangsdipol E fest, daß sie so reflektiert wird, daß die in a gemachten Aussagen analog gelten.

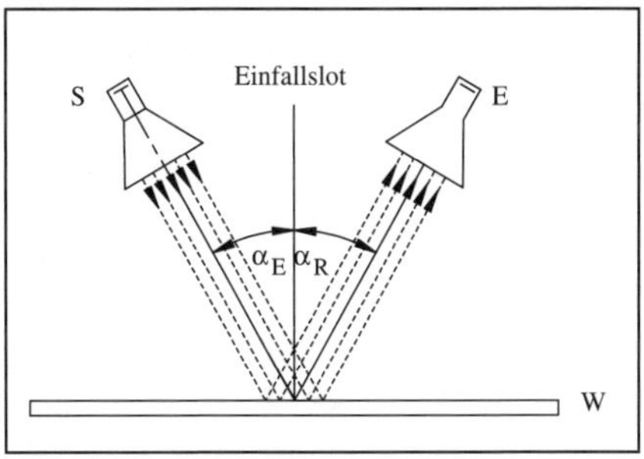

## 142. Brechung von Mikrowellen und Licht

**a)** Trifft ein Lichtstrahl auf eine ebene Grenzfläche zwischen zwei optischen Medien, so wird er zum Teil oder vollständig reflektiert. Wird er nicht vollständig reflektiert, so tritt der nicht reflektierte Anteil in das andere Medium über. Bei schrägem Auftreffen ändert der Lichtstrahl dabei seine Richtung; man sagt, er wird gebrochen (vgl. Abb. 1).

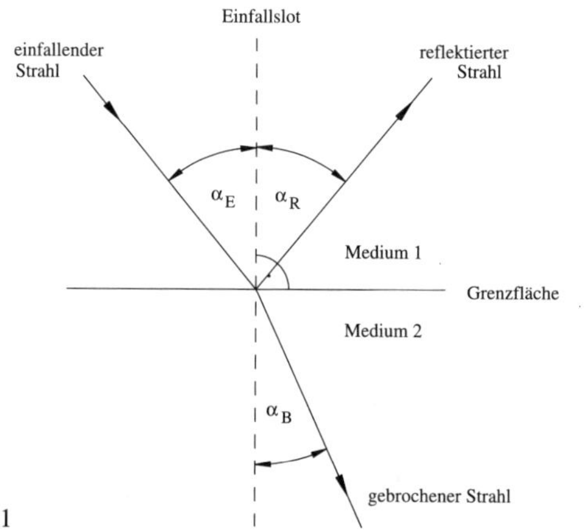


Abb. 1

Erfolgt der Übergang von einem optisch dünneren in ein optisch dichteres Medium (vgl. Hinweis), so beobachtet man Brechung zum Lot, d. h. der Einfallswinkel ist größer als der Brechwinkel.

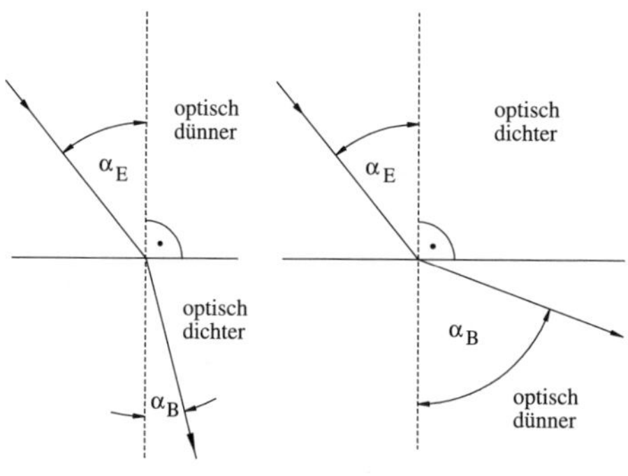


Abb. 2

Beim Übergang von einem optisch dichteren in ein optisch dünneres Medium erfolgt die Brechung vom Lot, d. h. der Einfallswinkel ist kleiner als der Brechwinkel (vgl. Abb. 2).

**b)**

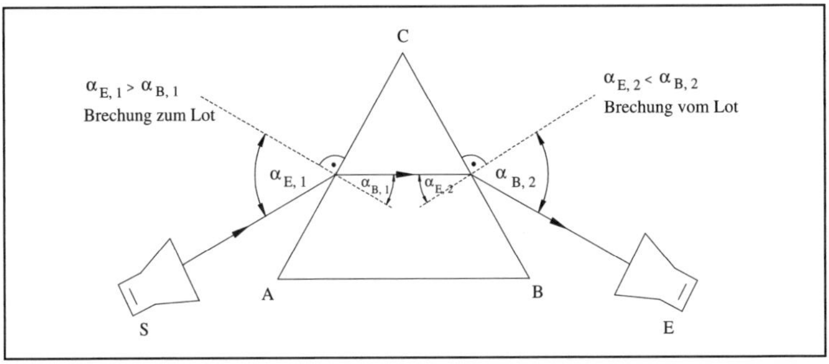


Die Mikrowellenstrahlung trifft entsprechend obiger Skizze auf die Seite AC eines großen Kunstharzprismas. Mit dem Empfangsdipol sucht man die Richtung der Mikrowellenstrahlung, die das Prisma auf der Seite BC wieder verläßt. Man findet dabei, daß die Mikrowellen wie Lichtstrahlen an der Seite AC zum Lot und an der Seite BC vom Lot gebrochen werden.

Hinweise:

1. Anstelle des Kunstharzprismas kann man auch entsprechend folgender Skizze eine Quader aus Kunstharz mit planparallelen Seiten verwenden.

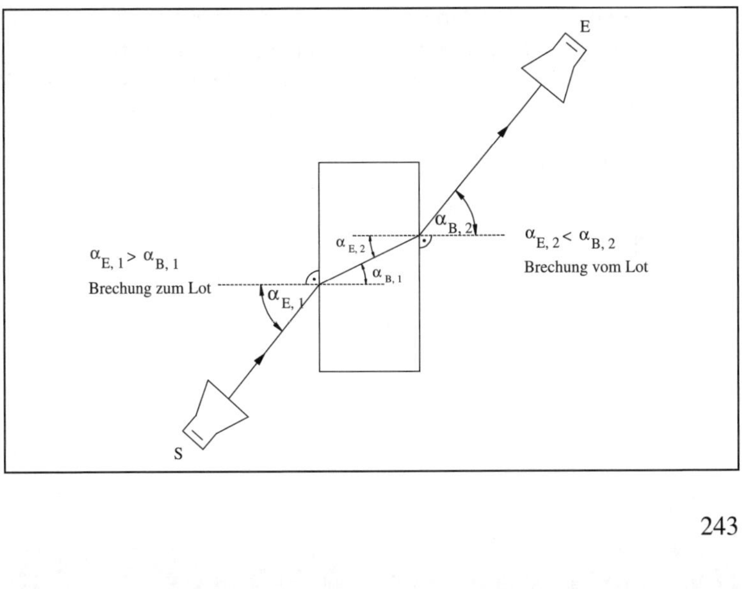

2. Über Brechung von Lichtstrahlen haben Sie nur dann in der 9. Jahrgangsstufe gehört, wenn Sie den mathematisch-naturwissenschaftlichen Zweig des Gymnasiums besucht haben. Aber selbst dann konnte man das Brechungsgesetz für Sie wegen fehlender physikalischer und trigonometrischer Kenntnisse nur sehr unbeholfen formulieren. Jeder Kollegiat sollte aber über die Lichtbrechung Bescheid wissen. Eignen Sie sich daher folgende Zusammenfassung an!

- Auch bei der Brechung liegen einfallender Strahl, Einfallslot und gebrochener Strahl in einer Ebene.
- Zwischen Einfallswinkel $\alpha_E$ und Brechwinkel $\alpha_B$ besteht der Zusammenhang
$$\frac{\sin\alpha_E}{\sin\alpha_B} = \frac{c_1}{c_2}$$
Dabei bezeichnen $c_1$ bzw. $c_2$ die Geschwindigkeiten des Lichtes im Medium 1 (einfallender Strahl) bzw. Medium 2 (gebrochener Strahl).
- Unter dem Brechungsindex oder der Brechzahl n eines Mediums versteht man den Quotienten
$$n = \frac{c_{Vak}}{c_{Med}}$$
der Geschwindigkeiten des Lichtes im Vakuum und im betreffenden Medium.
- Von zwei Stoffen mit verschiedenen Brechzahlen heißt der optisch dichter bzw. dünner, der die größere bzw. kleinere Brechzahl hat.
- Das Phänomen Brechung hat seine eigentliche Ursache in den unterschiedlichen Ausbreitungsgeschwindigkeiten des Lichtes in unterschiedlichen Medien.

## 143. Beugung – Wiederholung von Grundwissen aus der Mechanik

**a)** Stellt man Hindernisse, z. B. Spalte oder Blenden, in den Weg von Wasserwellen, so sind Wellen hinter den Hindernissen auch an Stellen nachweisbar, wo sie bei strenger geradliniger Ausbreitung nicht hingelangen können. Diese Erscheinung bezeichnet man als Beugung.

*Veranschaulichung:*
Beugung von Wasserwellen mit parallelen Wellenfronten an:

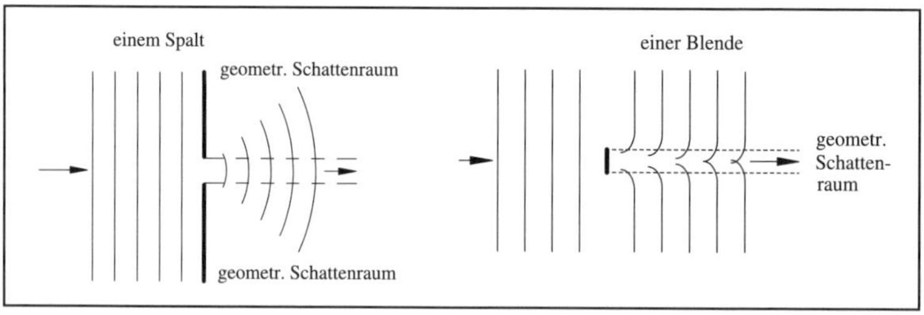

**b)** Wie deutlich die Beugungserscheinungen ausgeprägt sind, hängt von den Ausmaßen der Hindernisse ab. Wenn sie größenordnungsmäßig mit der Wellenlänge der Wasserwellen übereinstimmen, ist Beugung besonders gut zu beobachten.

**c)** Jeder Punkt einer Wellenfront kann nach Huygens als Ausgangspunkt von neuen, kreisförmigen, sog. Elementarwellen betrachtet werden. Eine neue Wellenfront ergibt sich zu einem späteren Zeitpunkt durch Überlagerung all dieser Elementarwellen als Umhüllende. Bis auf diese Umhüllende löschen sich die Elementarwellen nämlich gegenseitig aus.

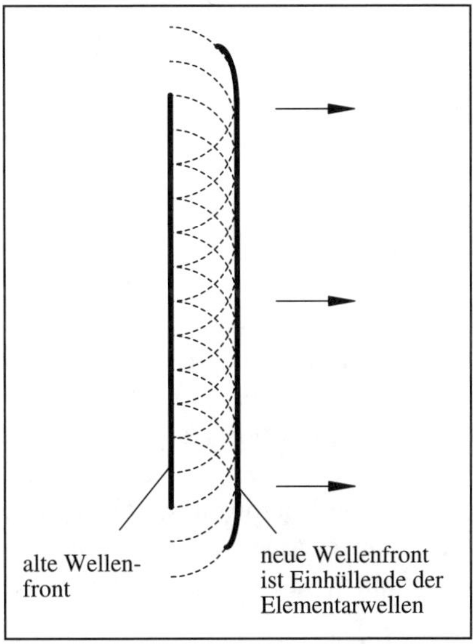


**d)** Nebenstehende Abbildung zeigt, wie man die Ausbildung der Wellenbewegung hinter dem Spalt mit Hilfe des Huygensschen Prinzip erklärt. Die Elementarwellen überlagern sich hinter dem Spalt zu neuen Wellenfronten, wobei die Einhüllende über die geometrische Schattengrenze um so weiter hinausreicht, je weiter sie vom Spalt entfernt ist.

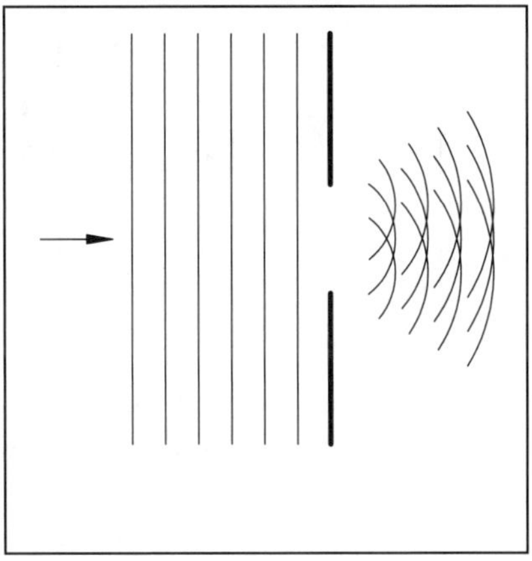

## 144. Beugung von Mikrowellen und Licht

### Mikrowellen

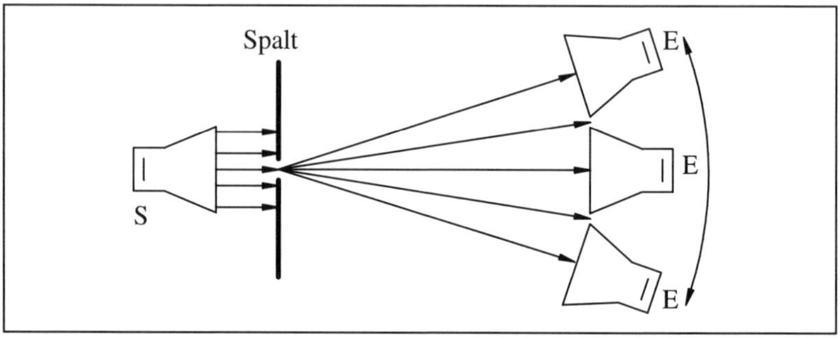


Trifft eine 3 cm-Mikrowellenstrahlung entsprechend obiger Skizze senkrecht auf einen ca. 3 cm breiten Spalt (Beugungserscheinungen sind nur dann deutlich zu beobachten, wenn Spaltbreite und Wellenlänge die gleiche Größenordnung haben), der von zwei hinreichend großen Metallwänden gebildet wird, so weist man hinter dem Spalt mit dem Empfangsdipol E die Mikrowellenstrahlung auch in Bereichen nach, in die sie bei geradliniger Ausbreitung nicht gelangen könnte. Die Mikrowellenstrahlung wird am Spalt also wie die Wasserwellen aus Aufgabe 143 gebeugt.

### Licht

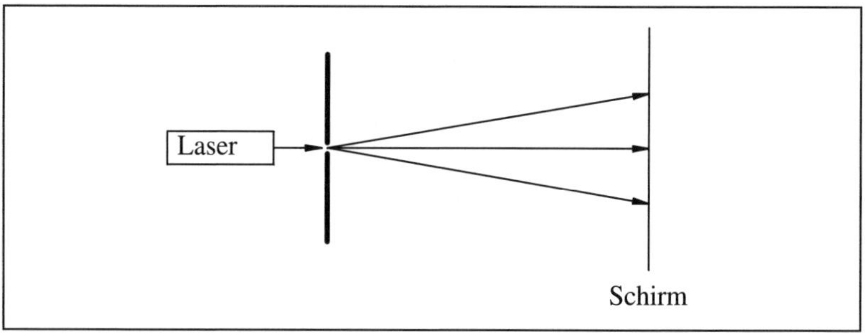


Ein sehr enger Spalt (Spaltbreite muß größenordnungsmäßig mit der Wellenlänge des Lichts übereinstimmen!) wird senkrecht mit Laserlicht bestrahlt. Auf einem hinter dem Spalt in geeigneter Entfernung aufgestellten Schirm beobachtet man mit bloßem Auge Laserlicht auch an Stellen, an die es bei geradliniger Ausbreitung nicht hingelangen könnte. Es muß also am Spalt gebeugt worden sein.

Hinweise:

1. Auch die Beugungsphänomene bei Mikrowellen und Licht lassen sich mit dem Modell des Huygensschen Prinzips erklären.
2. Die Beugung von Licht läßt sich auch ohne Verwendung von Laserlicht nachweisen: Betrachtet man durch eine kleine Öffnung (mit einer Nähnadel in schwarzes Papier gestochenes Loch) eine weit entfernte punktförmige Lichtquelle, so erscheint die Lichtquelle aufgrund der Beugung des Lichtes am Loch wesentlich größer als bei direkter Beobachtung.

## 145. Interferenz

**a)** Die Überlagerung von mehreren Wellen in einem Punkt, aber auch die sich daraus ergebenden Erscheinungen bezeichnet man als Interferenz. Überlagern sich nur zwei Wellen, so spricht man von Zweistrahlinterferenz.

**b)** Die Quellen der beiden an der Zweistrahlinterferenz beteiligten Wellen müssen
- gleiche Frequenz
- gleiche Schwingungsrichtung
- gleiche Schwingungsamplitude
- konstante Phasendifferenz
- einen unveränderlichen räumlichen Abstand

haben.

Wenn sich die unter diesen Voraussetzungen von den Quellen ausgesandten Wellenzüge in einem Punkt P überlagern, in dem ihr Gangunterschied $\Delta s$
- ein ganzzahliges Vielfaches der ganzen Wellenlänge ist, in dem also $\Delta s = 0, \pm\lambda, \pm 2\cdot\lambda, \pm 3\cdot\lambda, \ldots, k\cdot\lambda;\ k \in Z$, so findet in P konstruktive Interferenz statt.
- ein ungeradzahliges Vielfaches der halben Wellenlänge ist, in dem also $\Delta s = \pm\frac{1}{2}\cdot\lambda, \pm\frac{3}{2}\cdot\lambda, \pm\frac{5}{2}\cdot\lambda, \ldots, (2\cdot k+1)\cdot\frac{\lambda}{2};\ k \in Z$, so findet in P destruktive Interferenz statt.

Hinweise:

1. Der Gangunterschied $\Delta s$ ist diejenige Strecke, um die man einen Wellenzug gegenüber dem anderen verschieben muß, um gleiche Schwingungszustände zur Deckung zu bringen.

2. Bei konstruktiver Interferenz trifft immer Wellenberg mit Wellenberg und Wellental mit Wellental zusammen, es kommt zur gegenseitigen Verstärkung. Bei destruktiver Interferenz trifft immer ein Wellenberg auf Wellental und umgekehrt, es kommt zur gegenseitigen Auslöschung.

3. Die Ausbreitung der einzelnen, an der Interferenz beteiligten Wellen wird durch Interferenz nicht gestört.

## 146. Richtantenne

Vorbemerkung: Mit $\Delta s$ wird stets der Betrag des Gangunterschieds der von $S_1$ und $S_2$ in einem Punkt P eintreffenden Wellen bezeichnet.

**a)** P liegt außerhalb der Strecke $[S_1;S_2]$ auf der x-Achse:

$$\Delta s = \left|\overline{PS}_1 - \overline{PS}_2\right| = d \quad (*)$$

Bedingung für destruktive Interferenz:

$$\Delta s = (2k+1)\cdot\frac{\lambda}{2};\ k = 0, \pm 1, \pm 2, \ldots \quad (**)$$

$$\overset{(*)\text{ und }(**)}{\Rightarrow} \quad d = (2k+1)\cdot\frac{\lambda}{2} \Rightarrow d_{min} = \frac{\lambda}{2}$$

**b)** P hat eine beliebige Lage auf der y-Achse:

$$\Delta s = \overline{PS}_1 - \overline{PS}_2 = 0 \quad (*)$$

Bedingung für konstruktive Interferenz:

$$\Delta s = k\cdot\lambda;\ k = 0, \pm 1, \pm 2, \ldots \quad (**)$$

Nach (*) und (**) kann man an allen Punkten der y-Achse konstruktive Interferenz beobachten. Maximale Energieabstrahlung erfolgt also in Richtung der positiven und der negativen y-Achse.

**c)** Da die Dipolanordnung bevorzugt in eine Richtung (die y-Richtung) abstrahlt, kann sie als Richtfunksendeantenne verwendet werden.

**d)** Ein um $\frac{T}{2}$ zeitlich versetztes Schwingen von zwei Wellenquellen bedeutet einen zusätzlichen Gangunterschied von $\frac{\lambda}{2}$. Daher gilt in

$$x-\text{Richtung: } \Delta s = d + \frac{\lambda}{2} = \frac{\lambda}{2} + \frac{\lambda}{2} = \lambda$$

An allen außerhalb der Strecke $[S_1;S_2]$ liegenden Punkten der x-Achse ist konstruktive Interferenz zu beobachten.

$$y-\text{Richtung: } \Delta s = 0 + \frac{\lambda}{2} = \frac{\lambda}{2}$$

An allen Punkten der y-Achse ist destruktive Interferenz zu beobachten.

**e)** 1. Fall: P liegt auf der x-Achse außerhalb der Strecke $[S_1;S_2]$:
Analog zu Teilaufgabe a kann man wegen

$$\Delta s = d' = \frac{5}{2}\cdot\lambda$$

destruktive Interferenz beobachten.

2. Fall: P liegt auf der x-Achse zwischen $S_1$ und $S_2$:

$x_p > 0$:

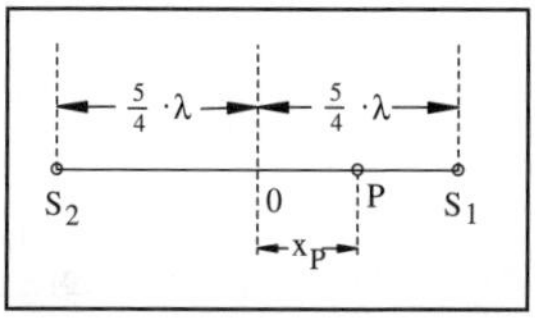


$$\Delta s = \left(\frac{5}{4}\cdot\lambda + x_p\right) - \left(\frac{5}{4}\cdot\lambda - x_p\right) = = 2\cdot x_p \quad (*)$$

$x_p < 0$:

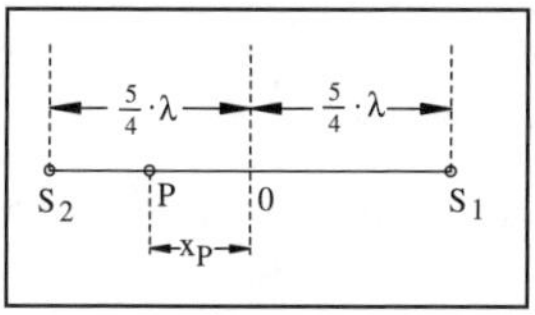


$$\Delta s = \left(\frac{5}{4}\cdot\lambda - x_p\right) - \left(\frac{5}{4}\cdot\lambda + x_p\right) = = -2\cdot x_p \quad (**)$$

Bedingung für konstruktive Interferenz: $\Delta s = k\cdot\lambda;\ k\in Z \quad (***)$

$(*),(**),(***)\!: \pm 2\cdot x_p = k\cdot\lambda \Rightarrow x_p = \pm k\cdot\frac{\lambda}{2};\ k\in Z$

Konstruktive Interferenz läßt sich somit nur an folgenden Punkten der x-Achse beobachten: $(-\lambda/0), (-\frac{\lambda}{2}/0), (0/0), (\frac{\lambda}{2}/0), (\lambda/0)$

**147. Wie interferiert die Strahlung zweier Dipole auf einer Parallelen zur Verbindungslinie der Dipolmitten?**

**a)**

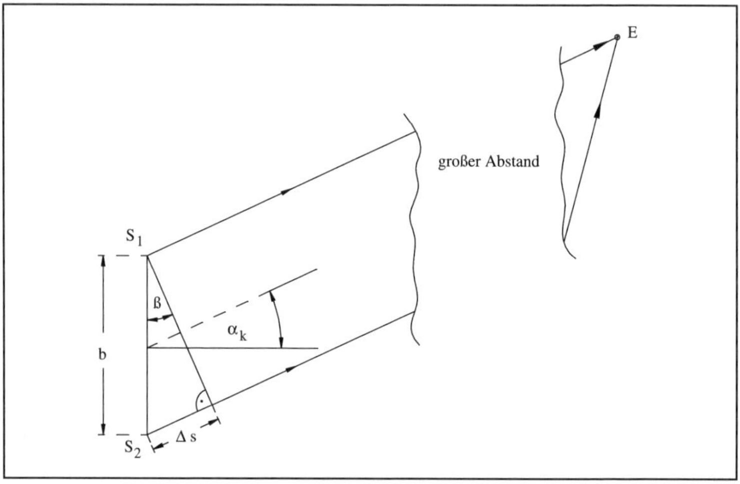


Da die Dipolstrahlen von $S_1$ und $S_2$ nach E als parallel betrachtet werden können, ergibt sich ihr Gangunterschied $\Delta s$ entsprechend obiger Skizze als

$$\sin\beta = \frac{\Delta s}{b} \Rightarrow \Delta s = b \cdot \sin\beta$$

Da $\beta = \alpha_k$ (die Schenkel der Winkel $\alpha_k$ und $\beta$ stehen paarweise aufeinander senkrecht; vgl. Hinweis zu Aufgabe 49) gilt:

$$\Delta s = b \cdot \sin\alpha_k \quad (1)$$

Berechnung von $\sin\alpha_k$ aus der Geometrie der Anordnung:

$$\left.\begin{aligned} \sin\alpha_k &= \frac{\overline{BE}}{\overline{AE}} \\ \text{Pythagoras: } \overline{AE} &= \sqrt{\ell^2 + d_k^2} \end{aligned}\right\} \Rightarrow$$

$$\Rightarrow \sin\alpha_k = \frac{d_k}{\sqrt{\ell^2 + d_k^2}} \quad (2)$$

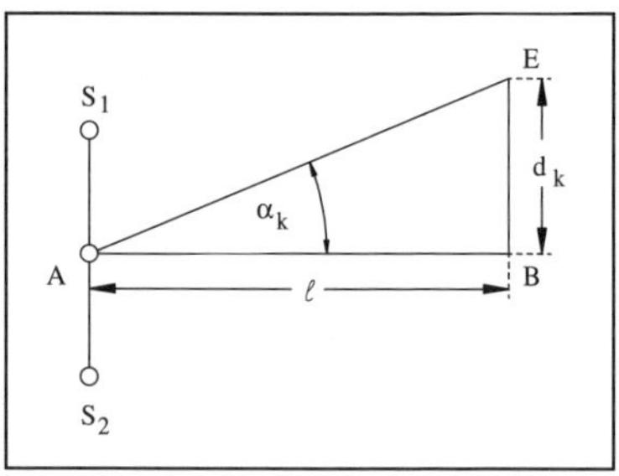


$$\text{(1) und (2): } \Delta s = \frac{b \cdot d_k}{\sqrt{\ell^2 + d_k^2}} \quad (3)$$

Bedingung für konstruktive Interferenz: $\Delta s = k \cdot \lambda;\ k = 0, \pm 1, \pm 2, \ldots$

$$\overset{(3)}{\Rightarrow} k \cdot \lambda = \frac{b \cdot d_k}{\sqrt{\ell^2 + d_k^{\,2}}};\ k = 0, \pm 1, \pm 2, \ldots$$

Bedingung für destruktive Interferenz:

$$\Delta s = (2k+1) \cdot \frac{\lambda}{2};\ k = 0, \pm 1, \pm 2, \ldots$$

$$\overset{(3)}{\Rightarrow} (2k+1) \cdot \frac{\lambda}{2} = \frac{b \cdot d_k}{\sqrt{\ell^2 + d_k^{\,2}}};\ k = 0, \pm 1, \pm 2, \ldots$$

**b)** Wenn $\alpha_k$, im Bogenmaß gerechnet, wesentlich kleiner als 1 ist, gilt:

$$\sin \alpha_k \approx \alpha_k \text{ und } \tan \alpha_k \approx \alpha_k$$

$$\left.\begin{array}{l} \left.\begin{array}{l} \tan \alpha_k = \frac{d_k}{\ell} \\ \alpha_k << 1 \Rightarrow \tan \alpha_k \approx \alpha_k \end{array}\right\} \Rightarrow \alpha_k = \frac{d_k}{\ell} \\ \left.\begin{array}{l} \sin \alpha_k = \frac{\Delta s}{b} \\ \alpha_k << 1 \Rightarrow \sin \alpha_k \approx \alpha_k \end{array}\right\} \Rightarrow \alpha_k = \frac{\Delta s}{b} \end{array}\right\} \Rightarrow \frac{\Delta s}{b} = \frac{d_k}{\ell} \Rightarrow$$

$$\Rightarrow \Delta s = \frac{b \cdot d_k}{\ell} \quad (*)$$

konstruktive Interferenz: $\Delta s = k \cdot \lambda \overset{(*)}{\Rightarrow} k \cdot \lambda = \frac{b \cdot d_k}{\ell};\ k = 0, \pm 1, \pm 2, \ldots$

destruktive Interferenz: $\Delta s = (2 \cdot k + 1) \cdot \frac{\lambda}{2} \Rightarrow (2 \cdot k + 1) \cdot \frac{\lambda}{2} = \frac{b \cdot d_k}{\ell};$
$k = 0, \pm 1, \pm 2, \ldots$

**c)** Bei kleinen Winkeln $\alpha_k$ gilt nach Teilaufgabe b für die Empfangsmaxima:

$$d_k = \frac{k \cdot \lambda \cdot \ell}{b}$$

und die Empfangsminima:

$$d_k = \frac{(2 \cdot k+1) \cdot \lambda \cdot \ell}{2 \cdot b}$$

Abstand zweier benachbarter Empfangsmaxima beliebiger Interferenzordnung:

$$d_{k+1} - d_k = \frac{(k+1) \cdot \lambda \cdot \ell}{b} - \frac{k \cdot \lambda \cdot \ell}{b} = \frac{\lambda \cdot \ell}{b}(k + 1 - k) = \frac{\lambda \cdot \ell}{b}$$

Abstand zweier benachbarter Empfangsminima beliebiger Interferenzordnung:

$$d_{k+1} - d_k = \frac{[2\cdot(k+1)+1]\cdot\lambda\cdot\ell}{2\cdot b} - \frac{(2\cdot k+1)\cdot\lambda\cdot\ell}{2\cdot b} =$$
$$= \frac{\lambda\cdot\ell}{2\cdot b}(2k+2+1-2k-1) = \frac{\lambda\cdot\ell}{2\cdot b}\cdot 2 = \frac{\lambda\cdot\ell}{b}$$

Der Abstand zwischen zwei Empfangsmaxima oder -minima hat also, unabhängig von der Interferenzordnung, stets denselben Wert; Maxima und Minima liegen also äquidistant.

Hinweise:

1. Werden zwei **Parallel**strahlen von zwei **gleichphasig** schwingenden Wellenquellen mit gegenseitigem Abstand b unter dem Winkel $\alpha$ gegen das Lot auf die Verbindungsstrecke der beiden Wellenquellen abgestrahlt, so gilt nach Teilaufgabe a für den Betrag $|\Delta s|$ ihres Gangunterschieds:

   $$|\Delta s| = b\cdot\sin\alpha$$

   Diese Beziehung gilt unter den genannten Voraussetzungen (Parallelstrahlen, Gleichphasigkeit der Wellenquellen) für jede Zweistrahlinterferenz. Sie steht in der Formelsammlung auf S. 49 / 2.1.3 und braucht, wenn es nicht ausdrücklich gefordert wird, nicht hergeleitet zu werden. Da sie der Schlüssel für die Lösung zahlreicher Interferenzprobleme ist, sollten Sie diese Formel auswendig lernen!

2. Da der Begriff "Interferenzordnung" einigen Kollegiaten Schwierigkeiten bereitet, soll er hier verdeutlicht werden.
   Findet in einem Punkt P eine Zweistrahlinterferenz statt, so überlagern sich in P zwei Wellenzüge, die im allgemeinen unterschiedlich lange Wege von ihren Quellen bis P zurückgelegt haben. Konstruktive Interferenz k-ter Ordnung in P besagt nur, daß der Unterschied zwischen längerem und kürzerem Weg exakt k Wellenlängen beträgt.

## 148. Zulässigkeit der Kleinwinkelnäherung

Vorbemerkung: Berechnung der Wellenlänge

$$\lambda\cdot f = c \Rightarrow \lambda = \frac{c}{f} = \frac{3\cdot 10^8\,\frac{m}{s}}{600\cdot 10^6\,\frac{1}{s}} = 0{,}5\text{ m}$$

**a)** Bedingung für konstruktive Interferenz: $b\cdot\sin\alpha_k = k\cdot\lambda$
Kleinwinkelnäherung $\sin\alpha_k = \alpha_k$ $\Big\}\Rightarrow$

$$\Rightarrow b\cdot\alpha_k = k\cdot\lambda \Rightarrow k = \frac{b\cdot\alpha_k}{\lambda} = \frac{50\text{ m}\cdot\frac{\pi\cdot 5^\circ}{180^\circ}}{0{,}5\text{ m}} = 8{,}7$$

Die Kleinwinkelnäherung ist also bis einschließlich der 8. Interferenzordnung zulässig.

**b)** Ergebnis der Aufgabe 147 c: $d_{k+1} - d_k = \frac{\lambda \cdot \ell}{b} \Rightarrow$

$$\Rightarrow \ell = \frac{(d_{k+1} - d_k) \cdot b}{\lambda} = \frac{90\,m \cdot 50\,m}{0{,}5\,m} = 9000\,m$$

**c)** Nach Aufgabe 147 a gilt ohne Kleinwinkelnäherung:

$$\frac{b \cdot d_{30}}{\sqrt{\ell^2 + d_{30}^2}} = 30 \cdot \lambda \quad \Rightarrow b^2 \cdot d_{30}^2 = 900 \cdot \lambda^2 \cdot (\ell^2 + d_{30}^2) \Rightarrow$$

$$\Rightarrow d_{30}^2 \cdot (b^2 - 900 \cdot \lambda^2) = 900 \cdot \lambda^2 \cdot \ell^2$$

$$\Rightarrow d_{30} = \sqrt{\frac{900 \cdot \lambda^2 \cdot \ell^2}{b^2 - 900 \cdot \lambda^2}} = \sqrt{\frac{900 \cdot (0{,}5\,m)^2 \cdot (9000\,m)^2}{(50\,m)^2 - 900 \cdot (0{,}5\,m)^2}} =$$

$$= 2830{,}4\,m$$

Nach Aufgabe 147 b gilt mit Kleinwinkelnäherung: $d_{30} = \frac{30 \cdot \lambda \cdot \ell}{b}$

$$\Rightarrow d_{30} = \frac{30 \cdot 0{,}5\,m \cdot 9000\,m}{50\,m} = 2700\,m$$

Der Fehler bei Verwendung der Kleinwinkelnäherung beträgt also $2830{,}4\,m - 2700\,m = 130{,}4\,m$

Prozentualer Fehler: $\frac{2830{,}4 - 2700}{2830{,}4} = 0{,}046 \mathrel{\hat{=}} 4{,}6\%$

**149. Wie interferiert die Strahlung zweier Dipole auf einer Senkrechten zur Verbindungslinie der Dipolmitte?**

Vorbemerkung: Berechnung des Gangunterschieds:

Pythagoras: $\overline{S_1E} = \sqrt{b^2 + \ell^2}$

Gangunterschied: $\Delta s = \overline{S_1E} - \overline{S_2E}$ $\Bigg\} \Rightarrow$

$\Rightarrow \Delta s = \sqrt{b^2 + \ell^2} - \ell$

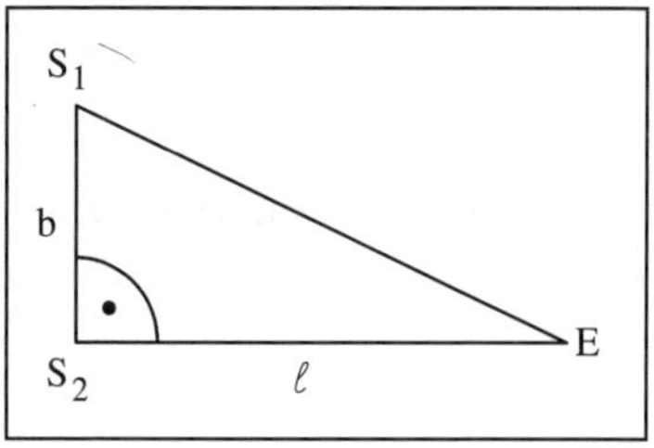


**a)** konstruktive Interferenz: $\sqrt{b^2 + \ell^2} - \ell = k \cdot \lambda;\ k \in Z \Rightarrow$

$$\Rightarrow \sqrt{b^2 + \ell^2} = \ell + k \cdot \lambda \Rightarrow b^2 + \ell^2 = \ell^2 + 2 \cdot k \cdot \lambda \cdot \ell + k^2 \cdot \lambda^2 \Rightarrow$$

$$\Rightarrow \ell = \frac{b^2 - k^2 \cdot \lambda^2}{2 \cdot k \cdot \lambda} \Rightarrow$$

$$\ell_1 = \frac{(50\,\text{m})^2 - 1^2 \cdot (0{,}5\,\text{m})^2}{2 \cdot 1 \cdot 0{,}5\,\text{m}} = 2\,499{,}7\,\text{m}$$

$$\ell_2 = \frac{(50\,\text{m})^2 - 2^2 \cdot (0{,}5\,\text{m})^2}{2 \cdot 2 \cdot 0{,}5\,\text{m}} = 1249{,}5\,\text{m}$$

$$\ell_3 = \frac{(50\,\text{m})^2 - 3^2 \cdot (0{,}5\,\text{m})^2}{2 \cdot 3 \cdot 0{,}5\,\text{m}} = 832{,}6\,\text{m}$$

$$\ell_4 = \frac{(50\,\text{m})^2 - 4^2 \cdot (0{,}5\,\text{m})^2}{2 \cdot 4 \cdot 0{,}5\,\text{m}} = 624{,}0\,\text{m}$$

**b)** destruktive Interferenz: $\left.\begin{array}{r}\sqrt{b^2+\ell^2} - \ell = (2 \cdot k + 1) \cdot \frac{\lambda}{2};\, k \in Z \\ f \cdot \lambda = c \Rightarrow \lambda = \frac{c}{f}\end{array}\right\} \Rightarrow$

$$\Rightarrow \sqrt{b^2+\ell^2} - \ell = (2 \cdot k + 1) \cdot \frac{c}{2 \cdot f} \Rightarrow$$

$$\Rightarrow f = \frac{(2 \cdot k+1) \cdot c}{2 \cdot \left(\sqrt{b^2+\ell^2} - \ell\right)} \Rightarrow f_{min} = \frac{c}{2 \cdot \left(\sqrt{b^2+\ell^2} - \ell\right)}$$

$$\Rightarrow f_{min} = \frac{3 \cdot 10^8\,\frac{\text{m}}{\text{s}}}{2 \cdot \left(\sqrt{(50\,\text{m})^2 + (700\,\text{m})^2} - 700\,\text{m}\right)} = 84{,}1\,\text{MHz}$$

**c)** destruktive Interferenz: $\sqrt{b^2+\ell^2} - \ell = (2 \cdot k + 1) \cdot \frac{\lambda}{2};\, k \in Z$

$$\Rightarrow \sqrt{b^2+\ell^2} = \ell + (2 \cdot k + 1) \cdot \frac{\lambda}{2} \Rightarrow$$

$$\Rightarrow b^2 + \ell^2 = \ell^2 + 2 \cdot (2 \cdot k + 1) \cdot \frac{\lambda}{2} \cdot \ell + (2 \cdot k + 1)^2 \cdot \frac{\lambda^2}{4} \Rightarrow$$

$$\Rightarrow b_{min} = \sqrt{2 \cdot \frac{\lambda}{2} \cdot \ell + \frac{\lambda^2}{4}} = \sqrt{0{,}5\,\text{m} \cdot 1000\,\text{m} + \frac{(0{,}5\,\text{m})^2}{4}} = 22{,}4\,\text{m}$$

## 150. Zweistrahlinterferenz bei Dipolstrahlung durch Reflexion

**a)**

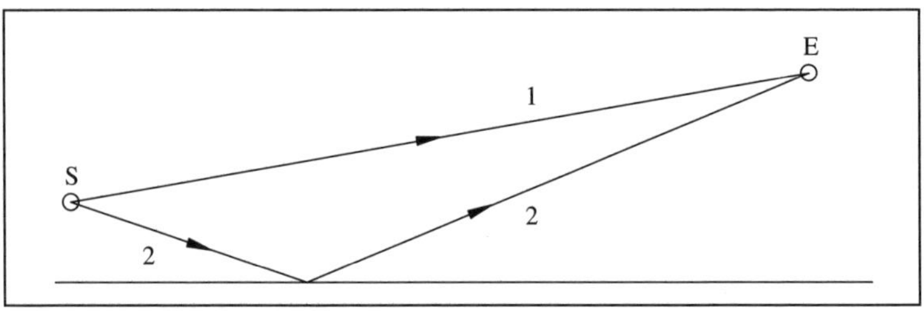

Bei jeder Lage von E treffen genau zwei von S ausgehende Strahlen in E ein: der mit 1 bezeichnete, direkte und der mit 2 bezeichnete, an der Wand reflektierte Strahl. Da Strahl 2 einen längeren Weg als Strahl 1 zurücklegen muß, interferieren in E zwei Wellenzüge mit einem Gangunterschied $\Delta s$. Je nachdem, ob $\Delta s = k \cdot \lambda$ oder $\Delta s = (2k+1) \cdot \frac{\lambda}{2}$ registriert E ein Empfangsmaximum oder -minimum.

**b)** Der Weg von S über die Wand nach E ist genau so lang wie von S', dem Spiegelbild von S an der Reflexionswand, nach E. Da $\ell \gg a$, können die beiden von S und S' direkt nach E laufenden Strahlen als parallel angesehen werden.

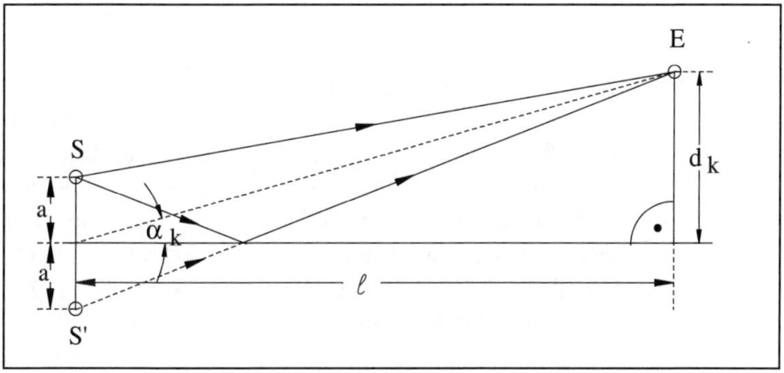


Daher gilt (vgl. Hinweis zu Aufgabe 147): $\Delta s = 2 \cdot a \cdot \sin\alpha_k$
Bedingung für konstruktive Interferenz: $\Delta s = k \cdot \lambda;\ k \in Z$
Geometrie der Anordnung: $\tan\alpha_k = \frac{d_k}{\ell}$
Kleinwinkelnäherung: $\sin\alpha_k = \alpha_k = \tan\alpha_k$
$\Rightarrow$

$$\Rightarrow k \cdot \lambda = 2 \cdot a \cdot \frac{d_k}{\ell} \Rightarrow d_k = \frac{\lambda \cdot \ell \cdot k}{2 \cdot a}$$

$$\Rightarrow d_k = \frac{c \cdot \ell \cdot k}{f \cdot 2 \cdot a} = \frac{3 \cdot 10^8 \frac{m}{s} \cdot 1500\,m \cdot k}{500 \cdot 10^6 \frac{1}{s} \cdot 2 \cdot 15\,m} = 30\,m \cdot k$$

## 151. Interferenz von Mikrowellen am Doppelspalt

**a)**

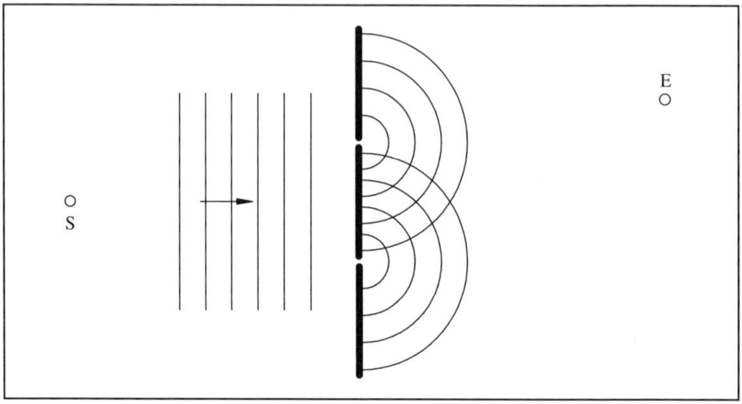


Man läßt die Mikrowellenstrahlung mit parallelen Wellenfronten (der Sendedipol wird hierfür mit einem geeigneten Abstrahltrichter versehen oder hinreichend weit vom Doppelspalt entfernt) senkrecht auf den Doppelspalt treffen. Ist die Breite der Einzelspalte deutlich kleiner als die Wellenlänge, so wird nach dem Huygensschen Prinzip jeder Spalt zum Zentrum einer Elementarwelle. Hinter dem Doppelspalt überlagern sich diese Elementarwellen. Es entsteht ein Interferenzwellenfeld, das dem gleicht, das zwei gleichfrequent und gleichphasig schwingende, zueinander parallele, im Abstand b aufgestellte Dipole erzeugen. Die Interferenzmaxima und -minima werden mit einem zum Sendedipol S parallelen Empfangsdipol E nachgewiesen.

**b)**

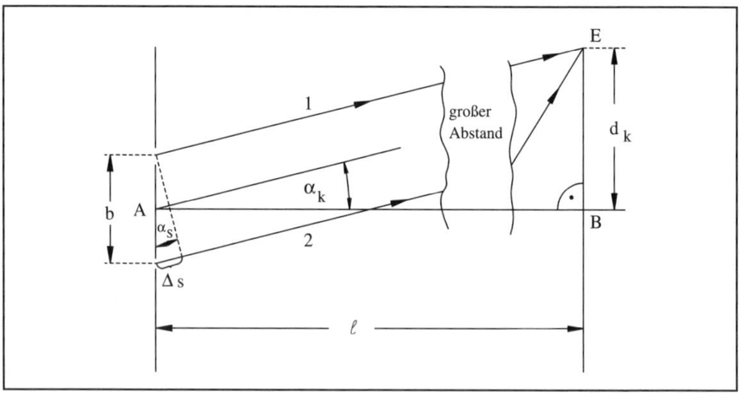

Ist der Abstand des Empfangsdipols E vom Doppelspalt hinreichend groß, so können die beiden von den Einzelspalten nach E laufenden Wellenzüge als parallel angesehen werden.
Wie in Aufgabe 147 a zeigt man dann, daß

$$k \cdot \lambda = \frac{b \cdot d_k}{\sqrt{\ell^2 + d_k^2}}; \; k \in Z \quad (*)$$

wenn E ein Interferenzmaximum k-ter Ordnung registriert.
Da die Größen b, $d_k$, $\ell$ und k direkt der Messung zugänglich sind, kann man die Wellenlänge $\lambda$ mittels (*) berechnen.

Hinweis:
Zusammenfassender Überblick über Mikrowelleninterferenzen
Sie kennen jetzt drei Verfahren zur Erzeugung von Mikrowelleninterferenzen, die mathematisch jedoch alle in gleicher Weise beschrieben werden:

*1. Verfahren:*
**Zwei** gleichphasig, gleichfrequent schwingende Sendedipole $S_1$, $S_2$.
In E überlagern sich je ein Wellenzug von $S_1$ und $S_2$.

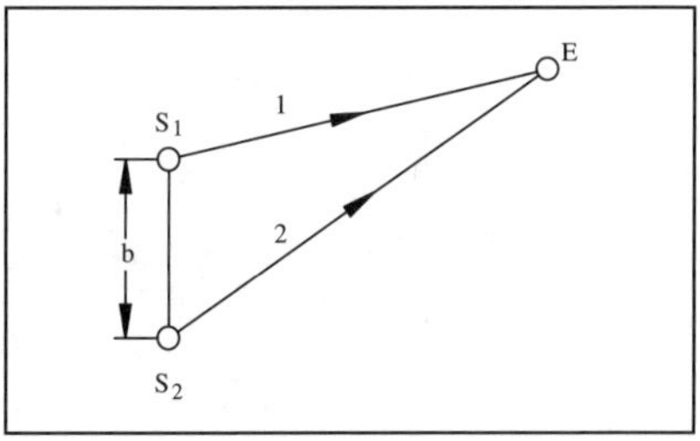


*2. Verfahren:*
**Ein** schwingender Dipol S.
In E überlagert sich ein direkt von S kommender Wellenzug mit einem reflektierten Wellenzug, der von S', dem Spiegelbild von S an einer Reflexionswand, zu kommen scheint.

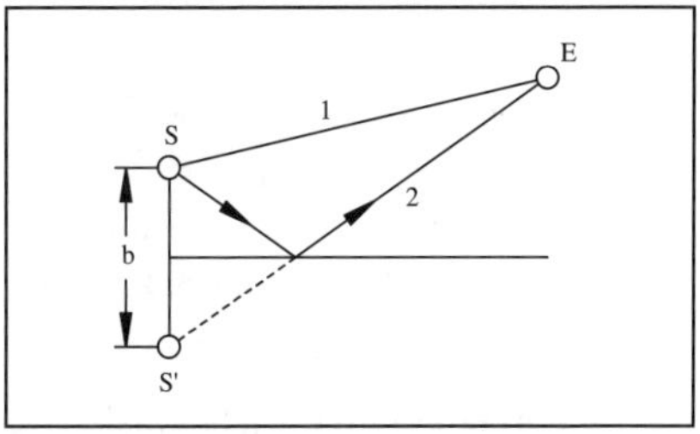


*3. Verfahren:*
**Ein** schwingender Dipol S.
In E überlagern sich zwei von den Einzelspalten eines Doppelspalts kommende Wellenzüge, die durch Beugung ebener Wellenfronten an den Spalten entstehen.

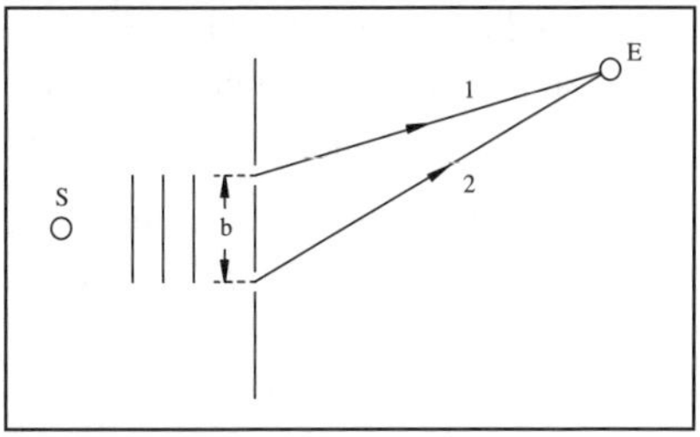

Ist E hinreichend weit entfernt, so können bei allen drei Verfahren die Strahlen 1 und 2 als parallel angesehen werden, und man kann wie folgt ansetzen:

*mathematisch:*

$$\Delta s = b \cdot \sin \alpha_k$$

$$\tan \alpha_k = \frac{d_k}{\ell}$$

*physikalisch:*

Bedingung für konstruktive Interferenz:

$$\Delta s = k \cdot \lambda; k \in Z$$

Bedingung für destruktive Interferenz:

$$\Delta s = (2 \cdot k + 1) \cdot \frac{\lambda}{2}; k \in Z$$

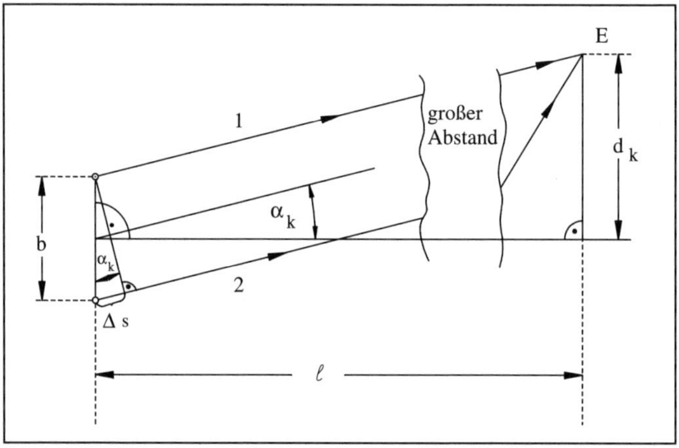


## 152. Schwierigkeiten bei der Erzeugung von Lichtinterferenzmaxima und -minima

Vorbemerkung: Licht entsteht dadurch, daß Atome in der jeweiligen Lichtquelle von einem energetisch höheren in einen energetisch niederen Zustand übergehen und dabei für sehr kurze Zeit die Energiedifferenz der beiden Zustände in Form von Licht abstrahlen.

**a)** Zwischen den von den beiden punktförmigen Lichtquellen abgestrahlten Wellenzügen kann demnach keine konstante Phasenbeziehung bestehen, da die Atome in den Lichtquellen, zeitlich gesehen, das Licht statistisch willkürlich aussenden. Daher ändert sich der Gangunterschied, der von den beiden Lichtquellen in einem Punkt einlaufenden Wellenzüge trotz räumlich unveränderter Lage der Lichtquellen zeitlich ständig.

**b)** In einer räumlich ausgedehnten Lichtquelle, wie z. B. einer Glühlampe, befinden sich nicht alle lichtaussendenden Atome an der gleichen Stelle. Wie in nebenstehender Skizze angedeutet, entsteht das Interferenzmaximum 0. Ordnung bei Wellenzügen, die von den Atomen 1, 2, 3 ausgesandt wurden, an völlig verschiedenen Stellen eines Schirms.

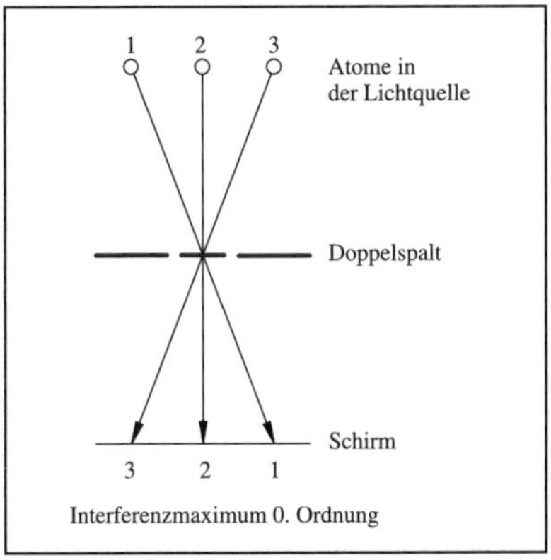


Man kann daher auf dem Schirm keine Interferenzmaxima oder -minima, sondern nur eine verwaschene Lichterscheinung erkennen.

**c)** Durch einen vor der ausgedehnten Lichtquelle angebrachten genügend engen Spalt kann man den Ort der "Sendeatome" so weit einengen, daß die Interferenzmaxima fast an der gleichen Stelle des Schirms entstehen.

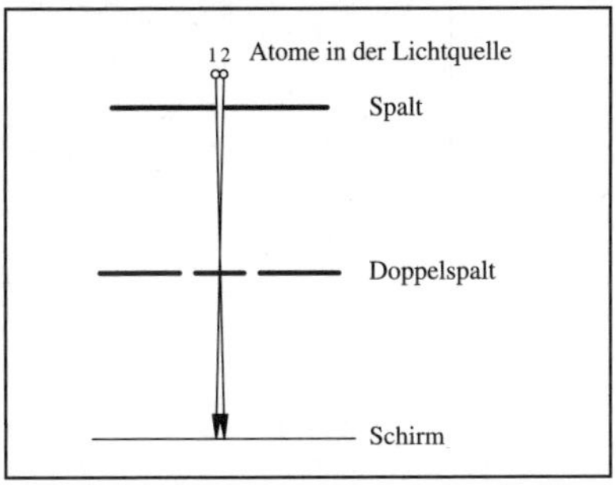


Hinweise:

1. Zum Begriff "monochromatisches Licht":
   Mit monochromatischem Licht (wörtlich: einfarbiges Licht) ist immer Licht **einer** Frequenz gemeint.
2. Der in Teilaufgabe c besprochene "Einengungsspalt" wird als Kohärenzspalt bezeichnet. Allgemein bezeichnet man zwei Wellen als kohärent, wenn sie von Quellen gleicher Frequenz mit übereinstimmender Phase oder konstanter Phasendifferenz abgestrahlt werden.
   Im Grundkurs treffen Sie auf den Begriff Kohärenz nur bei der Beugung und Interferenz von Licht am Doppelspalt oder am optischen Gitter. Spricht man

hier von kohärentem Licht, so meint man, daß alle von den Einzelspalten nach dem Huygensschen Prinzip ausgehenden Elementarwellen phasengleich sind. Dies erreicht man entweder durch die Verwendung von Laserlicht oder durch einen geeignet dimensionierten Kohärenzspalt.

## 153. Optisches Gitter und Gitterformel

**a)** Ein optisches Gitter besteht aus einer großen Anzahl von lichtdurchlässigen Spalten, die parallel zueinander in gleichen Abständen angeordnet sind. Die Zwischenräume zwischen je zwei Spalten sind lichtundurchlässig. Zur Herstellung eines optischen Gitters kann man z. B auf einer Seite einer Glasplatte mit einem feinen Diamanten sehr viele parallele äquidistante Linien einritzen. Licht kann dann nur durch die nicht geritzten Teile des Glases treten.

**b)**

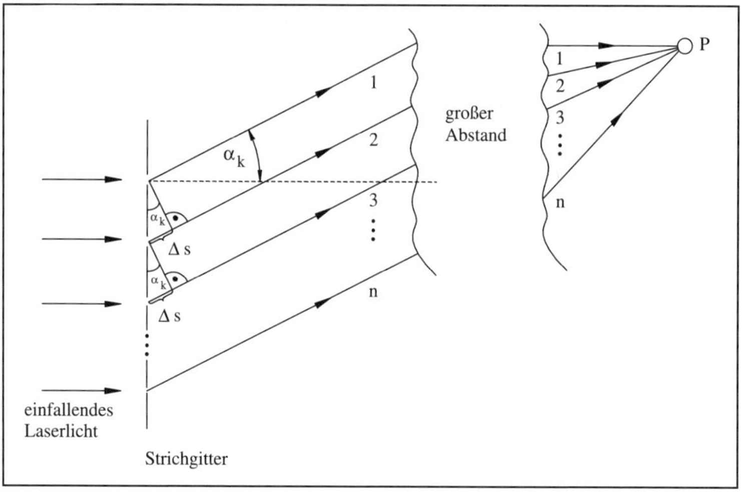


Jeder Spalt kann als Zentrum einer Elementarwelle nach Huygens angesehen werden. Diese Elementarwellen interferieren hinter dem Gitter. Strahlen, die von den einzelnen Spalten in einem hinreichend weit entfernten Punkt P eintreffen, können als parallel angesehen werden. Beträgt nun der Gangunterschied zwischen zwei benachbarten Strahlen stets ein ganzzahliges Vielfaches der Wellenlänge, so beobachtet man in P sicher konstruktive Interferenz.

Herleitung der Gitterformel:

$\sin\alpha_k = \frac{\Delta s}{b} \Rightarrow \Delta s = b \cdot \sin\alpha_k$

Bedingung für konstruktive Interferenz:

$\Delta s = k \cdot \lambda; k \in Z$

$\Rightarrow b \cdot \sin\alpha_k = k \cdot \lambda; k \in Z$

Das Gitter liefert nur in den durch die Gittergleichung festgelegten Richtungen $\alpha_1, \alpha_2, \alpha_3, ...$ Licht. In den dazwischen liegenden Bereichen herrscht mehr oder weniger Dunkelheit (vgl. Hinweis). Dort kommt nämlich eine große Anzahl beliebig "gegeneinander verschobener" Lichtwellen zur Interferenz, was zu einer mehr oder weniger starken Auslöschung führt.

Hinweis:
Eine genaue mathematische Betrachtung, die aber über den Rahmen des Grundkurses Physik hinausgeht, zeigt:
Kommen bei einem Gitter n-Strahlen zur Interferenz, so gibt es zwischen je zwei Hauptmaxima, deren Richtung durch $\sin\alpha_k = k \cdot \frac{\lambda}{b}$ festgelegt ist, $n-1$ Minima und $n-2$ Nebenmaxima. Je größer n, desto schärfer sind die Hauptmaxima und desto schwächer die Nebenmaxima ausgeprägt.

## 154. Analyse der Gitterformel

*Einfluß von λ auf die Lage der Hauptmaxima:*

Für $\lambda_1 > \lambda_2$ gilt nach der Gitterformel:

$$\sin\alpha_{k,1} = \frac{k \cdot \lambda_1}{b} > \frac{k \cdot \lambda_2}{b} = \sin\alpha_{k,2} \Rightarrow \alpha_{k,1} > \alpha_{k,2}$$

Ein optisches Gitter beugt langwelliges Licht also stärker als kurzwelliges. Die Hauptmaxima von rotem Licht sind demnach auf einem Schirm weiter auseinander gezogen als die Hauptmaxima von blauem Licht gleicher Interferenzordnung. Weißes, kohärentes Licht kann also durch ein optisches Gitter in die Spektralfarben zerlegt werden!

*Einfluß von b auf die Lage der Hauptmaxima:*

Für $b_1 > b_2$ gilt nach der Gitterformel:

$$\sin\alpha_{k,1} = \frac{k \cdot \lambda}{b_1} < \frac{k \cdot \lambda}{b_2} = \sin\alpha_{k,2} \Rightarrow \alpha_{k,1} < \alpha_{k,2}$$

Je kleiner also die Gitterkonstante ist, um so weiter sind die Hauptmaxima auf einem Schirm auseinander gezogen.

*Einfluß von λ und b auf das Maximum der Interferenzordnungen:*

Wegen $\left.\begin{array}{l} k = \frac{b}{\lambda} \cdot \sin\alpha_k \\ \sin\alpha_k \le 1 \end{array}\right\} \Rightarrow k \le \frac{b}{\lambda}$

ist das Maximum der Interferenzordnungen stets kleiner als $\frac{b}{\lambda}$.

## 155. Messung der Wellenlänge von Licht

**a)**

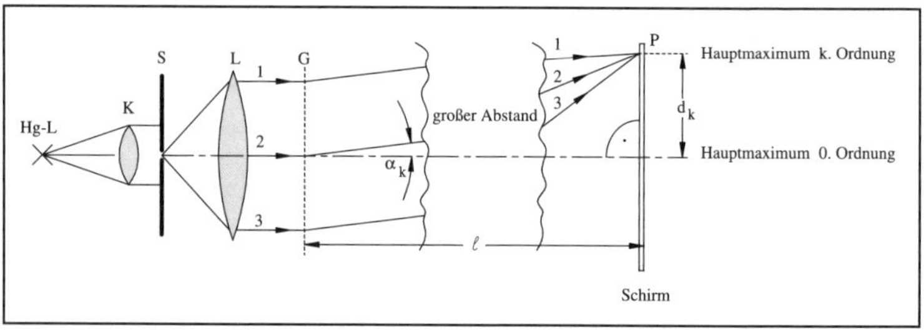


Hg-L = Quecksilberdampflampe: dient als Lichtquelle

K = Kondensorlinse: dient zur Konzentration des von der Quecksilberdampflampe abgestrahlten Lichtes auf den Spalt S und verringert so Lichtintensitätsverluste.

S = Kohärenzspalt: Durch geeignete Einstellung der Spaltbreite wird erreicht, daß hinter dem Kohärenzspalt kohärentes Licht austritt.

L = Konvexlinse: Der Kohärenzspalt S befindet sich in der Brennebene von L. L erzeugt somit ein paralleles Lichtbündel, das senkrecht auf das optische Gitter G trifft.

G = optisches Gitter: zur Beugung des Lichts. Hinter dem Gitter interferieren die gebeugten Lichtstrahlen.

Schirm = Da der Abstand Schirm–Gitter hinreichend groß ist, kann man davon ausgehen, daß alle in P interferierenden Strahlen vom Gitter unter dem gleichen Winkel $\alpha_k$ abgebeugt worden sind.

**b)** Bedingung für das Maximum k. Ordnung

beim optischen Gitter (FS. S. 49/2.1.3): $b \cdot \sin\alpha_k = k \cdot \lambda$

Geometrie der Versuchsanordnung: $\sin\alpha_k = \frac{d_k}{\sqrt{d_k^2 + \ell^2}}$ $\Bigg\} \Rightarrow$

$$\Rightarrow b \cdot \frac{d_k}{\sqrt{d_k^2 + \ell^2}} = k \cdot \lambda \Rightarrow \lambda = \frac{b \cdot d_k}{k \cdot \sqrt{d_k^2 + \ell^2}}$$

Wenn die Kleinwinkelnäherung zulässig ist, vereinfacht sich diese Herleitung wie folgt:

$$\left.\begin{array}{l}\text{Gitterformel: } b\cdot\sin\alpha_k = k\cdot\lambda \\ \text{Geometrie der Versuchsanordnung: } \tan\alpha_k = \frac{d_k}{\ell} \\ \sin\alpha_k = \alpha_k = \tan\alpha_k\end{array}\right\}\Rightarrow$$

$$b\cdot\frac{d_k}{\ell} = k\cdot\lambda \Rightarrow \lambda = \frac{b\cdot d_k}{k\cdot\ell}$$

## 156. Rechenaufgaben zum optischen Gitter

**a)** $b = \frac{1\cdot 10^{-2}\,\text{m}}{1000} = 10^{-5}\,\text{m}$

**b)**

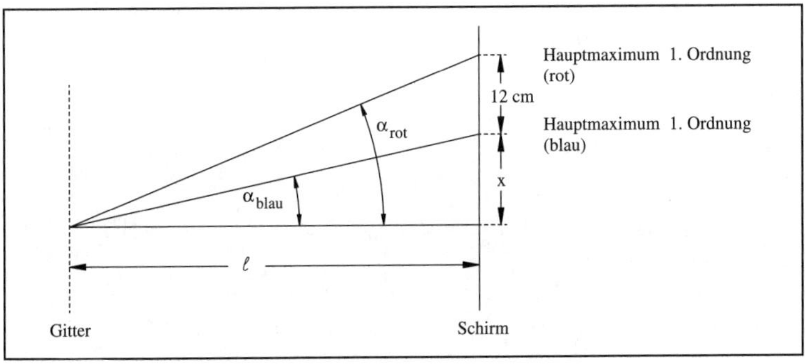


Gitterformel (FS. S. 49/2.1.3): $b\cdot\sin\alpha_k = k\cdot\lambda$

$$b\cdot\sin\alpha_{rot} = \lambda_{rot} \quad\Rightarrow\quad \sin\alpha_{rot} = \frac{\lambda_{rot}}{b} = \frac{7{,}20\cdot 10^{-7}\,\text{m}}{10^{-5}\,\text{m}} \quad\Rightarrow\quad \alpha_{rot} = 4{,}13°$$

$$b\cdot\sin\alpha_{blau} = \lambda_{blau} \quad\Rightarrow\quad \sin\alpha_{blau} = \frac{\lambda_{blau}}{b} = \frac{4{,}00\cdot 10^{-7}\,\text{m}}{10^{-5}\,\text{m}} \quad\Rightarrow\quad \alpha_{blau} = 2{,}29°$$

$$\left.\begin{array}{lll}\tan\alpha_{rot} = \frac{x+12\,\text{cm}}{\ell} & \Rightarrow & x+12\,\text{cm} = \ell\cdot\tan\alpha_{rot} \\ \tan\alpha_{blau} = \frac{x}{\ell} & \Rightarrow & x = \ell\cdot\tan\alpha_{blau}\end{array}\right\}\Rightarrow$$

$$\Rightarrow \ell\cdot\tan\alpha_{blau} + 12\,\text{cm} = \ell\cdot\tan\alpha_{rot} \Rightarrow$$

$$\Rightarrow \ell\cdot(\tan\alpha_{rot} - \tan\alpha_{blau}) = 12\,\text{cm}$$

$$\Rightarrow \ell = \frac{12\,\text{cm}}{\tan\alpha_{rot} - \tan\alpha_{blau}} = \frac{12\,\text{cm}}{\tan 4{,}13° - \tan 2{,}29°} = 3{,}72\,\text{m}$$

**c)** $b \cdot \sin\alpha_k = k \cdot \lambda \Rightarrow k = \frac{b \cdot \sin\alpha_k}{\lambda} \Rightarrow$

$$\Rightarrow k \leq \frac{b \cdot \sin 30°}{\lambda} = \frac{10^{-5}\,m \cdot 0,5}{6,33 \cdot 10^{-7}\,m} = 7,9$$

Die höchste Interferenzordnung, die in den Beugungsbereich bis 30° fällt, ist 7.

**d)** $b \cdot \sin\alpha_1 = \lambda \quad \Rightarrow \sin\alpha_1 = \frac{\lambda}{b} = \frac{5,44 \cdot 10^{-7}\,m}{10^{-5}\,m} = 5,44 \cdot 10^{-2} \quad \Rightarrow \alpha_1 = 3,12°$

$b \cdot \sin\alpha_3 = 3 \cdot \lambda \Rightarrow \sin\alpha_3 = \frac{3 \cdot \lambda}{b} = \frac{3 \cdot 5,44 \cdot 10^{-7}\,m}{10^{-5}\,m} = 1,63 \cdot 10^{-1} \Rightarrow \alpha_3 = 9,39°$

**e)** Da das Gitter rotes Licht stärker beugt als blaues, sind folgende Beugungswinkel zu berechnen:
$\alpha_{1,rot}\,;\,\alpha_{2,blau}\,;\alpha_{2,rot}\,;\,\alpha_{3,blau}$

$b \cdot \sin\alpha_{1,rot} = \lambda_{rot} \quad \Rightarrow \quad \sin\alpha_{1,rot} = \frac{\lambda_{rot}}{b} = \frac{7,20 \cdot 10^{-7}\,m}{10^{-5}\,m} = 7,20 \cdot 10^{-2}$

$\Rightarrow \quad \alpha_{1,rot} = 4,13°$

$b \cdot \sin\alpha_{2,blau} = 2 \cdot \lambda_{blau} \quad \Rightarrow \quad \sin\alpha_{2,blau} = \frac{2 \cdot \lambda_{blau}}{b} = \frac{2 \cdot 4,00 \cdot 10^{-7}\,m}{10^{-5}\,m} = 8,00 \cdot 10^{-2}$

$\Rightarrow \quad \alpha_{2,blau} = 4,59°$

$b \cdot \sin\alpha_{2,rot} = 2 \cdot \lambda_{rot} \quad \Rightarrow \quad \sin\alpha_{2,rot} = \frac{2 \cdot \lambda_{rot}}{b} = \frac{2 \cdot 7,20 \cdot 10^{-7}\,m}{10^{-5}\,m} = 1,44 \cdot 10^{-1}$

$\Rightarrow \quad \alpha_{2,rot} = 8,28°$

$b \cdot \sin\alpha_{3,blau} = 3 \cdot \lambda_{blau} \quad \Rightarrow \quad \sin\alpha_{3,blau} = \frac{3 \cdot \lambda_{blau}}{b} = \frac{3 \cdot 4,00 \cdot 10^{-7}\,m}{10^{-5}\,m} = 1,20 \cdot 10^{-1}$

$\Rightarrow \quad \alpha_{3,blau} = 6,89°$

Aus $\alpha_{1,rot} < \alpha_{2,blau}$ und aus $\alpha_{2,rot} > \alpha_{3,blau}$ folgen die Behauptungen.

Hinweis:

Beachten Sie, daß Rechenaufgaben für den Doppelspalt formal genau so wie Rechenaufgaben für das optische Gitter zu lösen sind. Sie finden in diesem Band daher keine speziellen Aufgaben zum optischen Doppelspalt.

## 157. Aufnahme des sichtbaren Wasserstoffspektrums

**a)** Versuchsaufbau:

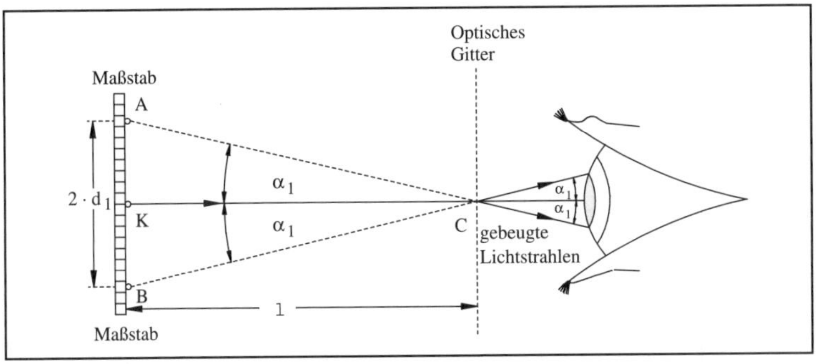


Versuchsdurchführung: Man beobachtet durch ein optisches Gitter die Kapillare K einer mit Wasserstoff gefüllten Spektralröhre in der eine Gasentladung abläuft (in der Skizze steht K senkrecht zur Zeichenebene). Das von der Kapillare ausgehende Licht ist wegen der geringen Breite der Kapillare kohärent. Es wird durch das Gitter gebeugt und interferiert hinter dem Gitter. Wegen der geringen Intensität werden die Hauptmaxima nicht auf einem Schirm aufgefangen, sondern direkt mit dem Auge beobachtet. Der Beobachter sieht sie als virtuelle Bilder auf dem Maßstab (virtueller Strahlengang $\overrightarrow{CB}$ bzw. $\overrightarrow{CA}$). Da das Gitter rot stärker beugt als blau, sieht man die langwelligen Spektrallinien des Wasserstoffspektrums auf dem Maßstab weiter außen. Am Maßstab wird die Lage der beiden Maxima 1. Ordnung einer Spektrallinie markiert. Man erhält so die Punkte A und B.
Gemessen werden die Strecken $\overline{AB} = 2 \cdot d_1$ und $\ell$.

**b)** Bedingung für das Hauptmaximum 1. Ordnung beim optischen Gitter (FS. S.49/2.1.3): $b \cdot \sin\alpha_1 = \lambda$
Geometrie der Versuchsanordnung: $\sin\alpha_1 = \dfrac{d_1}{\overline{AC}}$
Pythagoras: $\overline{AC} = \sqrt{{d_1}^2 + \ell^2}$
$\Bigg\} \Rightarrow$

$$\Rightarrow b \cdot \frac{d_1}{\sqrt{{d_1}^2 + \ell^2}} = \lambda$$

Die Wellenlänge einer Spektrallinie läßt sich also aus der Gitterkonstanten b und den geometrischen Größen $d_1$ und $\ell$ berechnen!

## 158. Gitter- und Prismenspektren

a)

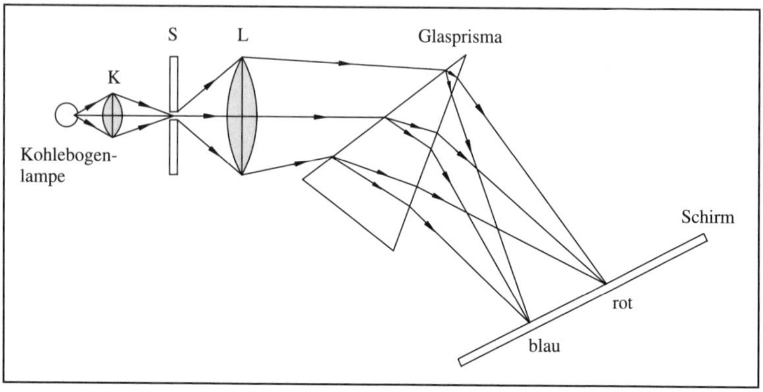


Das Licht der Kohlebogenlampe wird zur Vermeidung von Intensitätsverlusten durch eine Kondensatorlinse K auf die Öffnung eines Spalts S konzentriert. Eine hinter S angebrachte Sammellinse L entwirft auf einem geeignet aufgestellten Schirm von diesem Spalt ein scharfes Bild. Da das Licht auf dem Weg von L zum Schirm aber beim Durchgang durch das Glasprisma zweimal gebrochen wird und kurzwelliges Licht stärker als langwelliges Licht gebrochen wird, entsteht auf dem Schirm für jede Wellenlänge ein eigenes Spaltbild. Das weiße Licht der Kohlebogenlampe wird also in seine Spektralfarben zerlegt.

**b)** Unterschiede zwischen Gitter- und Prismenspektren:

- Ein *Gitter beugt* rotes Licht stärker als blaues, während ein *Prisma* blaues stärker *bricht* als rotes.
- Ein Gitter entwirft aufgrund der verschiedenen Interferenzordnungen stets mehrere Spektren, während ein Prisma nur eines erzeugt. Prismenspektren haben daher bei gleicher Einstrahlung eine größere Lichtintensität als Gitterspektren.
- Bei einem Gitterspektrum nehmen numerisch gleich große Wellenbereiche am Beobachtungsschirm auch gleich große Ausdehnungsbereiche ein. Beim Prismenspektrum dagegen sind numerisch gleich große Wellenbereiche am Beobachtungsschirm stärker ausgedehnt, wenn sie im Blauen liegen und stärker zusammengedrückt, wenn sie im Roten liegen.

## 159. Farbe und Wellenlänge

| | | | | | |
|---|---|---|---|---|---|
| Violett: | 390 nm | < | $\lambda$ | < | 425 nm |
| Blau: | 425 nm | < | $\lambda$ | < | 485 nm |
| Grün: | 485 nm | < | $\lambda$ | < | 555 nm |
| Gelb: | 555 nm | < | $\lambda$ | < | 595 nm |
| Orange: | 595 nm | < | $\lambda$ | < | 615 nm |
| Rot: | 615 nm | < | $\lambda$ | < | 770 nm |

Hinweis:
Natürlich haben Sie es als unzumutbar empfunden, auswendig gelernte Zahlenkolonnen abgeprüft zu werden. Trotzdem wird manchmal in Abituraufgaben verlangt, einer Wellenlänge die entsprechende Farbe zuordnen zu können. Dank Ihrer Formelsammlung können Sie dies, auch ohne obige Zahlen auswendig zu lernen: Auf Seite 79 finden Sie in T 11 die Wellenlängen einiger wichtiger Spektrallinien. Da im Physikunterricht die Wellenlängen des sichtbaren Wasserstoffspektrums gemessen werden und ein Versuch zur Umkehrung der Natrium-D-Linie gezeigt wird (Atomphysik 3. Semester), weiß man, daß
- die $H_\alpha$-Linie des Wasserstoffs rot
- die $H_\beta$-Linie des Wasserstoffs grün
- die $H_\gamma$-Linie des Wasserstoffs blau
- die $H_\delta$-Linie des Wasserstoffs violett
- die Natrium-D-Linie gelb

ist.
Die Formelsammlung liefert dann folgende Anhaltspunkte:
rot: 656,5 nm, grün: 486,3 nm, blau: 434,2 nm, violett: 410,3 nm, gelb: 589,0 nm.

## 160. Lichtelektrischer Effekt

Eine frisch geschmirgelte, nach nebenstehender Skizze mit einem Elektroskop verbundene, sonst gut isolierte Metallplatte wird mit dem ungefilterten Licht einer Quecksilberdampflampe bestrahlt. War die Platte vor dem Aufsetzen auf das ursprünglich ungeladene Elektroskop negativ (positiv) geladen, so geht der Zeigerausschlag durch die Bestrahlung rasch (nicht) zurück.

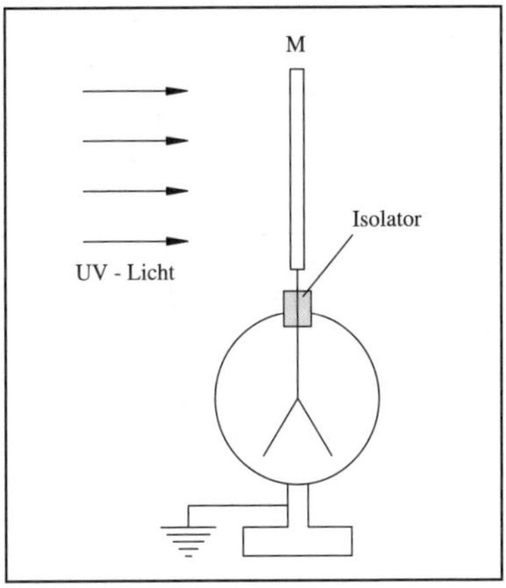

Dies ist eine Folge des lichtelektrischen Effekts, bei dem durch Licht, UV- oder Röntgenstrahlung aus der Oberfläche von Körpern Elektronen freigesetzt werden.

Hinweise:

1. Warum benötigt man eine frisch geschmirgelte Metallplatte?
   Beim Abschmirgeln entfernt man eine im Laufe der Zeit entstandene Oxidschicht, welche die Ablösung von Fotoelektronen unmöglich macht (Austrittsarbeit sonst zu groß!)
2. Verwendet man bei dem Versuch ein sehr empfindliches Elektroskop und eine ungeladene Metallplatte, so beobachtet man bei Bestrahlung mit UV-Licht eine positive Aufladung der Platte. Diese Aufladung hält so lange an, bis die zwischen Platte und Elektroskopgehäuse entstehende Spannung einen Wert $U_m$ erreicht hat, bei dem eine weitere Auslösung von Elektronen wegen $e \cdot U_m = W_A$ = Austrittsarbeit, unmöglich wird (vgl. Hinweis 5 zu Aufgabe 5).
3. Statt lichtelektrischer Effekt sagt man kürzer auch "Fotoeffekt".

## 161. Lenards Identifizierungsversuch

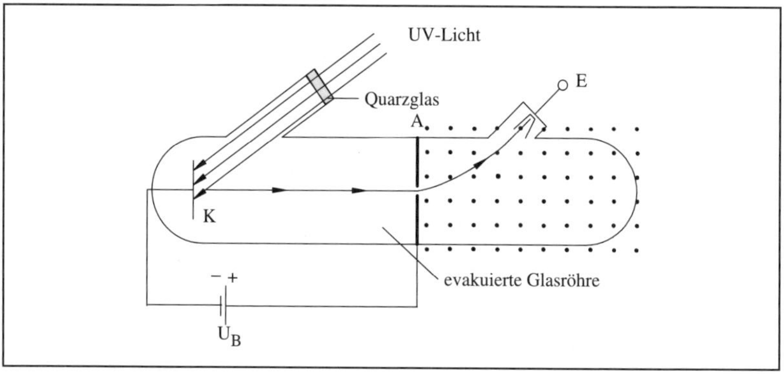


Die vom UV-Licht durch den lichtelektrischen Effekt an K ausgelösten Ladungen werden in einem elektrischen Feld zwischen K und A beschleunigt. Ein Teil davon tritt senkrecht zu den Feldlinien in ein homogenes Magnetfeld bekannter Flußdichte $\vec{B}$ ein und bewegt sich bei passend gewähltem $\vec{B}$ auf einem Kreisbogen zur Auffängerelektrode E.

Aus der Geometrie der Versuchsanordnung kann der Radius r des zugehörigen Kreises bestimmt werden. Mit $U_B$, r und B kann analog zum Fadenstrahlrohrversuch (vgl. Aufgabe 53) die spezifische Ladung $\frac{q}{m}$ und damit die Identität der Ladungsträger bestimmt werden.
Lenard zeigte mit diesem Versuch, daß beim Fotoeffekt an K Elektronen ausgelöst werden.

Hinweis:
Elektronen, die durch den lichtelektrischen Effekt ausgelöst werden, bezeichnet man oft auch als Fotoelektronen im Gegensatz zu Elektronen, die durch den glühelektrischen Effekt (Edison-Effekt) ausgelöst und kurz Glühelektronen genannt werden. Verstehen Sie aber diese Bezeichnungen, die einen Hinweis auf die Art der Elektronenfreisetzung aus einem Metall geben, nicht dahingehend miß, daß es sich dabei etwa um unterschiedliche Elektronenarten handle!

## 162. Fotozelle

**a)** In einem evakuierten Glaskolben steht einer lichtelektrisch empfindlichen Schicht (z. B. aus Cäsium) eine ringförmige Anode A gegenüber. Legt man entsprechend nebenstehender Skizze zwischen Fotokathode K und Anode A eine Gleichspannung U an,
so werden die vom auftreffenden Licht bei K ausgelösten Fotoelektronen zum Anodenring gezogen.

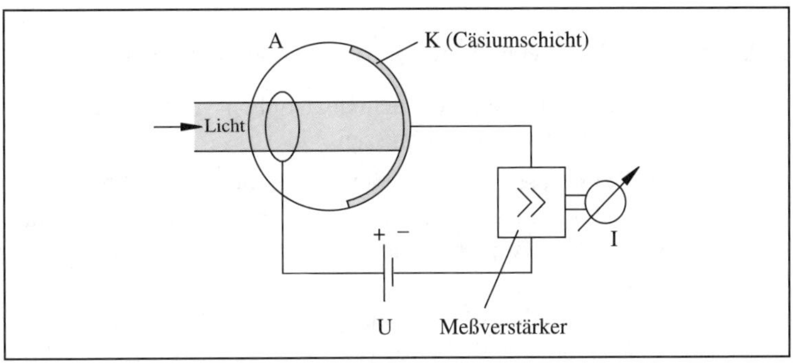


**b)** Mißt man mit der Anordnung aus Teilaufgabe a den Fotostrom I in Abhängigkeit von der Saugspannung U, so erhält man folgende U-I-Kennlinie:

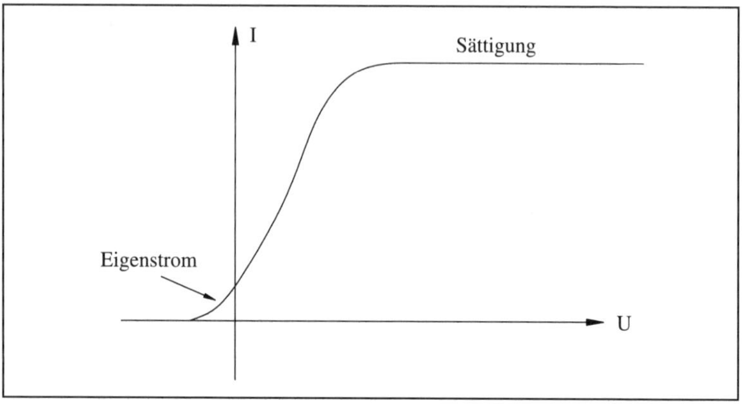


Erklärung des Kennlinienverlaufs:
Um den Fotostrom auf Null abzusenken, benötigt man eine geringere, negative Gegenspannung (Größenordnung 1 V), da die Fotoelektronen die Fotoschicht bereits mit einer bestimmten Geschwindigkeit verlassen (Eigenstrom).
Mit zunehmender positiver Saugspannung U steigt der Fotostrom an, weil pro Zeiteinheit immer mehr Fotoelektronen von K zum Anodenring gelangen. Die Sättigung setzt dann ein, wenn die Saugspannung so groß ist, daß alle pro Zeiteinheit ausgelösten Fotoelektronen zur Anode gelangen.

## 163. Die experimentellen Befunde zum lichtelektrischen Effekt

**a)** Die Untersuchung des lichtelektrischen Effekts mit einer Fotozelle führt zu folgenden Ergebnissen:

(1) Der Fotostrom setzt spontan, d. h. ohne zeitlichen Verzug ein.
(2) Die Stärke des Fotostroms ist proportional zur Bestrahlungsstärke.
(3) Die kinetische Energie der Fotoelektronen ist unabhängig von der Bestrahlungsstärke.
(4) Erhöht man die Frequenz des eingestrahlten Lichts, so erhöht sich auch die kinetische Energie der Fotoelektronen.
(5) Es gibt eine Grenzwellenlänge $\lambda_g$. Einfallendes Licht der Wellenlänge $\lambda < \lambda_g$, ($\lambda > \lambda_g$) kann (kann keine) Fotoelektronen auslösen.

**b)** Mit dem Wellenmodell nicht erklärbar sind die Befunde Nr. 1, 3, 4, 5

*Begründung zu 1:*
Nach dem Wellenmodell benötigt ein in der Fotoschicht befindliches Atom eine bestimmte Zeitspanne, bis es aus der von der Lichtwelle herantransportierten Energie den zur Ablösung eines Fotoelektrons benötigten Energiebetrag "gesammelt" hat (vgl. Aufgabe 172).

*Begründung zu 3:*
Bei großer Bestrahlungsstärke sind die Amplituden der elektromagnetischen Lichtwellen im Wellenmodell groß. Es müßte also mehr Energie auf das Elektron übertragen werden, wenn die Beleuchtungsstärke zunimmt. (Hohe Wasserwellen, die an ein Seeufer schlagen, können den dort liegenden Kieselsteinen eine größere kinetische Energie übertragen als niedrige Wasserwellen!)

*Begründung zu 4:*
Die Energie der Lichtwelle und damit natürlich auch die von der Lichtwelle auf das Fotoelektron übertragene Energie hängt im Wellenmodell nur von der Wellenamplitude, nicht aber von der Frequenz der Welle ab. (Hochfrequente Wasserwellen kleiner Amplitude, d. h. eine "gekräuselte Wasseroberfläche", können den Kieselsteinen am Seeufer keine größere kinetische Energie übertragen als niederfrequente Wasserwellen großer Amplitude, d. h. "schwere Brecher").

*Begründung zu 5:*
Auch Licht der Wellenlänge $\lambda > \lambda_g$ transportiert Energie auf die Fotoschicht und müßte nach Verstreichen der in 1. besprochenen "Sammelzeit" zur Ablösung von Fotoelektronen führen.

Hinweis zum Begriff "Bestrahlungsstärke":
Die Bestrahlungsstärke ist eine wohldefinierte physikalische Größe. Sie gibt an, wieviel Energie pro Zeit und Fläche in Form elektromagnetischer Strahlung auf der lichtelektrisch empfindlichen Schicht eintreffen und wird mit $E_e$ bezeichnet.
Beachten Sie die Einheit der Bestrahlungsstärke!

$$[E_e] = \frac{J}{m^2 \cdot s} = \frac{W}{m^2}$$

## 164. Plancksche Strahlungshypothese

Elektromagnetische Strahlung ist ein Strom von Korpuskeln, den sog. Photonen oder Lichtquanten, die sich im Vakuum mit Lichtgeschwindigkeit bewegen. Bei monochromatischer, elektromagnetischer Strahlung der Frequenz f trägt jedes Photon die Energie $h \cdot f$. Der Transport von Strah-

lungsenergie erfolgt also unstetig, da ja die in der Strahlung enthaltene Energie nicht kontinuierlich, sondern diskret auf die einzelnen Photonen verteilt ist.
Auch Aufnahme oder Abgabe von Strahlungsenergie erfolgen unstetig, indem eine diskrete Anzahl von Photonen vom Körper absorbiert oder emittiert wird.

## 165. Lichtelektrischer Effekt und Photonenmodell

Ergebnis: Spontanes Einsetzen des Fotostroms
Erklärung: Zugleich mit dem Auftreffen des Photons auf die Fotokathode wird seine Energie vollständig auf ein Fotoelektron übertragen, das unmittelbar nach der Energieübernahme aus der Fotokathode austritt.

Ergebnis: Fotostromstärke ist proportional zur Beleuchtungsstärke
Erklärung: Die Zahl der pro Zeiteinheit ausgelösten Fotoelektronen und damit die Stärke des Fotostroms ist proportional zur Zahl der pro Zeiteinheit einfallenden Photonen. Diese ist ihrerseits proportional zur Beleuchtungsstärke.

Ergebnis: Unabhängigkeit der kinetischen Energie der Fotoelektronen von der Beleuchtungsstärke
Erklärung: Die kinetische Energie eines Fotoelektrons ergibt sich unabhängig von der Beleuchtungsstärke als Differenz zwischen Photonenenergie $h \cdot f$ und Austrittsarbeit $W_A$:
$E_{kin} = h \cdot f - W_A$

Ergebnis: Zunahme der kinetischen Energie der Fotoelektronen bei Zunahme der Frequenz des einfallenden Lichts

Erklärung: Da für die kinetische Energie der Fotoelektronen gilt: $E_{kin} = h \cdot f - W_A$ und $W_A$ konstant ist, hängt $E_{kin}$ in besagter Weise nur von f ab.

Ergebnis: Existenz einer Grenzwellenlänge $\lambda_g$

Erklärung: Je nachdem, ob die Energie $h \cdot f = h \cdot \frac{c}{\lambda}$ des einfallenden Photons größer oder kleiner als die Austrittsarbeit $W_A$ ist, kann es ein Fotoelektron auslösen oder nicht. Die Wellenlänge $\lambda_g$ ergibt sich demnach aus der Gleichung $\frac{h \cdot c}{\lambda_g} = W_A$.

## 166. Einsteins Erklärung des lichtelektrischen Effekts

**a)** Einstein-Gleichung: $E_{kin} = h \cdot f - W_A$, wobei

$E_{kin}$ = kinetische Energie der schnellsten Fotoelektronen
h = Plancksches Wirkungsquantum
f = Frequenz des einfallenden Lichts
$W_A$ = minimale Austrittsarbeit

**b)** **Ein** Photon der Energie $h \cdot f$ gibt beim lichtelektrischen Effekt seine **gesamte** Energie an **ein** Elektron ab. Ein Teil dieser Energie, nämlich $W_A$, wird beim Austritt des Elektrons aus dem Fotokathodenmaterial als Austrittsarbeit verbraucht. Den Restbetrag behält das Elektron als kinetische Energie.

Hinweis:
Die Einstein-Gleichung finden Sie in der Formelsammlung auf S. 54 / 2.1.

## 167. Experimentelle Bestätigung der Einstein-Gleichung

**a)**

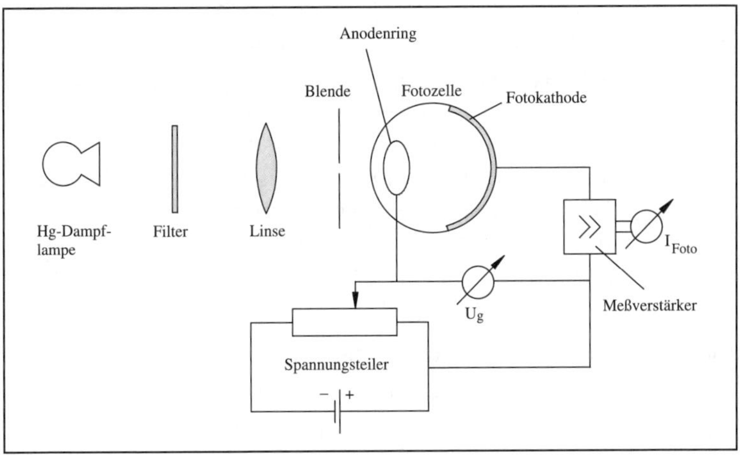


**b)** *Durchführung:*
Das Licht der Quecksilberdampflampe wird durch eine Linse und eine Blende so auf die Fotozelle gelenkt, daß es auf die Fotokathode fällt, ohne die ringförmige Anode zu treffen. Nacheinander werden dann

mehrere Filter, die jeweils nur Licht einer Wellenlänge des Quecksilberdampflampenlichts passieren lassen, in den Strahlengang gebracht. Jedesmal wird mittels der Spannungsteilerschaltung die Gegenspannung so eingestellt, daß der Fotostrom gerade zum Erliegen kommt.

*Messungen:*
Mittels der Filter läßt sich die Frequenz f des einfallenden Lichts und mittels des Voltmeters die eingestellte Gegenspannung $U_g$ bestimmen.

*Auswertung:*
$e \cdot U_g$ ist die kinetische Energie der schnellsten Fotoelektronen unmittelbar nach Verlassen der Fotokathode. In einem $f - e \cdot U_g$-Diagramm werden die Meßwertepaare $(f, e \cdot U_g)$ eingetragen. Die Punkte liegen auf einer Geraden. Demnach gilt:

$E_{kin} = m \cdot f + t$

m = Steigung der Geraden

t = y-Achsenabschnitt der Geraden

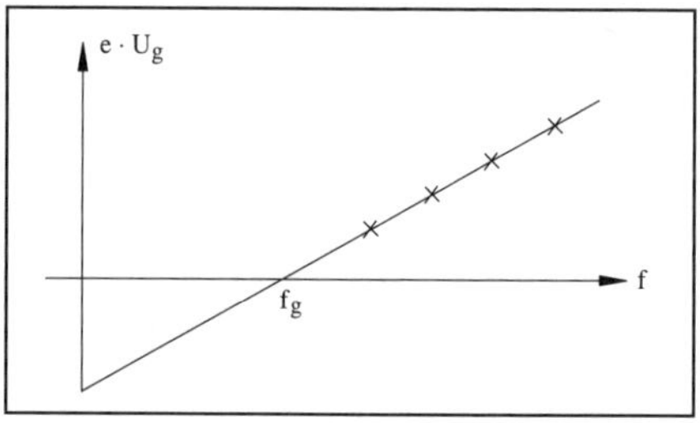


Zur Bestätigung der Einstein-Gleichung weist man nun mit Hilfe des Diagramms $h = m$ und $t = -W_A$ nach.

**c)** Die Grenzfrequenz $f_g$ ergibt sich als Schnittpunkt der Geraden mit der f-Achse. Licht dieser Frequenz verleiht den Fotoelektronen nach obigem Diagramm nämlich die kinetische Energie $E_{kin} = 0$ J.

## 168. Anwendung der Einstein-Gleichung

**a)** Einstein – Gleichung: $\left.\begin{array}{l} h \cdot f_1 = e \cdot U_1 + W_A \\ h \cdot f_2 = e \cdot U_2 + W_A \end{array}\right\} \Rightarrow$

$\Rightarrow h \cdot f_1 - h \cdot f_2 = e \cdot U_1 - e \cdot U_2 \Rightarrow$

$\Rightarrow h = \frac{e \cdot (U_1 - U_2)}{f_1 - f_2} =$

$$= \frac{e \cdot (U_1 - U_2)}{\frac{c}{\lambda_1} - \frac{c}{\lambda_2}} =$$

$$= \frac{1{,}6 \cdot 10^{-19}\ \mathrm{A \cdot s}\ (0{,}33\ \mathrm{V} - 0{,}90\ \mathrm{V})}{\frac{3 \cdot 10^8 \frac{m}{s}}{5{,}46 \cdot 10^{-7}\ \mathrm{m}} - \frac{3 \cdot 10^8 \frac{m}{s}}{4{,}36 \cdot 10^{-7}\ \mathrm{m}}} = 6{,}6 \cdot 10^{-34}\ \mathrm{J \cdot s}$$

**b)** Einstein-Gleichung: $h \cdot f = e \cdot U + W_A \Rightarrow$

$$\Rightarrow W_A = h \cdot f - e \cdot U = h \cdot \frac{c}{\lambda} - e \cdot U =$$

$$= 6{,}63 \cdot 10^{-34}\ \mathrm{J \cdot s} \cdot \frac{3 \cdot 10^8 \frac{m}{s}}{5{,}46 \cdot 10^{-7}\ \mathrm{m}} - 1{,}6 \cdot 10^{-19}\ \mathrm{A \cdot s} \cdot 0{,}33\ \mathrm{V} =$$

$$= 3{,}1 \cdot 10^{-19}\ \mathrm{J} = 1{,}94\ \mathrm{eV}$$

**c)** Formelsammlung S. 80 Tabelle T 14: Fotokathodenmaterial ist Cäsium.

**d)** Einstein – Gleichung: $\frac{1}{2} \cdot m \cdot v_{max}{}^2 = h \cdot f - W_A \Rightarrow$

$$\Rightarrow v_{max} = \sqrt{\frac{2}{m} \cdot (h \cdot f - W_A)} = \sqrt{\frac{2}{m} \cdot (h \cdot \frac{c}{\lambda} - W_A)} =$$

$$= \sqrt{\frac{2}{9{,}1 \cdot 10^{-31}\ \mathrm{kg}} \cdot (6{,}63 \cdot 10^{-34}\ \mathrm{J \cdot s} \cdot \frac{3 \cdot 10^8 \frac{m}{s}}{5{,}46 \cdot 10^{-7}\ \mathrm{m}} - 3{,}1 \cdot 10^{-19}\ \mathrm{J})} =$$

$$= 3{,}5 \cdot 10^5\ \frac{m}{s}$$

**e)** Einstein – Gleichung: $E_{kin} = h \cdot f - W_A = h \cdot \frac{c}{\lambda} - W_A$
Bedingung für Grenzwellenlänge: $E_{kin} = 0\ \mathrm{J}$ $\Big\} \Rightarrow$

$$\Rightarrow h \cdot \frac{c}{\lambda_g} - W_A = 0 \Rightarrow \lambda_g = \frac{h \cdot c}{W_A} =$$

$$= \frac{6{,}63 \cdot 10^{-34}\ \mathrm{J \cdot s} \cdot 3 \cdot 10^8 \frac{m}{s}}{3{,}1 \cdot 10^{-19}\ \mathrm{J}} = 6{,}42 \cdot 10^{-7}\ \mathrm{m}$$

**f)** Einstein-Gleichung: $e \cdot U = h \cdot f - W_A \Rightarrow$

$$\Rightarrow \quad U = \frac{h \cdot f - W_A}{e} = \frac{h \cdot \frac{c}{\lambda} - W_A}{e} =$$

$$= \frac{6{,}63 \cdot 10^{-34}\,\mathrm{J \cdot s} \cdot \frac{3 \cdot 10^{8}\,\frac{\mathrm{m}}{\mathrm{s}}}{4{,}04 \cdot 10^{-7}\,\mathrm{m}} - 3{,}1 \cdot 10^{-19}\,\mathrm{J}}{1{,}6 \cdot 10^{-19}\,\mathrm{A \cdot s}} = 1{,}1\,\mathrm{V}$$

## 169. Anzahl von Photonen

**a)** Bezeichnet N die Anzahl der pro Sekunde abgestrahlten Photonen und P die Strahlungsleistung, so gilt:

$$N \cdot h \cdot f = P \Rightarrow \quad N = \frac{P}{h \cdot f} = \frac{P \cdot \lambda}{h \cdot c} =$$

$$= \frac{0{,}5 \cdot 10^{-3}\,\frac{\mathrm{J}}{\mathrm{s}} \cdot 6{,}56 \cdot 10^{-7}\,\mathrm{m}}{6{,}63 \cdot 10^{-34}\,\mathrm{J \cdot s} \cdot 3 \cdot 10^{8}\,\frac{\mathrm{m}}{\mathrm{s}}} = 1{,}6 \cdot 10^{15}\,\frac{1}{\mathrm{s}}$$

In einer Minute werden dann $60\,\mathrm{s} \cdot 1{,}6 \cdot 10^{15}\,\frac{1}{\mathrm{s}} = 9{,}6 \cdot 10^{16}$ Photonen emittiert.

**b)** Analog zu a ergibt sich:

$$0{,}15 \cdot N \cdot h \cdot f_1 + 0{,}25 \cdot N \cdot f_2 + 0{,}35 \cdot N \cdot f_3 + 0{,}25 \cdot N \cdot f_4 = P \Rightarrow$$

$$\Rightarrow N = \frac{P}{0{,}15 \cdot h \cdot f_1 + 0{,}25 h \cdot f_2 + 0{,}35 h \cdot f_3 + 0{,}25 h \cdot f_4} =$$

$$= \frac{P}{h \cdot c \cdot \left( \frac{0{,}15}{\lambda_1} + \frac{0{,}25}{\lambda_2} + \frac{0{,}35}{\lambda_3} + \frac{0{,}25}{\lambda_4} \right)} =$$

$$= \frac{0{,}5 \cdot 10^{-3}\,\frac{\mathrm{J}}{\mathrm{s}}}{6{,}63 \cdot 10^{-34}\,\mathrm{J \cdot s} \cdot 3 \cdot 10^{8}\,\frac{\mathrm{m}}{\mathrm{s}} \cdot \left( \frac{0{,}15}{6{,}56 \cdot 10^{-7}\,\mathrm{m}} + \frac{0{,}25}{4{,}86 \cdot 10^{-7}\,\mathrm{m}} + \frac{0{,}35}{4{,}34 \cdot 10^{-7}\,\mathrm{m}} + \frac{0{,}25}{4{,}10 \cdot 10^{-7}\,\mathrm{m}} \right)} =$$

$$= 1{,}2 \cdot 10^{15}\,\frac{1}{\mathrm{s}}$$

In einer Minute werden dann $60\,\mathrm{s} \cdot 1{,}2 \cdot 10^{15}\,\frac{1}{\mathrm{s}} = 7{,}2 \cdot 10^{16}$ Photonen abgestrahlt.

## 170. Berechnung der Fotostromstärke einer Fotozelle

Berechnung der Zahl N der pro Sekunde einfallenden Photonen:

$$N \cdot h \cdot f = P \Rightarrow N = \frac{P}{h \cdot f} = \frac{1\,\frac{J}{s}}{6{,}63 \cdot 10^{-34}\,J \cdot s \cdot 5{,}65 \cdot 10^{14}\,\frac{1}{s}} = 2{,}7 \cdot 10^{18}\,\frac{1}{s}$$

Berechnung der Zahl Z der pro Sekunde ausgelösten Fotoelektronen:

$$Z = \frac{N}{3 \cdot 10^{7}} = \frac{2{,}7 \cdot 10^{18}\,\frac{1}{s}}{3 \cdot 10^{7}} = 9 \cdot 10^{10}\,\frac{1}{s}$$

In einer Sekunde verläßt demnach die Ladungsmenge $Z \cdot e$ die Fotokathode. Gelangt diese Ladungsmenge vollständig zur Anode, so erreicht der Fotostrom seinen Maximalwert $I_{max}$. Für die obere Grenze der Fotostromstärke gilt also:

$$I_{max} = Z \cdot e = 9 \cdot 10^{10}\,\frac{1}{s} \cdot 1{,}6 \cdot 10^{-19}\,A \cdot s = 1{,}4 \cdot 10^{-8}\,A$$

## 171. Bestrahlungsstärke und Fotostromstärke

Vorbemerkung:
$N_1$ bzw. $N_2$ bezeichne die Zahl der pro Zeiteinheit auf die Fotoschicht treffenden Photonen mit den Wellenlängen $\lambda_1$ bzw. $\lambda_2$.

**a)**
$$\left.\begin{array}{l} E_{e,1} = \frac{N_1 \cdot h \cdot f_1}{A} = \frac{N_1 \cdot h \cdot c}{A \cdot \lambda_1} \\ E_{e,2} = \frac{N_2 \cdot h \cdot f_2}{A} = \frac{N_2 \cdot h \cdot c}{A \cdot \lambda_2} \end{array}\right\} \begin{array}{c} E_{e,1} = E_{e,2} \\ \Rightarrow \end{array}$$

$$\left.\begin{array}{ll} \Rightarrow \frac{N_1 \cdot h \cdot c}{A \cdot \lambda_1} = \frac{N_2 \cdot h \cdot c}{A \cdot \lambda_2} & \Rightarrow \frac{N_1}{N_2} = \frac{\lambda_1}{\lambda_2} \\ I_1 \sim N_1 \text{ und } I_2 \sim N_2 & \Rightarrow \frac{I_1}{I_2} = \frac{N_1}{N_2} \end{array}\right\} \Rightarrow$$

$$\Rightarrow \frac{I_1}{I_2} = \frac{\lambda_1}{\lambda_2}$$

Die Fotostromstärken verhalten sich also wie die zugehörigen Wellenlängen. Bei gleicher Beleuchtungsstärke ist also der von kurzwelligerem Licht ausgelöste Fotostrom schwächer als der von langwelligerem Licht ausgelöste.

**b)** $$\left.\begin{aligned} E_{e,1} &= \frac{N_1 \cdot h \cdot c}{A \cdot \lambda_1} \\ E_{e,2} &= \frac{N_2 \cdot h \cdot c}{A \cdot \lambda_2} \end{aligned}\right\} \Rightarrow \frac{E_{e,1}}{E_{e,2}} = \frac{\frac{N_1 \cdot h \cdot c}{A \cdot \lambda_1}}{\frac{N_2 \cdot h \cdot c}{A \cdot \lambda_2}} = \frac{N_1 \cdot \lambda_2}{N_2 \cdot \lambda_1}$$

$$I_1 \sim N_1 \text{ und } I_2 \sim N_2 \Rightarrow \frac{I_1}{I_2} = \frac{N_1}{N_2} \quad \Rightarrow$$

$$\left.\begin{aligned} \Rightarrow \frac{E_{e,1}}{E_{e,2}} &= \frac{I_1 \cdot \lambda_2}{I_2 \cdot \lambda_1} \\ I_1 &= I_2 \end{aligned}\right\} \Rightarrow \frac{E_{e,1}}{E_{e,2}} = \frac{\lambda_2}{\lambda_1}$$

Die Bestrahlungsstärken verhalten sich also umgekehrt wie die zugehörigen Wellenlängen.

## 172. Im Wellenmodell setzt der Fotostrom nicht spontan ein

**a)** Die auf die Fotoschicht treffende Energie der Lichtwelle verteilt sich im Wellenmodell gleichmäßig auf die Atome der Schichtoberfläche. Die Energie, die dabei ein potentielles Fotoelektron erhält, ergibt sich aus der Leistung, die einem Atom durch die Bestrahlung mit Licht zugeführt wird und aus der Zeit t, die seit Einsetzen der Strahlung verstrichen ist. Da die Austrittsarbeit immer einen endlichen Wert hat, kann es hiernach kein spontanes Austreten des Fotoelektrons aus der Schicht geben.

**b)** Berechnung der Auslösezeit t mittels Dreisatz:

(1) Die von der Lampe abgestrahlte Leistung P verteilt sich gleichmäßig auf die Oberfläche A einer Kugel vom Radius r (r = Abstand Fotoschicht / Lampe).

(2) Auf eine Flächeneinheit auf der Oberfläche dieser Kugel trifft demnach die Leistung $\frac{P}{A}$.

(3) Auf die Querschnittsfläche A' eines Atoms trifft dann die Leistung $P' = \frac{P}{A} \cdot A'$.

$$\left.\begin{array}{l} A = 4\cdot r^2\cdot\pi \\ A' = \left(\frac{d}{2}\right)^2\cdot\pi \\ P' = \frac{P}{A}\cdot A' \end{array}\right\} \Rightarrow P' = \frac{\left(\frac{d}{2}\right)^2\cdot\pi}{4\cdot r^2\cdot\pi}\cdot P = \frac{d^2}{16\cdot r^2}\cdot P$$

$$\text{Austrittsarbeit: } W_A = P'\cdot t \Rightarrow t = \frac{W_A}{P'} \quad \Bigg\} \Rightarrow$$

$$\Rightarrow\ t = \frac{W_A}{\frac{d^2}{16\cdot r^2}\cdot P} = \frac{16\cdot W_A\cdot r^2}{P\cdot d^2} =$$

$$= \frac{16\cdot 1{,}94\cdot 1{,}6\cdot 10^{-19}\,\mathrm{J}\cdot(0{,}5\,\mathrm{m})^2}{1\,\frac{\mathrm{J}}{\mathrm{s}}\,(5\cdot 10^{-10}\,\mathrm{m})^2} = 5\,\mathrm{s}$$

## 173. Röntgenbremsstrahlung

**a)** Bei einer Röntgenröhre befindet sich in einem möglichst vollkommen evakuierten Hartglaszylinder eine Glühkathode K, von der Elektronen ausgehen.
Diese werden durch die Betriebsspannung $U_B$ (je nach Art der Röhre von 10 kV bis über 1 MV) beschleunigt und treffen auf die massive Anode A (auch Antikathode genannt). Von A gehen Röntgenstrahlen aus.

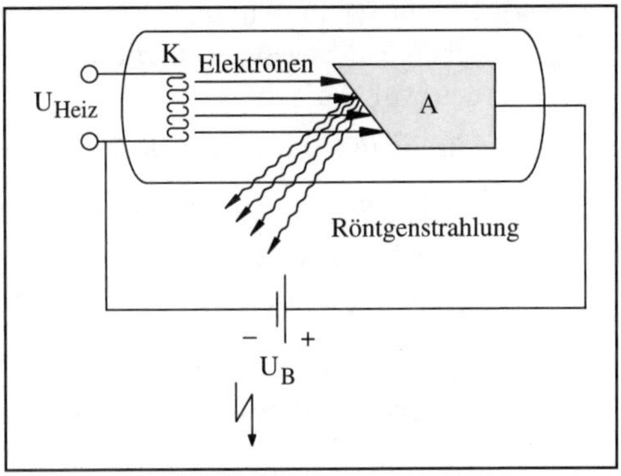


**b)** Die Elektronen werden nach dem Auftreffen in der Antikathode gebremst. Ihr Verlust an kinetischer Energie wird in Form von Röntgenquanten abgestrahlt. Wird nun in einem einzigen Bremsprozeß die gesamte kinetische Energie **eines Elektrons** in **ein Röntgenquant** umgewandelt, so besitzt dieses Röntgenphoton die größtmögliche Energie und damit die kleinstmögliche Wellenlänge $\lambda_{min}$.

Dies ist quasi eine Umkehrung des lichtelektrischen Effekts, bei dem die gesamte Energie **eines einzigen Photons** in kinetische Energie **eines Elektrons** (ein Teil davon wird in Form der Austrittsarbeit gleich wieder verloren) umgewandelt wird.

**c)** Kinetische Energie des Elektrons = Energie des Röntgenphotons

$$e \cdot U_B = h \cdot \frac{c}{\lambda_{min}}$$

$$\Rightarrow h = \frac{e \cdot U_B \cdot \lambda_{min}}{c}$$

Hinweis:
Beachten Sie bitte, daß die kurzwellige Grenze des kontinuierlichen Röntgenspektrums neben der Gegenfeldmethode (vgl. Aufgabe 168 a) eine weitere Möglichkeit zur experimentellen Bestimmung des Planckschen Wirkungsquantums bietet. Sie kennen damit schon zwei Möglichkeiten zur Messung von h! Die dritte und im Rahmen der Schulphysik letzte begegnet Ihnen beim Franck-Hertz-Versuch (Atomphysik, 3. Semester).

## 174. Photonenmasse

**a)** Da ein Photon ein Teilchen mit der Geschwindigkeit c ist, muß zwischen Ruhemasse $m_0$ und relativistischer Masse m unterschieden werden (vgl. Aufgabe 58).

Für die relativistische Masse m eines Photons ergibt sich nach

$$m = \frac{m_0}{\sqrt{1-\frac{v^2}{c^2}}} \quad \text{wegen } v = c: \quad m = \frac{m_0}{\sqrt{1-1}} = \frac{m_0}{0}$$

Wäre $m_0 \neq 0$, so wäre m unendlich groß, was natürlich sinnlos ist. Setzt man dagegen $m_0 = 0$, so ergibt sich nach obiger Gleichung der unbestimmte Ausdruck $m = \frac{0}{0}$, der es offen läßt, wie m definiert werden kann.

**b)** Photonenenergie nach den Photonenmodell: $E_{Ph} = h \cdot f$
Photonenenergie nach der speziellen Relativitätstheorie: $E_{Ph} = m \cdot c^2$ $\Bigg\} \Rightarrow$

$$\Rightarrow m \cdot c^2 = h \cdot f \Rightarrow m = \frac{h \cdot f}{c^2}$$

Hinweis:

Die Formel $m = \frac{h \cdot f}{c^2}$ finden Sie in der Formelsammlung auf S. 54 / 2.2.1.

## 175. Photonenimpuls

**a)** Da ein Photon als Teilchen der Masse m und der Geschwindigkeit c betrachtet werden kann, ist es naheliegend, ihm den Impuls $p = m \cdot c$ zuzuordnen.

**b)** Definition des Photonenimpulses: $p = m \cdot c$
Photonenmasse nach Aufgabe 174: $m = \frac{h \cdot f}{c^2}$

$$\left.\begin{array}{l} p = m \cdot c \\ m = \frac{h \cdot f}{c^2} \end{array}\right\} \Rightarrow p = \frac{h \cdot f}{c^2} \cdot c = \frac{h \cdot f}{c}$$

$$\left.\begin{array}{l} p = \frac{h \cdot f}{c} \\ \lambda = \frac{c}{f} \end{array}\right\} \Rightarrow p = \frac{h}{\lambda}$$

**c)**
$$\left.\begin{array}{l} E = h \cdot f \\ p = \frac{h \cdot f}{c} \end{array}\right\} \Rightarrow p = \frac{E}{c}$$

Hinweis:
Beide Formeln für den Photonenimpuls

$$p = \frac{h \cdot f}{c} \quad \text{und} \quad p = \frac{h}{\lambda}$$

finden Sie in der Formelsammlung auf S. 54 / 2.2.2.

Die manchmal sehr nützliche Formel $p = \frac{E}{c}$ steht nicht in der Formelsammlung.

## 176. Versuch zum Nachweis der Existenz der Photonenmasse

Energie des Photons vor dem Fall: $E = h \cdot f$
Energie des Photons nach dem Fall: $E' = h \cdot f'$

Zunahme der Energie durch Umwandlung von potentieller Energie in Photonenenergie auf der Fallstrecke s: $E' - E = m \cdot g \cdot s$

$\Rightarrow$

$$\left.\begin{array}{l} h \cdot f' - h \cdot f = m \cdot g \cdot s \\ \text{Photonenmasse: } m = \frac{h \cdot f}{c^2} \end{array}\right\} \Rightarrow h \cdot (f' - f) = \frac{h \cdot f}{c^2} \cdot g \cdot s \Rightarrow$$

$$\Rightarrow \frac{f' - f}{f} = \frac{g \cdot s}{c^2} = \frac{9{,}81 \frac{m}{s^2} \cdot 20\,m}{\left(3 \cdot 10^8 \frac{m}{s}\right)^2} = 2{,}2 \cdot 10^{-15}$$

Die prozentuale Änderung der Frequenz beträgt also $2{,}2 \cdot 10^{-13}\,\%$.

Hinweis:
Die Idee des Versuchs wurde 1960 von den beiden amerikanischen Physikern Rebka und Pound realisiert. Es gelang ihnen tatsächlich, den winzigen Effekt zu messen und damit die Formel für die Photonenmasse experimentell zu bestätigen.

## 177. Versuch zur Bestätigung des Photonenimpulses

**a)** N bezeichne die Zahl der pro Sekunde vom Laser abgestrahlten Photonen.

$$P = N \cdot h \cdot f \Rightarrow N = \frac{P}{h \cdot f} = \frac{100 \frac{J}{s}}{6{,}63 \cdot 10^{-34}\,J \cdot s \cdot 4{,}7 \cdot 10^{14} \frac{1}{s}} = 3{,}2 \cdot 10^{20} \frac{1}{s}$$

**b)** $p = \frac{h \cdot f}{c} = \frac{6{,}63 \cdot 10^{-34}\,J \cdot s \cdot 4{,}7 \cdot 10^{14} \frac{1}{s}}{3 \cdot 10^8 \frac{m}{s}} = 1{,}0 \cdot 10^{-27}\,N \cdot s$

**c)** vor dem Stoß:

nach dem Stoß:

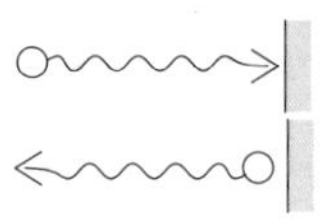

$\Rightarrow \Delta p = 2 \cdot p$

$$\Delta p = 2 \cdot 1{,}0 \cdot 10^{-27}\,N \cdot s = 2{,}0 \cdot 10^{-27}\,N \cdot s$$

**d)** Stoßen pro Sekunde N Photonen auf die verspiegelte Fläche, so gilt für die Gesamtimpulsänderung $\Delta p_{ges}$:

$$\left.\begin{array}{l} \Delta p_{gesamt} = N \cdot \Delta p \\ \text{FS. S.13 / 4.4: } F = \frac{\Delta p_{gesamt}}{\Delta t} \end{array}\right\} \Rightarrow$$

$$\Rightarrow F_{ges} = \frac{N \cdot \Delta p}{\Delta t} = \frac{3{,}2 \cdot 10^{20} \cdot 2 \cdot 10^{-27}\,N \cdot s}{1\,s} = 6{,}4 \cdot 10^{-7}\,N$$

## 178. Was ist Licht?

Kein Physiker kann die Frage beantworten, was Licht ist!!! Physiker machen sich von dem Naturphänomen Licht nur Modellvorstellungen, die aber über das Wesen des Lichts an sich nichts aussagen. Im Rahmen dieser Modellvorstellungen können sie dann Aussagen machen, wie sich Licht unter eindeutig definierten realen Bedingungen verhält. Es hat sich nun gezeigt, daß ein Modell nicht ausreicht, um alle vom Licht bekannten Erscheinungen beschreiben zu können. Man braucht zwei Modelle, das Wellen- und das Teilchenmodell. Licht verhält sich unter bestimmten Voraussetzungen wie eine Welle unter bestimmten anderen Voraussetzungen wie ein Teilchenstrom, was es aber wirklich ist, weiß niemand.

Hinweis:
Vielleicht erahnen Sie, wie nahe ein Physiker durch die Beschäftigung mit solchen Fragen der Philosophie kommt. Es verwundert daher nicht, daß manch großer Physiker in der Philosophie Gescheiteres gesagt hat als der eine oder andere Philosoph!

# Stichwortverzeichnis

*Die Zahlenangaben beziehen sich auf die Aufgabennummern.*

# Ihre Meinung ist uns wichtig!

Ihre Anregungen sind uns immer willkommen. Bitte informieren Sie uns mit diesem Schein über Ihre Verbesserungsvorschläge!

| Titel-Nr. | Seite | Vorschlag |
|---|---|---|
| | | |
| | | |
| | | |
| | | |
| | | |
| | | |
| | | |
| | | |
| | | |

Bitte hier abtrennen

**Zutreffendes bitte ankreuzen!**

**Die Absenderin/der Absender ist:**

- ☐ Lehrer/in in den Klassenstufen: ______
- ☐ Fachbetreuer/in
  Fächer: ______
- ☐ Seminarlehrer/in
  Fächer: ______
- ☐ Regierungsfachberater/in
  Fächer: ______
- ☐ Oberstufenbetreuer/in
- ☐ Schulleiter/in
- ☐ Referendar/in, Termin 2. Staatsexamen: ______
- ☐ Leiter/in Lehrerbibliothek
- ☐ Leiter/in Schülerbibliothek
- ☐ Sekretariat
- ☐ Eltern
- ☐ Schüler/in, Klasse: ______
- ☐ Sonstiges: ______

**Unterrichtsfächer:** (Bei Lehrkräften!)

______

**Kennen Sie Ihre Kundennummer? Bitte hier eintragen.**

**Absender** (Bitte in Druckbuchstaben!)

Name/Vorname

Straße/Nr.

PLZ/Ort

Telefon privat

Geburtsjahr

E-Mail-Adresse

**Schule/Schulstempel** (Bitte immer angeben!)

STARK Verlag
Postfach 1852
85318 Freising

17-V1T

Bitte ausfüllen und im frankierten Umschlag an uns einsenden. Für Fensterkuverts geeignet.

*(Bitte blättern Sie um)*